营林作业法
SILVICULTURAL SYSTEMS

[英国]John D. Matthews 著

王 宏 娄瑞娟 译

中国林业出版社
·北京·

图书在版编目(CIP)数据

营林作业法/(英)马修斯著；王宏，娄瑞娟译. —北京：中国林业出版社，2018.6
书名原文：Silvicultural Systems
ISBN 978-7-5038-8050-6

Ⅰ.①营… Ⅱ.①马… ②王… ③娄… Ⅲ.①营林—作业 Ⅳ.①S72

中国版本图书馆 CIP 数据核字(2015)第 145369 号

著作权合同登记号：01-2014-8622

© John D. Matthews, 1989

SILVICULTURAL SYSTEMS, FIRST EDITION was originally published in English in 1989. This translation is published by arrangement with Oxford University Press.

《营林作业法》最早在1989年用英文出版。本译作通过与牛津大学出版社商议出版。

出 版	中国林业出版社(100009 北京西城区刘海胡同7号)
网 址	https://www.forestry.gov.cn/lycb.html
E-mail	forestbook@163.com 电话 (010)83143543
发 行	中国林业出版社
印 刷	三河市双升印务有限公司
版 次	2018年6月第1版
印 次	2018年6月第1次
开 本	787mm×1092mm 1/16
印 张	17.5
字 数	286千字
印 数	1~1000册
定 价	55.00元

译 序

森林对人类和社会发挥的供给、调节、服务、支持的作用越来越被认识。保护、修复、重建和利用森林的这些功能，要以科学的森林经营为基础。森林经营是育种育苗、林地整理、造林更新、抚育管理、保护保育、收获利用等营林活动的总称，可以概括为收获、更新、田间管理为基本组分的森林植被经营体系，它覆盖林业活动的全部过程。没有森林经营就没有林业。

现代森林经营要遵循四个重要原则。一是培育稳定健康的森林生态系统。稳定健康的森林能够天然更新，有合理的树种组成、林分密度、直径分布、树高结构、下木和草本层结构、土层结构。现实林分可能没有这样的结构，需要辅以人为措施促进森林尽快达到理想状态。二是模拟林分的自然过程。人类对森林经营理论和技术的探索，始于18世纪德国出现的森林经理学。它倡导的参考当地顶极群落营建高效森林生态系统的近自然多目标的育林理念得到普遍认可，经过200多年的实践与讨论，现在已经成为全球森林经营的总体趋势。三是以全过程、全周期的视角开展经营活动。这是由森林生长的长期性、连续性和森林经营的系统性决定的，人为割裂培育和经营、功能和效益、人力和自然力之间的有机联系，都会影响森林经营的效果。四是重视经营计划的作用。林木的寿命一般超过人类寿命，因此需要在森林资源清查的基础上，审慎制订森林经营规划和森林经营方案，避免长期经营过程中可能出现的风险和不确定因素造成的消极影响，使经营结果接近预定目标。

森林类型众多，培育目标不尽相同，综合特定森林类型、培育目标和发展阶段的营林措施的体系就是营林作业法。营林作业法是森林经营技术体系的集成，森林经营是经营对象（生物多样性、林分结构等），经营条件（立地、政策等）和营林作业法的函数。根据全国第八次森林资源清查结果，全国 2.08 亿 hm^2 森林的蓄积量只有世界平均水平 $131m^3/hm^2$ 的 69%，年均生长量只有 $4.2m^3/hm^2$（其中枯损达 0.6 m^3/hm^2）。我国森林质量低下，除与森林科学经营起点较低之外，与长期单一树种用材经营导向，忽视利用多种营林作业法构建多树种、异龄结构的森林生态系统有关，这是《全国森林规划（2016~2050）》首次提出七种营林作业法的原因所在。

我国现有育林体系多年来以工业原料林纯林经营为原型，没有充分关注人工林的多目标混交经营，同时缺少对天然林（包括原始林、次生林、过伐林等类型）的森林经营经验。随着我国林业已经转向以生态系统建设为主，需要更广泛地吸收国际上森林多功能经营的经验，尤其是如何协调服务功能、调节功能、支撑功能和供给功能的关系，特别针对生物多样性、森林游憩、景观美化、改善民生、科学和文化教育、流域和水源管理、林产品供应以及应对气候变化等要素要求实施可持续经营，是我国森林经营需要重视的问题。

另一方面，全球经济一体化下的营林劳力价格和机会成本激烈博弈，碳汇等生态服务市场、公共融资等政策不断发展。这一新的业态格局要求森林经营作出适应性调整，也要求政府、科研界、企业界、林地或林权所有人以及广大森林公共效益的消费者，作为统一利益相关方，在景观层面实施森林资源经营与利用，实现共同的地球陆地生态系统的可持续发展。

以习近平同志为核心的党中央，把林业被视为生态文明建设的主体和事关经济社会可持续发展的根本性问题，提出"绿水青山就是金山银山""森林质量精准提升""把所有天然林都保护起来"等重要论断和指示。在此背景下，由中国林科院资源信息所首席专家王宏教授级高工、北京林业大学外语学院娄瑞娟副教授，完成的《现代森林经营技术》译丛，介绍了林业发达国家森林经营历史、先进经验和研究进展。相信丛书的出版会对我国森林经营技术现代化起到积极作用，是为序。

中国科学院院士
中国林科院首席科学家　唐守正
2018年6月14日

原版前言

直至18世纪晚期，木材仍然是欧洲人生存最基本的需求之一。对于工业生产各领域几乎所有类型的建筑和多数器具的制造，对于家庭生活和农业生产，对于欧洲经济，木材及其制成品都发挥着核心作用。之后，新燃料、新材料的发现和使用，才缓慢替代木材的这种主导地位。"打个比方说，现代的石油、钢铁和人造塑料的经济技术功能，被集中于同一个原材料上了（Sharp，1975）"。

作为木材来源的森林还有其他方面的重要功用。欧洲许多地方森林的主要价值是直接保障水源供应，保护好山地森林是防止土壤侵蚀的唯一廉价而实用的办法。森林在防止干旱及强风方面的作用，对于部分农作物的生长和家庭畜牧业极其重要。此外，森林还蕴藏了大量可作为重要食物、药品原料来源的野生动植物资源。

长期以来，适宜的气候使得中部欧洲的森林即便在人类使用的情况下，仍可以实现自我更新。但16世纪以来，特别是18世纪时的人口快速增长，最终引发人们对于由木材短缺和国内燃料不足对工业贸易带来负面影响的恐慌。对森林实施有计划的经营管理，以提高木材和其他产品的产出量，控制采伐利用速度和方式，保持森林的面积，成为新的必然。于是，配备专业林务人员的常设林业管理部门首先在欧洲诞生了，林业科学开始系统化发展，基于实践经验积累的技术改进的时代到来了。

当今发展中国家对木材和粮食的需求，随着人口数量的增长而增加。渔业、农业、工业对净水稳定供给的需求也在不断上升，但流域内的森林不断损毁，土壤侵蚀对作为水源涵养地的更大范围的山地带来持续性破坏。这类问题由来已久，而如今其规模之巨，已引发全球的关注（Brundtland，1987）。

正如Troup（1928）在60年前所言，"……世界各地过去数百年间内天然林资源的枯竭，让我们真正警醒起来，很多国家都已采取措施，保育、保护至少其原有森林面积一部分。然而，这仅是刚迈出的第一步。若想解决未来木材供应的问题，同样至关重要的是，应以合适的方式经营现存有限的森林，使之可以产生能满足经济和其他需求、尽可能高的可持续的木材产量。欧洲的一些国家数世纪前就面临这样的问题了，他们在长期实践中不断改进对待森林的方法，提出了被称为营林作业法的全球性命题。而深化这些方法体系在不同条件下的研究，是习得专业知识、强化科技应用的唯一途径。"

虽然本书作者竭尽全力，力图真实描述当今实际应用的各类方法，但仍寄希望于读者不要谋求从中获取全部的关于营林作业法的知识，而应以本书为指南，应用所涉及的各类方法开展林业实践。

J. D. M
于 Low Row
1988 年 10 月

对平装版的前言

此平装版中，参考英国林务员特许协会（Institute of Chartered Foresters）举办的英国营林作业法研讨会的有关论文，进行了少量修改（Gordon，1991）。

J. D. M
于 Heswall
1991 年 4 月

参考：

Gordan, P. (ed) (1991). Silvicultural Systems. Institute of Chartered Foresters, Edinburgh.

目 录

上 篇 作业法的理论背景

第一章 引 言 ……………………………………………… 3

第二章 森林的生态和遗传 ………………………………… 6
　　森林生态系统　林分的组成及结构　混交林分的使用
　　不规则林的使用　火在营林作业中的利用　营林中的遗传学

第三章 经营林的防护功能 ………………………………… 19
　　山区的防护林　集水区的林业　野生动植物保育　维护景观的
　　营林作业法

第四章 森林保护 …………………………………………… 26
　　风害　雪害　火灾　病害　虫害　兽害　机械伤害　空气污染

第五章 从森林培育到森林经营 …………………………… 43
　　森林经营的任务　采伐作业　林道网的规划与设计
　　木材市场对营林的影响　森林的设计　经营林的社会功能

下 篇 营林作业法的应用

第六章 皆伐作业法 ………………………………………… 57
　　概述　皆伐后实施人工更新　通过直接播种实施人工更新
　　借助农作物实施人工更新　皆伐后实施天然更新　皆伐作业法
　　的优势和劣势　实践运用

第七章 伞伐作业法 ………………………………………… 78
　　引言　天然更新的使用

第八章 全林伞伐作业法 …………………………………… 85
　　概述　更新伐　经营周期和面积轮伐区　通过人工更新实施全
　　林伞伐作业　全林伞伐作业法的优势和劣势　单个树种及其混
　　交处理　实践运用　母树作业法

第九章 群团伞伐作业法 …………………………………… 108
　　概述　优势与劣势　实践运用

目 录

第十章　不规则伞伐作业法 ·············· 115
　　概述　优势与劣势　实践运用

第十一章　带状伞伐作业法 ·············· 120
　　带状伞伐作业　带-群状伞伐作业　楔形伞伐作业

第十二章　热带伞伐作业法 ·············· 132
　　概述　马来西亚的全林伞伐作业　乌干达的应用实践　印度的
　　应用实践　热带湿润林的疏伐

第十三章　择伐作业法 ·················· 142
　　概述　优势与劣势　实践运用

第十四章　群团状择伐作业法 ············ 152
　　概述　实践运用　规则高林改造为不规则高林　未经营林的群
　　团状择伐改造

第十五章　双层高林作业法 ·············· 160
　　冠下造林作业　保残高林作业

第十六章　矮林作业法 ·················· 166
　　概述　矮林的特殊形式　矮林作业法的优势和劣势　实践运用

第十七章　矮林择伐作业法 ·············· 186
　　概述　优势和劣势　实践运用

第十八章　中林作业法 ·················· 188
　　概述　优势和劣势　实践运用

第十九章　改造作业法 ·················· 197
　　引言　改进伐　补植　替换　把中林改造为同龄阔叶高林
　　通过强度保留实施改造

第二十章　农林复合作业法 ·············· 211
　　概述　农林混作　林牧混作　农林牧复合作业

参考文献 ······························ 215
附　录 ································ 232
　　附录1　植物名称 ······················ 232
　　附录2　为主伐木提供生长空间实施清林的规模指标 ···· 240
索　引 ································ 241
译者后记 ······························ 269

上 篇

作业法的理论背景

第一章
引 言
Introduction

营林作业法是指对构成森林的林木进行抚育、采伐及更新，以产生截然不同的林分的生产过程(图1)的概称。在此定义中，"抚育"主要是指对未成熟林木开展疏伐或间伐作业，籍以影响林木的状态和更新造林时的土壤情况。

营林作业法包括三个方面的含义：

一是对构成森林的单木进行更新的方法；

二是林木产品的形式；

三是根据林木的林学和保护特点及收获效率要求，安排林木秩序。

本书的目的是描述常用的营林作业法。将阐释每个作业法的技术，包括采伐、抚育和更新活动的实施。还将研究每个作业法结合森林经营的要求的应用。森林经营的理念告诉我们：有规律、可持续的收获较间歇性、发作性的收获，具有更大的经济上的优越性；实现提出的法正生长理想目标，就是要确保未来可持续收获量。这是调整任何森林经营方案的作业法，以实现法正生长目标所必须牢记的。鉴于此，本书着重考虑经营方案的整体框架，包括森林分类、采伐区划、收获调整等影响营林、保护和采伐产出的因素。

森林具有生产、防护和社会多种功能。部分森林的防护功能相当于甚至大于其生产功能，这类"防护林"的经营管理目标包括：控制土壤侵蚀和雪崩、保障用水供应，以及为野生动植物提供栖息地等。这类森林还可能是深受人们喜爱的景观的重要组分。森林的社会功能包括了提供就业机会、野外运动和户外休闲的便利等，不同营林作业法发挥经营林生产、防护和社会功能的相对价值，将在本书加以描述和评价。

对林学基础知识的把握是研究营林作业法的前提。当今，遗传学、植物生理、生态学作为基础学科全面发展，物理学、机械学、社会科学的诸多方面也与营林相关。为避免作业法描述中可能出现的重复,各作业法的基础理论的主题乃至全部方面,集中在第二、三、四、五章介绍,对其中的每个专题不作深度剖析,而是为对了作业法进行清晰准确解读而设置场景。

图 1　平原地区人工林交互带状作业:显示更新的不同阶段
树种:挪威云杉;地点:丹麦的 Jutland

对营林作业法有不同的分类方法。如果把现在和以往作业实践的所有差别都考虑在内,那么分类的数量就几乎难以控制。因此,有必要将不同形式作业处理组分成主要作业法。在具体分类方法划分方面,仍存在着迥然不同的意见。但就本书的目的来说,如下的总体分类体系更为合适:

高林作业法(high forest systems)。一般为实生苗造林形成的林分。

在采伐更新总是集中于森林面积的一部分的情况下:

对成熟林木进行一次性全部采伐,形成同龄林——称为**皆伐作业法**(clear cut system);

接连更新采伐的作业法,是对成熟林木分两到三次连续进行采伐,形成多半为同龄、但稍有异龄特征的林分。

在更新采伐应用于全部林班或小班面积的情况下:

如果林冠开放程度均一，幼林基本同龄、均一——称为**全林伞伐作业法**(uniform system)；

如果林冠开放程度分散有林隙，幼林多半同龄、均一——称为**群团伞伐作业法**(group system)；

如果林冠开放不规则、渐次状，幼林部分异龄——称为**不规则伞伐作业法**(irregular shelterwood system)；

在更新采伐每次仅集中于林班或者小班面积的一部分的情况下：

如以带状采伐——称为**带状伞伐作业法**(strip system)；

如从内部呈线状开始，逐渐向外楔形扩展——称为**楔形伞伐作业法**(wedge system)；

采伐和更新在全部地域持续分布，林分均为不规则异龄林木——称为**择伐作业法**(selection system)；

双层高林作业法来源于其他作业法：

把幼苗引入现有未成熟林木之下形成的林分——称为**冠下造林作业法**(two-storied high forest)；

完成更新后保留部分原有林木形成的林分——称为**保残高林作业法**(high forest with reserve)。

矮林作业法。至少有部分林木来源于根株萌条或者营养繁殖的作业法：

在林木全部由营养枝繁育形成的情况下：

如果林木皆伐并且是同龄林——称为**单一矮林作业法**(coppice system)；

如国每次采伐仅收获部分枝条并且是异龄林——称为**矮林择伐作业法**(coppice selection)；

如果林木部分由营养枝组成，部分来源于实生苗——称为**中林作业法**(coppice with standards)；

伞伐法是一个总称，包括了连续更新采伐和择伐作业法(分别见第78和142页)。"同龄"和"均一""规则"含义相同；"异龄"和"不规则"(见第13页)含义相同。"林分(stand)"和林木(crops)用于表示在一个或多个方面同质的营林管理的单位或对象。

第二章
森林的生态和遗传
Forest ecology and genetics

森林生态系统

　　森林生态系统是立地上气候、地质、地形及土壤、乔木、灌木、动物、真菌以及其他有机体相互作用的产物。树干支撑着由树叶和树枝形成的林冠层，截留来自外界的辐射和雨、雪、雾等形式的降水。尽管部分辐射被反射回大气层中，部分降水从林木冠层表面蒸发，大部分降水与雨水、尘土、气溶胶携带的养分一道进入森林生态系统。林冠层还影响森林上层空气的流动，产生湍流运动。

　　把林分内小气候与其附近无林地的小气候相比，前者往往更为平稳。空气和土壤面临的极端温度减少。穿透林冠层的净降水量以及干流量减少，因此对土壤的影响也更小。森林下层的风速是开阔区风速的四分之一到二分之一，林内的空气湿度也要比林外高；当森林充分郁闭时，到达地面的光照通常只有全部入射光照的 1%~15%。

　　林冠对土壤的影响体现于林冠在养分循环中所发挥的作用。随着林冠的死亡，树叶、枝条、花、果、树皮脱落物在地表形成枯落物层，并腐烂分解变成腐殖质释放养分，维持林木生长活力和健康，同时保持土壤的理化性质。枯落物层内栖息着微动物群、微植物群及菌根等。众多细小的根交织其间，吸收土壤中的水分和养分。如果枯落物分解层发育正常，它们会提高土壤水的渗透率，使林冠下难以见到地表径流和侵蚀，也使从林中涌出溪流的数量和质量均得到调控。

　　根系结构将树木锚固于土壤中，其伸长、放射状增粗直到最后死亡而形成的孔道，可以改善土壤的物理结构，特别是其渗透性。触及土壤下层的根系将水分以及经风化作用形成的各种养分等从地下向地表方向运输。转移到叶子上的水分和养分最终会落到地上成为枯落物层的一部分，之后成为养分被释放到土壤上层。在成熟森林生态系统中生物因子和非生物因子的作用下，水分、养分和能量的流动得以汇聚和调谐。生态系统的损失量很小，因此生物质与养分在其内不断累积。

当林木被皆伐时，由林冠层形成的上方和侧方遮蔽消失，立地的小气候变得与周边无森林的立地相类似。温差加剧，使风的干燥特性显露无遗。森林生态系统中的诸多进程随即停止：

（1）水文循环被打破。地表及植物水分的蒸发减弱，地下水位升高。潮湿土壤含水量增加，而干旱土壤愈加干燥。地表径流加剧。

（2）养分循环被打破。枯落物层和腐殖质层暴露在阳光、雨水和风中，因此分解作用会加剧。立地养分可能部分流失或被建群植物所吸收。

（3）不仅生物质的年增长量几乎停止，其部分生物量也从立地中消失。如果只采伐树干，那么只有小部分生物质和养分流失，并最终会被大气中的养分输入和土壤风化作用的补充物所弥补。如果叶子、干和根均被采伐收获，立地的养分积累可能会大幅度减少。

按照生态术语（Whitehead，1982）表述，营林作业法应用的目标是：首先，收获适量的生物质，使生态系统生产力能长期保持在不降低的水平；其次，调整林冠层、控制采伐量以及采收量，为适生树种林木的更新提供有利的立地小气候和土壤条件。如果满足了这些条件，营林作业对森林生态系统的破坏就会最小化，而且影响时间也会变短。

如果未能足够精心地善待森林生态系统，立地资源就难以得到恢复，由采伐、收获造成的干扰就会变得更加严峻和持久。立地生产力会因此降低。立地退化的最常见的症状是：

（1）土壤紧实，生根量减少；

（2）土壤表层及上层过度湿润或干燥；

（3）地表径流和侵蚀导致部分土壤层丧失；

（4）腐殖质层失去活性或遭破坏；

（5）杂草丛生并与幼林竞争；

（6）经土壤传播的真菌聚集；

（7）更新林木减少或生长失常。

原木和采伐设备反复碾压土壤，造成地表及上层土壤紧实，渗透性和土壤孔隙度降低，这反过来使土壤容重变大并进一步减弱其渗透性（Congway，1982）。当土壤含有大量泥质土或黏土时，这些影响会加剧，特别是土壤潮湿时，这些影响会最大化，反之，当土壤为沙土时，影响最小。然而，在以下条件下，影响会降到最低：训练有素的伐木工人实施有序的采伐，沿着预建路线采运，有助于快速恢复立地土壤的物理性质以及排水系统；选取干旱季节进行采伐，此时地表比平时更为稳固，是避免对低承载力土壤造成危害的另一预防措施。另外，林道的建造涉及大量的土方消切和填埋，若非精心设计构筑，可能成为立地破坏的巨大隐患（见49页）。

立地退化的常见导因包括：

(1) 短期内反复燃烧导致枯落物层丧失；

(2) 人为移除枯落物层，用于燃料或其他目的；

(3) 过度放牧或被野生动物过度啃食。

当以上实践真正触及到使用者的利益时，他们很难抉择。在过度放牧情况下，某些区域必须封禁以使植被更新。皆伐和其他一些短期更新的作业法要比长期性的作业法更受人们欢迎（见93和124页）。

林分的组成及结构

天然林生态系统的组成和结构差异巨大。它们可能由一个或多个年龄和径级类似的树种组成，拟或在这几方面完全不同。森林生态值得探讨的两方面，一是所经营森林的组成应为纯林还是混交林；二是结构方面应为规则林或是不规则林。图2和图3是这两种情况的实例。

现代林业在18世纪在欧洲中部地区起步时，大量刻板地采用单一树种、规则林作业法经营森林。这些做法符合当时的实际情况。早期的森林经营者只能通过再造林扩大已几近枯竭的森林资源，采用基于持续产出设想的营林作业法满足大量木材需求。一旦这些作业法付诸实践，显而易见的一个情况是，气候、土壤、地形等条件并不适宜于纯林林分、规则林分部分树种的生长，于是着手改进营林管理。

19世纪的大幕还未拉开之际，以Gayer(1880；1886)为首的许多欧洲林学家，稳步推进更加灵活的营林管理方法，并建立了更多的不规则林分(Troup，1952：194)。森林的不规则化逐渐深入人心，混交种植的必要性得到越来越多人的拥护。"自然式林业"方法的倡导者要求，营林应建立在自然乡土森林生态的基础之上。其结果是，营林的重点是调整优化而非实质性改变森林生态系统的自然形态(Susmel等，1986)。

与该"自然式林业"相对应的是基于纯林、规则林分的现代营林方

第二章　森林的生态和遗传

图 2　加州铁杉规则纯林的高林经营，24 年生，已完成两次间伐
为开展测树活动，对部分林木的树干进行了修枝
地点：威尔士的 Gwydr 森林

法。在许多国家，新的森林通常建造于农地和无林地上，有时也因森林组成和状况不适于用材的需要更改森林类型。森林作为生态系统的基本理念未被忘记，但努力的重点转移到开发能够提高特定工业原料收获量的技术方面了。

　　纯林、规则林成为可自养的森林生态系统须满足多个条件。必须维持(有可能的话尽量提高)土壤的物理性质和肥力；树种必须充分适合当地气候条件，适于在纯林林分、规则林林分中生长，只有这样林木才能保持活力，免遭病虫危害。此外，树木还应能对营林作业处理产生响

图3 包括了少量槭木(*Acer sp.*)的不规则扁柏(*Chamaecyparis obtusa*)高林
地点：日本

应(见第62页)。

Stone(1975)指出，土壤与森林之间相互影响、密不可分，其部分原因是这些影响相互作用的时间漫长。"由于大量森林生态文献中关于土壤变化的描述推测有余、严谨不足，要得出一个关于森林对于土壤的影响的统一解释是困难的。"土壤对森林覆被的响应可从养分循环、土壤发生和分类等角度加以检测，或从较短时间内的土壤性质或生产力的变化加以检测。本书采取的是后一种方法。

对于土壤衰变的关注，主要源于欧洲营林学家对19世纪在退化林地、荒地、草地以及薄收农地上种植的大面积挪威云杉和其他针叶树经营问题的担心。在所有影响针叶纯林的问题中，幼林生长常常出现长期、严重的停滞，成为最严峻、最难以捉摸的问题。到19世纪晚期，在Saxony和Bavaria地区种植大量第二、三代挪威云杉林，此前种植的阔叶林健康状况不佳，生长缓慢，但当时认为那里前几代林木曾长势极好。Wiedemann[①](1923;1924)在Saxony低地就此开展的专题研究中发现，林木生长的代际间总存在差别，一些植株比它们相邻的林木生长更

---

① 译注：原文Weidemann应为Wiedemann

慢，其原因多是它们在幼林阶段经历多个缓慢生长期，直至树色变黄、停止生长。也发现有一些多年不施加经营措施而未错过最佳生长期的林分，与那些无限期生长停滞的林木间也总存在级差。

Wiedemann 指出，生长停滞发生在降雨量较少的地区，而且停滞期始于夏季干旱年份。同时发现，这种现象在贫瘠土壤上的发生率比在肥沃土壤上的要高。此外，生长停滞在黏土中出现最多，而在排水良好的沙土最少。在黏土中，云杉的根系几乎全部留存于新生腐殖质层中而不会深入到矿质土壤中，因此林木更易遭受干旱的伤害。

还有一个因素发挥了作用。挪威云杉在山毛榉林带庇护下，在谷底潮湿地带以及阴坡上可以健康生长。这样看来，生长停滞的基本导因应归咎于地表腐殖质暴露于阳光造成干旱。只要氮素迁移具有活力，挪威云杉在有新生腐殖质的土壤上就能健康生长，而一旦腐殖质受到阳光炙烤变干，其分解速度变慢就会导致氮素供应不足。因此在夏季干旱导致林分生长多期停滞的地区，山毛榉与挪威云杉混交会使林分更加健康 (Jones, 1965)。

Holmssgaard 等 (1961) 对丹麦第一代和第二代挪威云杉林的生长开展了认真的分析。他们研究了 15 对临时样地，从第一代林木中选取 20~70 年生的林木，从第二代林木中选取 20~63 年生的林木。这些林分的大部分位于原来生长山毛榉树的立地上，土壤为森林棕壤（在其三个案例研究中）和弱发育或充分发育的灰壤。第一代林木下的土壤均有较好的持水性，而当该持水性得到满足时，两代林木的材积产量几乎相同。两代林分间的高生长模式虽然随着年际气候变化而有不同，但差异不显著。Holmssgaard 及其他同事就此案例中得出纯云杉林连续多代种植不利远未得到证实的结论。

正在开展的大量的研究工作，涉及森林生态系统中土壤和林木的关系、立地维护方法，以及改善基因以促进林木生长和收获量提高等，这些均以提高立地和林分生产力为目地（参见：Ford 等，1979；Ballard 和 Gessel，1983）。对于连续种植的规则纯针叶林或阔叶林收获量减少（即：为在一定时期内积累的可收获的生物质量）的案例调查继续进行，见本书第 16 页的有关细节描述。尽管在过去一个世纪中全球集约经营人工林大规模发展，生产力降低的案例并不多见。

森林经营者认为，必须着力保持和提高所经营土地的生产力。因此当基于纯林、规则林分下的经营管理无法满足他们对于立地的保护时，混交以及不规则林分就应运而生了。

混交林分的使用

在以下情况下，包含一个或多个树种的混交林分要优于纯林林分：

（1）不同种类枯落物产生更为有益的有机质并使土壤处于更好状况。最有力的证据是针阔混交林对于易退化土壤的改良作用的差异（Troup：1952：195；Jones，1965）。

（2）在有证据表明混交林分要比纯林的算数平均产出更高的情况下，混交林优于纯林。然而，并非速生林通过与慢生林混种就能提高收获量（Johnstown，1978）。

（3）主要树种在养分贫瘠的土壤上的成活和生长状况，可以通过引进其他树种加以提高（Taylor，1985）。典型案例包括：爱尔兰高地西加云杉和日本落叶松的混交（O'Carrol，1978），北英格兰高地栎树和欧洲赤松的混交（Evans，1984：26）。

有证据表明，混交林分的根系对土壤的利用比纯林更加充分。Brown（1986）给出了一个在英格兰北部地区关于欧洲赤松和挪威云杉的案例，但并不能确信这种情况总会发生。在遭受风害的情况下，把浅根系的树种和抗风性强的树种混交，并不一定提高前者的稳定性。当考虑到森林可能出现的病虫危害，尽管不能完全确定，但混交林内的天敌种群数量更大，种类更多，能降低毁灭性病虫害爆发的可能性。一般认为纯林比混交林分更易遭受病虫危害，但Peace（1961）强调了混交林分对于病原体的复杂效应，同时引用了一些发生在混交林分中的严重病害案例。

在营林作业中，混交林分通常应用于以下情况：

（1）目的树种的天然更新要求有另外一个树种加入。例如，冷杉对挪威云杉的天然更新产生有利影响（Ammon，1951）。

（2）在Normandy（法国）和Spessart高原（西德），在山毛榉树的庇护下的栎树，徒长枝的生长会受到抑制，而此类徒长枝会降低栎树的木材质量（见第102页和164页）。

（3）在一些自然风景优美的地区，常绿树种和落叶树种混交有利于提高视觉效果和舒适度。

通常建议，通过林木改良产生的品种应混交种植，以抵御病虫害和其他一些由于基因基础狭窄而产生的危害因素。根据林木育种专家Zobel和Talbert（1984：271）的经验，森林树种内所具有的基因多样性数量之大，常常被低估。杨树无性系的所有个体拥有同一基因型，但可能会包含多种抗性基因。此外，在林木育种试验中，要分别测试亲代和子代对于病害及虫害的抗性。尽管进行了多项预防性工作，栽培种（及不同种源）还是发生了严重的危害，使用多个而非依赖某个或某几个种，可以提高安全保障。Zobel 和 Taobert(1984) 和 Leakey(1987) 提出了将多个品种、种源分散布局的栽植模式。只要林分面积足够大，当某个品种、种源长势较弱时，就将其替换（附录 2）。如果混交的融合度高，采用的是隔株或隔行混交的种植方法，那么，移除死亡和受损木会导致林地的立木度降低。

不规则林的使用

规则林由同一龄级林木组成。在短期内完成更新，树冠层通过一次或多次采伐被移除。在理想的不规则林分中，所有龄级的林木在融合的环境中生长。更新是持续性的，在整个林分内，林冠层无论在横向或纵向上均是连续的（参见第 143 页的图 26）。

不规则林分结构应用于以下情况：

一是当需要抵御风害或雪害时；

二是当需要保育永久的林冠层下土壤的物理结构和养分时；

三是当需要提高有特殊品质木材产出的比例时；

四是当为了获得多重效益而采用与天然林结构相类似的林分形式时。

树干的削度是林木遭受风折最重要的影响因素之一（Brünig，1973；Savill，1983）。它也是雪害中林木受影响的重要因素（Petty 和 Worrell，1981）。当风害和雪害发生时，低削度的林木要比同尺寸等高削度的林木更易受到危害。Assmann(1970) 将不规则林分和规则林分中的相同径级的优势木作比较，发现前者明显有更高的树干削度。因此，在易受风害和雪害威胁的地区，不规则林分要明显优于规则林分。

如第 7 页内容所述，皆伐后部分土壤裸露会引发立地退化，造成生产力下降。因此，在易于发生水土流失的长陡坡地段，以及对于容易退化的土壤，最好是保持永久的林冠覆盖。这样的成熟、多树种不规则林的生态系统已被得到充分研究，例如，在美国东部的 Hubbard Brook 试验林（Boremann 等，1974），因控制土壤侵蚀和调谐溪流养分运移而著名。因此在欧洲中部山地及其他类似的地区，森林经营者着力建造由不同树种、不规则林分结构组成的森林,并通过连续的林冠层实现保护目的(Fourchy,1954)。

在不规则林分的经营实践中,通过保留最具潜力的林木并调整树种比例反映立地条件变化的需求,能够赋予经营的灵活性,提高立木蓄积收获量和木材质量。在起始阶段,树苗均被上层木所主导,但之后逐渐产生竞争,直至优势木出现并产生分散孤立的大幅面、完整的树冠。这种发展模式有利于减少未成熟心材,提高以均衡速率径向生长的成熟材(见第50页)的比例。树冠上层的树枝相对较大,但可通过早年的细致筛选控制其幅度。Assmann(1970)收集的证据显示,不规则林分的出材量与规则林分相同或略少。但Köstler(1956:212),Knüchel(1953)等人一致认为提高木材质量会产生更高的经济效益。

当包含规则林分的森林与其相同地域的不规则林分相比较时,后者显然能产生更多的额外效益(Helliwell,1982)。同时,不规则林分具有自然的外观,持久宜人,环境舒适,是运动休闲的良好场所,也为野生动植物提供了多样化的栖息地。不规则林分还具有其他一些基于理论预期的优势,但很难在实践中得以证实。Murray(1979)和Crooke(1979)都强调,在营林作业中,经营措施是病害和虫害的影响程度的重要决定因素,但这不足以设想仅仅将混交的不规则林分中的树种分离就能自动减少危害(见第33页)。

火在营林作业中的利用

火是许多森林生态系统一个自然组分(Spurr和Barnes,1980),某些森林生态系统甚至需要依靠火来维持。火在一些条件下是具有毁灭性的,而在另一些则具有积极作用(SAF,1984)。火造成的影响主要取决于其强度:大火能导致树木死亡并破坏表层土壤,而小火则有利于林木生长。控制烧除(controlled burning)是指在预先设定的区域内有计划地用火,烧除天然可燃物。控制烧除主要应用于:

(1)减轻可燃物负载,包括采伐剩余物等,从而降低潜在野火的强度以及传播风险;

(2)通过去除部分枯落物、腐殖质并使矿质土壤暴露,为林木更新提供场所;

(3)促进果实、松果类释放种子,抑制灌木层、野草,阻控不必要的更新;

(4)减少虫害以及病害的发生。

在人工新造林时,有效的控制烧除还对林木的生长还发挥其他有利的作用。火烧能够产生矿质营养,活的或死的有机体燃烧后能够产生灰分,尽管一些营养物质(如氮)会挥发。火烧使一些酸性腐殖质或枯落物转换成为中性或碱性灰分,因此对固氮菌刺激的水平高于真菌,导致更多氮的产生。

与此同时,尽管控制烧除是调控害虫和有害真菌数量的有效手段,它也直接影响到了鸟类、兽类及益虫、有益菌的生长。燃烧大量堆积的采伐剩余物或将其成堆聚集会提高其燃烧热度,从而改变土壤的物理结构。因此,散布采伐剩余物的烧除方式通常是有益的选择。

控制烧除的设计应明确火烧的对象、合适的气候条件及燃料,以及在指定季节烧山的频率。火对立地土壤、动植物以及新造林木产生长期影响。在实际应用中,空气的相对湿度和温度、风速以及可燃物的含水量,对控制烧除的效果有着重要的影响。

随着管理人员以及工人技术经验的提高,控制烧除的效果和安全系数会随之提高,实施安全有效烧除的条件范围也会扩大。即便如此,参与控制火烧的人员必须有丰富的控制野火的经验,人员要充足以便在火烧的过程中应对有利的情况或在发生不测的情况下控制火情。在控制烧除过程中总会发生人员伤亡甚至死亡的以及设备损失的情况(Johnson,1984)。近年来,美国的一些州通过了严格的消防法。在欧洲以及美国,《清洁空气法案》的通过要求森林经营者控制烟尘,以确保对健康不构成威胁。

为了实现前文所述的目的,控制烧除作为一种自然而经济的手段被广泛、成功应用于实践,并且技术正逐步提高(SAF,1984;Johnson,1984)。然而,对于那些蕴含需要保育的作为长期生产力基础的有机质和养分(特别是氮)的贫瘠土壤来说,控制烧除作为整地手段显然是不合适的。

在澳大利亚南部种有大面积的辐射松,尤其是在南澳大利亚州和维多利亚州,大多数种植在平坦而土质粗糙、贫瘠的土壤上,养分和有机质供应量极少,也有少数种植在土质较为肥沃的黏壤土陡坡上。当地降雨量少(约为800mm)且多发生于冬季。夏季干旱,辐射强,气温度、湿度低。尽管有如此多条件的限制,第一代辐射松林的生物质产量远超过乡土林木。

在20世纪60年代,逐渐有证据表明第二代林分的产量下降了,在贫瘠沙土上的林分尤为如此。在第一个轮伐期中 35~40 年轮伐期内平均年生长量通常是 20~25m^3/hm^2，少数达到 30m^3/hm^2；而在第二个轮伐期中，产量比之前要平均降低 25%~30%。

直到 20 世纪 70 年代，整地仍然采用大火清理现场的采伐剩余物，以便于更新造林。以年平均生长量 29m^3/hm^2 计算，这种整地方法导致每公顷损失 754kg 的氮（Squire 和 Flinn，1981）。氮损失对于新造林木的可用养分含量产生何种影响，未完全清楚，但有证据表明，控制烧除是收获量大幅度下降的主要导因。

将枯落物、采伐剩余物保留作为下一代林木有机质和养分的原则被广大森林经营者所接受。在维多利亚州的 Rennick，初夏完成皆伐使采伐剩余物变得干而易碎，有利于在秋季或早冬使用机器浸轧。在造林时节缺乏绿色的采伐剩余物的另外一项意义，是可以对黑松甲虫（*Hylastes ater*）虫口数量产生重要影响，此害虫能杀死大量幼苗（见第 34 页）。经过浸解的采伐剩余物处于相对不受干扰的枯落物层之上，形成一层新的覆盖物。除了能保持土壤水分之外，该覆盖层还能阻碍不必要的黑松幼苗的自然生长，它们通常数量巨大而且长势极差。

一年生幼苗通常在仲冬时节栽植。在种植后 6 周后使用除草剂，去除造林 12 个月后所有残留的天然更新的植物。同一立地第一代和第二代林木 5 年之后的对比显示，高生长量并未下降（Squire，1983），这得到之后对蓄积生长量测量的证实（Farrell 等，1983）。

营林中的遗传学

自从 1937 年 C. S. Larsen 出版《林业工作中物种、林型和个体的采用》一书以来，遗传基因原则在营林作业中得到广泛应用。大部分林木规格大、寿命期长，导致难以揭示基因型（genetype）和环境条件对表现型（phenotype）——森林中的林木产生的影响，但 1950 年以来种源研究和林木育种试验取得重大进展，研究人员将森林遗传、树木生理以及森林生态一并作为营林作业的基础。

采用天然更新可以获得良性基因遗传增益，首先，通过清理和疏伐现存林木消除非目标树种，促进目标树种；其次，使用部分或全部预选取林木作为母树，培育下一代林木。Schädelin（1937）倡导通过清除和疏伐的方法来提高林木质量（见第 115 页），以此方法选取的母树是最具活力和健康的优势木，它们树干挺直、冠型良好，对立地具有充分的适应性。这是种群选育的一种方式。遗传增益的提高是母树个体特征和遴选强度的狭义遗传性的结果,即:$G = h^3 S$。

可遗传性(heritability)是基因型和表现型变化的比值,体现了亲代将性状传给子代的概率。松树木材密度的可遗传性高,因此产生的子代拥有相同木材密度的概率大。可遗传性包含两种情况:广义的可遗传性指全部基因变异,应用于母树通过无性选择的压条或扦插进行栽植;狭义的可遗传性指新增的基因变异,应用于选择母树。选择差异主要受观察到的指定性状的数量的影响。例如,树干的通直度出现较大的表现型差异,从直立到弯曲均有出现,说明选择差数(selection differential)较大,但如果大部分林木通直,选择差数就较小。

在实践中,最重要的改良出现在新造林木充分适应立地条件时,适应性也因此成为有高度可遗传性的树木特性(Zobel 和 Talbert,1984:270)。影响木材质量的特性(如树干通直度、自然整枝度)均有中等的可遗传性,因此,通过保留具有该性状的单株作为母树,此类特性就能得到改善。影响林木生长率性状的可遗传性高低不一,所以在天然更新状态下获得的产量增益较小。假如要通过现存林木追求更高的收获量,必须引进新的优质的树种、种源和品种进行造林。

有证据表明,在采用天然更新方法的情况下,全林伞伐作业和不规则伞伐作业均比皆伐和带状采伐作业获得更多基因增益。在实践中,如果森林中的优势木产生大多数的种子,这种差异可能会很小。在所有这些作业法中,更新采伐在整个轮伐期的后段开始,与种子高产期一致。因此,森林经营者有充足的时间鉴别优势树种中表现型的优劣,并移除不合要求的单株木。此外,在利用前生树(advance growth)的作业法中,此类林木通常表现出有用但不完全的优势木基因品质。

在单株择伐作业法下实施的不规则林分的经营管理中,为提高立生长蓄积而采取的措施,确保了天然更新的种源来自于所需要的表现型。相反,掠夺式的采伐则是移除最优林木,留下弱质林木。当采伐以下限直径为标准反复进行,弱势、有缺陷的林木就为新生林木提供种子(Baidoe,1970;Zobel & Talbert,1984:463),这种劣生(dysgenic)导向的选择是最严酷也是最具破坏性的。大量的种源和子代测定表明,这些长势缓慢且有缺陷的林木的基因品质低劣。

在实施人工更新的情况下,所有的营林作业法都有基因改良的可能性。栽植的林木应总是可以满足未来预期木材利用的基因型。源于母树林、种子园、繁殖圃以及组织库的树种、种源和品种在生长率、干的通直度、分枝习性、对病虫害的抗性、对立地和气候不利因素的承载力方面，更具优势。目前通过育种计划实现改良的树种数量越来越多，包括了许多适于温带、亚热带以及热带林业的许多主要树种。许多国家在持续获得经济意义巨大的遗传增益(Zobel、Talbert, 1984: 439; Faulkner, 1987; Leakey, 1987)。

多数关于林木基因生态学(genecology)的工作是针对营林实践开展的。种源试验已实施了两个多世纪，被证明是获得遗传增益的极有价值的渠道。一般来讲，乡土树种的种源对立地以及气候条件的适应性最强，但其生长量并不总是最高的。引进的树种可能生长更快，干形更好，还可能拥有其他更有利的特性，但通常对立地的适宜性不佳。在立地上会发生持续的自然选择，加上疏伐，移除适宜的劣质林木。如果引进多个种源，基因库也会随之扩张，然后在同种或种间通过异花授粉进行选择，选出适宜性最强或其他有利性状用的新的栽培种。

自从20世纪30年代以来，种源研究一个突出特点就是通过国际合作实施种源试验，重要树种如挪威云杉和花旗松等的自然基因范围被全部取样，不同种源的种子传播到许多国家，由全部或部分参加者种植的标准种源表现的有关信息得到定期共享。国际林业研究组织联盟(IUFRO)鼓励这种合作性的种源研究，目前研究包括了热带林业的一些重要树种(Barnes和Gibson, 1984)。

除非预先采取措施，否则的话，由于基因多样性减少，通过新种源和品种的种子、无性系源的使用产生的改良基因可能面临消失的风险。这也是关于单一树种、规则林分一个特例，我们在第12页中提到过。

第三章
经营林的防护功能
The protection functions of managed forest

如上文所述,经营林可以实现生产、保护和社会多种功能。其中最重要是生产功能,主要包括了实现木材和其他林产品的可持续供给;其他林产品包括树叶、果实、蜂蜜、染料和药材等。保护功能主要与环境问题相关,有多种形式,主要包括:

(1)保护土壤的物理特性;

(2)调节供水量和供水质量;

(3)通过生境管理保护野生动植物;

(4)保护优美的自然景观。

森林同时也为农作物、牲畜和建筑物提供保护,这促进了农林复合作业制度的形成和发展(见第二十章)。我们还可能留意到,经营林的主要社会功能是创造就业机会和提供基础设施以供人们进行野外运动和户外游憩。有关实施森林经营以实现其生产和保护服务功能,在本书第53页有述。

经营林生产和保护功能的相对重要性和兼容性取决于各地气候、地形以及土壤的总体条件。在面积广阔的土地上很少有或根本没有冲突存在;木材生产处于优先地位,保护功能处于从属地位。活立木立木蓄积一般来自规则林,往往是纯林,但也存在混交林的情况。当立地条件决定了保护是最重要的功能时,木材生产可能成为经营林的附属功能,例如处在重要集水区的森林。这样的森林包括规则林和不规则林,也可以由某些特定的可接受的树种组成。在立地条件极度恶劣的情况下,经营林的保护功能是至上的,木材生产处于次要地位,甚至可被完全忽视,这些是名副其实的防护林。在经营林的范围内也可能存在未受到干扰的地质名胜、考古遗址和小面积天然林地等。

山区的防护林

在山区使用的营林作业法已缓慢发展了几个世纪。这类森林的经营目标通常包括四个方面：

(1) 防止雪崩、塌方、侵蚀和洪水；
(2) 保护原生动植物的栖息地；
(3) 维护高品质的景观；
(4) 确保居民生计，是前三个目的的结果。

在世界各地的山区中，都存在几个常见的物理性危害和必须面对的困难：陡峭的斜坡以及断崖使营林作业的可及度降低、木材集运困难，气候条件也会使可用于作业的时间缩短。部分林分的经营则受到雪、强风、落石及滑坡的威胁。由于下种不频繁和植被间的竞争，幼树容易被积雪伤害，立木度恢复变得困难。需要有利的气候周期诱导种子生产，促进森林的更新。立地条件是变化多样的。它们呈镶嵌状，在小面积范围内其地形、风况及土壤深度等不尽相同。林分是营林管理的单位，单位范围内是尽可能均一的，面积 $5 \sim 20 hm^2$ 不等(Dubourdieu，1986a)。

影响营林作业法选择的因素，首先是林分状况，包括其树种组成、结构、年龄和预期寿命；其次，立地条件和需要维护的自然环境和景观。如果一片林分的结构近于不规则林，并且预期寿命超过规划期，应发展不规则林，特别是在立地保护需求较大的情况下。如果该立地状况并不严峻，或树木寿命较短，则需要规划相应较短的更新周期，而林分结构也可以是规则的。指导原则是灵活处理并增强现有活立木蓄积。

集水区的林业

生长森林的土地常被当作水源地，当从森林覆盖的集水区中流出的水的品质优良可靠时尤为如此。森林经营者必须坚持不懈地做好水源保育供给工作。森林对水源的影响有三个方面需要注意，可以归纳为：水量、供水的持续性和水质。

我们已经在前文(见第 7 页)了解到，水分的丧失有两个渠道，一是树冠截留水分的蒸发，二是蒸腾中的损失。林冠表面高低不平使过往空气形成湍流，森林的蒸发量比更平缓的顶层的植被的蒸发量要高(Miller，1984)，导致森林集水区的水产量降低；减量的高低取决于降水模式、气温情况,以及郁闭林分面积占据集水区面积的比例。一旦林木被砍伐,集水区水的产量将增加,而当伐区实现林分更新,水的产量就逐渐下降。流域对森林经营作业的实际响应,取决于地貌和水文特征,其后果是难以详尽预测的。

Nutter(1979)强调,大多数关于洪峰流量的信息是从有天然林分布的集水区中得到的,但他认为经营林集水区不太可能有截然不同的表现。有资料显示,森林集水区水流的洪峰流量比草原的低,也比草原来得更晚。Nutter接着建议,减少森林经营活动对产水量的影响的方法之一是实施分散的间伐、采伐、排水整地和集水区森林更新,使得其中某一部分水量的增加被另一部分水量的减少所补偿。这方面的管理措施将在本书下文章节讨论。

说到水质,天然林供给水的悬浮物较少,温度较低,溶解氧含量高,养分、杀虫剂和土壤淋溶杂质含量低。来自不同流域的水质略有不同,是因为水质反映了气候、林分和其他植被的物种组成、地质基础和土壤类型。森林经营需要在叠加这些因素的基础上实施决策。

侵蚀是溪流产生固体颗粒物的主要导因,侵蚀的主要来源是森林道路的修建施工、采伐作业、新下水道的开辟和旧下水道的清洗与土壤的翻整。Rowan(1977)描述了一种按主要功能进行地形分类的方法,这些功能包括:土壤承载能力,穿行地表遇到障碍物的情况,以及立地坡度和坡形。将这些分类记录在地图上,用于规划路网和收获方式。如果采伐是必不可少的,应选择适合采伐机器并设计作业流程,以防立地遭受不必要的干扰。

森林生态系统在截留大气自然养分输入方面特别有效(Miller,1984)。施用到矿质土壤中的氮、磷、钾肥料通常能得到有效保留。因此,与土壤风化带走的钙和镁不同,从森林中排出的水仅带走极少量的营养物质。森林生态系统对营养元素的保持在很大程度上取决于树木对该营养元素的摄取,所以当一片林分被皆伐时,有可能造成对溪流的污染,除非该立地有地表植被迅速建群,并且林地立木度的恢复也迅速进行。在这种情况下,可溶性氮的峰值处于低水平,并只持续很短的时间。

对森林集水区保护水源应采取的行动可能包括以下方面:
(1)路网的设计和施工应按照能最大限度减少侵蚀的标准进行;
(2)木材收获应采用对土壤产生最小干扰的方法进行;
(3)在河道的两侧设立至少15~20m、多至30m宽的自然植被缓冲区进行保护。排出水和犁沟水不能直接进入溪流,而是要经过矿质土壤,沉除泥沙和营养物质并且中和化学污染物。

为保障供水采取的一些其他的措施在某些条件下有用,但在其他条件下可能不适合。例如,使用阔叶树种替代针叶树,通过强度间伐减少集水区林分的立木蓄积,保留沿溪流分布的带状成熟林木等。控制烧除采伐剩余物对水质的影响很小,除非地表植被和枯落物层被破坏,使水从土壤表面直接进入河溪(见第13页)。

野生动植物保育

自然保护的目的是确保本土物种在其栖息地中生存(Boyd,1987)。对于一定的地域面积来说,以一个或少数几个树种木材的持续生产为主要目的的森林经营,为野生动植物提供栖息地的效力幅度一般要比天然乡土森林更小。然而,经营林确实可以为乡土动植物提供相当数量的栖息地。

许多野生物种能够适应由疏伐、更新伐、皆伐作业的带来的干扰,甚至能从中获益(Rochelle 和 Bunnell,1979)。而对于那些分散和建群相当缓慢的物种,或少数种群数量小的群体,或者种数波动幅度大因此可能会消失的物种,可能需要保护(Peterken,1977)。通过一些营林措施改善栖息地总体状况,使野生动植物栖息地多样化,同时保护移动性较差或较难适应的乡土物种。

在经营的森林中,野生动植物的出现及其活动受以下几个方面的影响:

(1)封闭森林外缘与毗邻森林的其他自然或人工生态系统之间过渡区的范围和状况;

(2)开展不同类型的采伐、进而形成森林内部边缘的情况;

(3)林分轮伐期内地表植被、林分结构和小气候的改变;

(4)影响轮伐期长度和营林作业经营决策的情况。

森林的外部可能与高山草甸、开阔的高沼地、耕地或畜牧业、淡水,甚至是海洋交界。森林和其他生态系统在其间的过渡区域相互作用,可以创造出比双方隔离情况下更利于野生动植物生长繁殖的条件(Boyd,1987)。在任何可能的情况下,都不应对森林的外部边缘作突然或急剧的边界划定。创建过渡区的重大机会,常出现在同一所有权下大面积的私有财产实施不同用途土地开发时。

内部边缘一般由森林经营者自主控制。他们将生产林分隔开来，并开辟各类空间。林道创造了大部分内部边缘，在受到干扰、排水良好的立地上呈带状弯转。一个通常做法是在离道路20~80m的地方停止林分生产作业，形成地表植被、灌木、乔木混合不规则边缘，为昆虫、爬行动物和鸟类提供栖息地。

道路系统的次级体系称为林岔道(rides)，它们之间的距离并不总是能形成足够宽大的栖息地。将生产目的的林分边缘缩进或使之呈扇形，形成相对的或交互的湾状地，并与其他岔道或林道交互的路口形成空地，可以提供明亮的场所吸引野生植物和蝴蝶。保留古树作为标准木，并保留林岔道附近的小池塘，进一步使栖息地多样化。

林内开放水域是动物和人的集聚区，特别是当周围开设了大片的过渡地带时。在生产性林分正式建立起来之前，植物群落由深层水、沼泽和较干燥立地上的植物，以及乡土灌木和小乔木共同构成。这些多样化的栖息地可以为许多鸟类和动物提供喂养、繁殖和越冬场所。同样，河道和溪岸可以提供大量滨河栖息地和有趣植物生长地。常对至少15~20m内的区域实施处理，以提供植物永久保护的区域，保护河岸并为鱼类创造有利条件。溪流自身状况也可以通过一些方法得到改良，例如Mills(1980)所描述的方法。

一片林分作为野生植物、动物和鸟类栖息地的价值，在轮伐期开始和结束时是最大的。在更新阶段，采伐剩余物提供栖息场所；土地翻整和排水可能将矿物质和砂砾带到土壤表面。草食丰富，使供狩猎的鸟类、小型啮齿动物和大型哺乳动物受益。食虫鸟类增加时食肉动物也将出现。当林木进入幼龄抚育阶段时，大部分地表植被受到抑制，会使大鼠和田鼠种群数量下降。然而，在温带地区，狐狸(*Vulpes vulpes*)、狗獾(*Meles meles*)和鹿能充分利用温暖的地表条件。在杆材林阶段，疏伐增加植物的光照和通风，地表植被重新出现，草料变得更加丰富。昆虫和食虫鸟类的种类和数量增加。成熟林分为动物提供巢穴、繁殖场所，为以猎物为食的鸟类提供栖息场所，也为以种子为食的鸟类提供食物。同时，复层林冠层鸣鸟种的数量比单冠层林分鸟类品种的数量大，并且总的来说，混交、不规则林分结构会比单一树种林分、规则林分吸引更多的鸟类。

凡是主要功能是生产一种或几种木材的森林，改善乡土野生动植物栖息地是一项与它不可分割的功能要求。Cadman(1965)提供了一些在生产林中可以轻而易举完成的工作。种群数量较小的珍稀植物，可能在更新过程中与蓬勃生长的其他植物竞争中败下阵来，所以它们应被标示出来，防止受到干扰。獾的洞穴可能需要保留而不必栽植。黇鹿(*Dama dama*)传统的发情区域的林分要保留下来，马鹿(*Cervus elaphus*)的主要迁徙路线纳入林岔道网络、留出的林间空地中，以供观察、管控和在冬季喂食。

在对可持续生产木材林分的经营中，相邻的林分在年龄、高度、物种组成和树冠发展上不尽相同。理想的边界状态的出现，需要使接近成熟期的林分与即将更新的林分相毗邻——不断创造出由皆伐和带状营林作业产生的边界(参见：第57页和120页)。在只有一个树种的蓄积生长量接近可持续收获要求的情况下，土地由面积不等，年龄、高度和冠层不一的林分的镶嵌体所覆盖。这样的镶嵌体由道路和岔道联系在一起，其中穿插着许多能够为原生植物和动物提供栖息地的无林空地。如果森林坐落在下有农田、上有开阔空地的山地，山脊和山谷也可能孕育着多种乡土动植物。

当野生动植物保育成为更重要考虑因素时，需要制订单独的保护计划。要对重要的栖息地进行清查，包括淡水、荒地、草地、湿地、乡土林地，以及其他衍生的稀有或有趣的物种。这样的清查工作方案需要与保护专家编制。如果某些区域的物种及栖息地非常有价值，应作出相应的安排，在关键时段控制进入或减少干扰。扩大林内栖息地范围的措施，包括保留部分正常轮伐期之外的林分，鼓励发展林下层物种和不规则结构，建立可以产出食用果实和种子的混交林等。

凡在森林中存在国家或国际级别重要动植物物种的自然群落，必须加以保护，以免受损失(如在很多热带湿润森林中存在的情况)，部分林区可能需要单列为自然保护区。需要停止正常的砍伐和收获，使种群自然发展。理想的情况下，保护区的面积要足够大，以便可以围绕不受干扰的核心保护地带建立缓冲区。一个典型的例子是苏格兰中部高地兰的Rannoch森林。在这里，大部分森林为木材生产所用，但也建有乡土欧洲赤松保护地，其外围建有保护区(Godwin和Boyd，1976)。

维护景观的营林作业法

大多数人喜欢树木，也许是因为多数人种的进化发展发生于林木和森林中(Davis，1976：260)。多数欧洲国家普遍对林木持有积极的关注，而部分亚洲国家民族则崇拜林木的尺度和美丽。如果不采取预先的宣教措施，人们很可能对营林组织方法和目的产生误解。由于树木寿命长久而人的生命短暂，所以人们倾向于认为树木是永恒的、森林是一成不变的。现代工业社会缺乏一种普遍的公众认可，即：森林和树木是可以通过经营实现可持续产出的，换句话说，森林是木材、化工用品及大众日常生活用品的来源。此外，随着国家的人口逐渐集中在比较富足的城市地区，人们的生活空间受到限制，对于户外游憩的需求和野生动植物的兴趣增加。所有这些因素都可能导致对于林业的争议，需要在应用营林作业法和实施森林规划时加以考虑。

对于公众来说，皆伐作业看起来像是对森林的破坏，而不是森林更新的前奏。在丘陵或山区，皆伐和带状采伐的结果对于公众是显而易见的，如果不强化采伐施业区设置的社会敏感度，皆伐和带状采伐很可能成为一种冒犯，尤其是当采伐剩余物充足、更新林数年后才能显现时。相比之下，不规则林作业法（不规则伞伐、择伐或群团状择伐）下的营林工作可以在一种自然的、外观变化较小的状态下进行，这种情况适于森林是深受喜爱的景观的重要组成部分的场所。

不同经营作业法的视觉效果，可以通过把施业区（coupe）面积、形状以及与景观相关的视觉元素结合起来考虑，使其变得更容易接受。如Crowe(1978)所言，地形格局及其变化的幅度、植被土地利用的现有类型和模式，岩石、土壤、建筑物等的主导色彩等，都影响景观的视觉特征。第一步是分析区域景观的一般类型。大规模连绵起伏的丘陵地区适于建立多个大的施业区，而在土地形态变化多样及或个性突出的小规模丘陵区中，必须对每个施业区单独处理，使之融合于复杂的模式构造中。

现在从不同视角对立地进行更为细致的考察，确定每个施业区或林班的形状。上边缘应依据地形而定，以便突出土地的形状。确定施业区上、下边界需要考虑立地的其他特征还包括：地形的下陷或凸起、悬崖、溪流、瀑布和山谷。如果森林与农地毗邻，下边缘可能需要与农地的等高线一致。通常情况下，形状较复杂、兼有嵌入和隆凸地形的施业区，比面积大、形状单一的施业区能更好地融入景观（图6，第52页）。

营林作业法环境效应的复杂性影响对森林的规划设计，所以需要将更新需求、活立木保护、高效采伐、野生动物保护、水供应的保护以及优美森林景观的强化等结合起来统筹分析（TGUK，1985）。在考虑森林规划设计（见51页）之前，我们须先转而讨论森林保护问题。

第四章
森林保护
Protecting forest against damages

森林灾害主要包括以下四种类型，分别是：
(1) 由极端天气引起的破坏，尤其是风害、雪害和火灾；
(2) 由病、虫和兽类引发的破坏；
(3) 森林作业过程中对立地和林木的造成的破坏；
(4) 空气污染。

这些危害具有反复性，如果不制定、实施有效措施对其进行控制，它们会扰乱林木更新、抚育和采伐的实施秩序。对立地和林木的破坏，抑制林木生长、降低立木蓄积和产出木材的价值，降低森林的生产潜力。保护措施所需的费用、活立木的蓄积及生长损耗，以及气候、生物、机械以及环境要素方面的花费，对于森林企业是沉重的负担。本章的主要目的是，展示如何评估各类灾害的风险，如何提高森林的抗性，尽可能降低其对营林作业法的不利影响。

风　害

在世界上大部分地区，尤其是海洋性气候区，风害是一个经常性的风险。强风能将树连根拔起，折断树干，并使树冠和树干变形，减少林木生长量并给更新、抚育和采伐造成影响。减少强风造成的破坏的步骤是：第一，评估风害的风险；第二，研究风对林木的影响；第三，采取措施提高森林对风害的抗性。

评估风害风险

风害分为两种，一是灾难性风害，二是地域性风害（Booth，1977；Miller，1985）。灾难性风害由非常规强度的风形成，如于 1953 年、

1976年和1968年1月在英国、1972年11月在欧洲西部地区、1987年10月在英格兰东南部以及欧洲西部发生的风害。由此类强风引发的破坏更多受到极高风速以及风向、当地地理特征而非土壤条件的影响（Holtam，1971）。因此不可能预测何时何地会发生此类风害，而目前唯一有力减缓对森林影响的方法，是提高林分年龄和高度的多样性，以减少面临风险的森林面积的比例。这是创建法正林一个重要的依据（见第46页）。类似的解决方法也适用于世界其他一些地区。在中国、菲律宾、日本，台风每年都会对森林造成灾难性的破坏；在加勒比地区、墨西哥湾以及北美的东南沿海地区，飓风带来破坏；在印度洋的部分地区，热带气旋风带来暴雨和强风，风速可达60m/s。

地域性风害的风力相对较弱，风速一般为20m/s，到狂风级时为30m/s。在不列颠群岛、欧洲西北部以及中部地区，此类风害会每年发生数次，多集中于冬季。此类风害经常性的结果是造成风折木，多发生于近熟、稳定性较差的森林中。造成的破坏受到立地条件和营林实践的影响很大，因此可以大幅度降低其发生几率和影响程度。在担心遭受风害的地域，可以通过检查如下方面对风险进行评估：

（1）该地区气候条件下的风况；
（2）该地区的海拔高度；
（3）该地区的面积、形状以及布局等地形特点；
（4）与树木根系发育相关的土壤条件。

长期气象记录告诉我们，不列颠群岛的北部和西部，挪威西部，丹麦的Jutland以及德国的北部，要比欧洲其他地区承受强度更大、更为频繁的风害。此外，沿海比内陆有更加频繁的大风天气。Booth（1977）、Miller（1986）、Miller等人（1987）按照大风的发生率将不列颠岛分为不同的区域。在广袤的森林位于或横跨各风区的边界时，通过设置5~10面标准规格、质地的碎布旗（tatter flag），在3年时间里每隔两个月测量被风撕扯破坏的比率，对当地暴露风开展查测（Miller等，1987）。

平均风速随海拔的升高而上升，大风发生的频率也是如此，因此，在相同地域内，高海拔的森林要比低地森林更易遭受风害。在英国，降雨量随海拔的升高而增加，导致土壤湿度增加，林木根系的穿透能力通常会减弱。随着海拔高度的增加，这些影响会逐渐变强，所以对于相同的海拔增加数，在实际海拔更高处的风害造成的破坏比更低处的风害会增加更快。

立地的风况因立地的面积、形状、毗邻地形特征而发生改变。立地对于风的相对暴露性，通过测定主要罗经方位点（compass point）与可见地平线间的倾斜角进行评价。对 8 次倾斜仪测量结果求和得到的值，称为托帕克斯值（topex value）（Malcolm 和 Studholme，1972；Pyatt，1970）。在平坦沿海平原上，托帕克斯值常为 0，说明它处于完全暴露状态。周边被高起地形完全围合的立地的托帕克斯值为 60 或更高，显示处于相对或完全被遮蔽的状态。如果立地位于山谷迎风面或与主风向平行，它比处于与主风向垂直的山谷主轴地更加暴露。位于长缓坡的立地常常是暴露的，无论其坡向如何。海拔较高的立地常常是严重暴露的，原因是随着风往高处吹风势会急剧加强。独立于群山的山脊、圆形山丘、山肩更易成为严重暴露区（Hütte，1968）。森林风害因地形因素会发生在迎风面，但在山区也可发生在背风面，Hütte（1968）对欧洲、Hill（1979）对新西兰就此做过分别报道。

对于地形变化丰富的地区，有必要调查全部的海拔高度以及走向，通过系统抽样的方法得出当地主风向的变化情况。把对托帕克斯值的评估和对土壤的调查结合起来，有助于评估风害破坏的可能性。Booth（1974）把部分山地的森林的地形模型置于风道中，以更多了解地形特征之上和周边风流的情况，并籍以认定哪些是高风害风险的立地。

林木根系的深度、范围以及形态受到生根土壤的体积和其物理性质的影响，特别是土壤的含水量和通气性（Sutton，1969）。当根系在棕壤或灰壤中无限制的生长到 45cm 深时，出现风倒木的可能性极低（但当狂风出现时仍有树干被折断的可能性）。当根系生长受到限制但仍有一些渗透能力强的根深入地下 25cm 或更深处，此类情况多出现于深的泥煤土或肥沃的潜育土中，出现风折木的可能性就会变大。而当根系受到限制入土深度不足 25cm 时，此类情况出现于泥煤质的潜育土、浅层的硬化土以及水涝的土壤中，发生风折的可能性会极高。

对于不同地区的风况、海拔高度、托帕克斯值和土壤的评估实施综合考虑，形成六个风倒木危害级别，在地图上展现出来，用于减少风灾危害应用措施的规划工作。

风对林木的影响

风害开始造成的破坏取决于湍风吹过森林以及林分的动态响应双方面的交互作用。树木的树形和径级不同，冠形不同，一些根尚未牢牢扎入土壤。当单个林木被强风折弯，其作用于树干基部的全部弯曲力矩，源自风拖拽树冠产生的摩擦力以及树干、树冠的重力。由于风从树冠顶部下降时风速会快速减弱,源于风力拉拽的大部分作用力矩被树冠上半部所承受(Petty 和 Swain,1985)。树干的弹性对全部作用力矩产生抗性,因此当风速减缓时,弯曲的树木便会向上弹起。在强风中林木会摇摆,尽管摇摆因相邻树木树冠接触得到局部缓冲,但长时间的摇摆仍导致树干下土壤崩裂,并使紧扎地下的根松弛。根系对全部作用力矩的抗性主要依赖于:土壤的紧实拉力;根系处于拉力状态时林木迎风面根系的抗拉强度;根系及土壤锚块的重力(Coutts,1986)。当全部作用力矩超出最大阻碍力矩时,树干折断,但在潜育土中,常出现土壤和根系分离、树因此被连根拔起的情况。

随着林分长高,它们受风害影响程度增大。在不列颠岛,当现存活立木的3%被风害摧毁时,此时林分中的最大高度称为"临界高度(critical height)",这对于未采伐的林木意味着,在13m时发生风倒木可能性最低,而在28m时出现发生风倒木可能性最高(Miller,1985)。起初,散布在各处的小林木组团被吹倒了。在接下来的数年里,这种危害逐渐传播开来。当40%的林木遭受破坏时,就达到了"终极高度(terminal height)",剩余的林木将被全部采伐。

在本书第13页中提到过,树干的削度是影响风雪造成折损灾害程度的重要因子。如果干的削度表示为树干的胸径与树高之比,那么削度为1:100的20m高的西加云杉显然是不牢固的,而削度为1:60的西加云杉则相当牢固。树干与树冠重量比同样重要——小的比值可以使危害破坏最小化。因此,在树干蓄积没有太大差别的条件下,更高的树干削度、更宽的株行距的林木,要比削度低、株行距低的林木更加牢固。前者的情况多发生在经营的不规则林分上层冠层的优势木中,正如我们在第13页讨论的,它们对风雪灾害具有抗性。相反,规则林分在其生长前半段保持封密实生长状态,树冠变窄,树木削度较低。如果此种林分在接近极限高度时实施疏伐且位于开放立地,强风通过上层冠层的穿透性增大,会造成较大破坏。

土壤真菌可以腐蚀根系,造成根系腐烂,降低被感染林木的锚地力,增加造成风倒木的可能性。最常见的真菌种类主要有蜜环菌(*Armillaria*)、栗褐暗孔菌(*Phaeolus schweinitzii*)、异担孔菌(*Heterobasidion annosum*)(见第34页)。厚盖纤孔菌(*Polyporus dryadeus*)能使栎树结构根致死(Peace,1962);在不列颠岛,波状根盘菌(*Rhizina undulata*)使许多针叶树根致死,特别是云杉(Murray 和 Young,1961)。然后林木会成群的死去,树冠间形成的林隙成为更广泛风害破坏的来源。

提高森林对风害的抵抗力

目前有多种措施可减少地域性风害，提高活立木对强风的抵御能力。目前大多数的技术手段是在长期的试错实践中掌握的。许多问题仍值得深入研究，如风吹过森林时的行为方式以及不同树种的响应。现如今数学和物理方法被广泛应用于研究，以期能进一步提高营林作业技术（见 Petty 和 Swain，1985；Coutts，1986；Thomasasius 等，1986；Blackburn 等，1988）。

风对森林造成的破坏一般位于：新采伐林地的边缘的迎风面；为更新而创建的或因林木死亡而形成的小的清林空地；在 5～8m 及以上最大高度发生变化的边缘地带（Somerville，1980）；排水差的地区；道路急剧改变方向的地区。大多数抵御风害的措施是长期性的，因此要尽可能多的纳入对森林的基础设计中。

在多风气候下的营林实践包括以下几个方面：

(1) 避免采伐将林分内部突然暴露在主风向上。对林木的安排，应当按照地点接邻、连续性的方式与主风向相悖推进。这样可以确保采伐施业区的迎风面上始终有庇护林或庇护林带。

(2) 避免产生大片清林空地和小片分散的成熟林。当采用窄的施业区时，与采伐带近似，常常使其与风向形成直角。

(3) 疏伐局限于林分发展的早期阶段。始于幼龄林抚育阶段甚至更早，并在林木到达立地临界高度前停止。

(4) 尽早选定用于更新的母树，逐渐减弱来自其周围林木的竞争，以使其树冠蓬勃生长，树干削度变大 (Smith，1986)。

对于与森林外部边界相连，或与公路、岔路、采伐面、防火隔离带相连的永久性林缘地带，需进行特殊处理，原因是由边缘树木产生的风湍流会对森林的背风面造成破坏。通常采用与对待防护林相似的方法对待永久性边界，以创造一个 30～50m 宽的永久性边缘地带，风可以从中穿透，从而减弱森林背风面的风湍流。在其生长前期实施强度间伐，达到 15m 高度后不再间伐。在永久性边缘地带要采用落叶树种，同时对常绿树种实施强度修剪，提高风的穿透性 (Savill，1983)。关于用来保护野生动物和预防火灾的边界处理方法，分别见第 22 页和第 32 页。

在多山国家，主风向一般随山谷走向而转移，因此必须首先辨识当地风向。在欧洲中部地区，采伐施业区与风向成直角排列，这种做法沿用数世纪至今。最具危险性的风横扫西部高原，沿东部缓坡直坠而下，影响缓坡的侧面。在被下沉风席卷而过的缓坡上，通常会采用纵向的施业区。相反，在奥地利部分山地的南坡，施业区的布列则应预防西风和来自山顶的下沉风(Troup，1952：83)。解决方法要求采伐作业从低地开始，之后采伐其上部的部分，这样使得裸露的纵向施业区上坡处始终有防护林分。本书的第 123 页介绍了在多山国家用以指导开展带状排列和采伐方向的采伐密钥(felling key)的使用。

风倒木的危害性大，因此需要刺激林木根系发展，使根尽可能向下伸长并向四周生长。许多立地通过培育及排水提高土壤含水量、通气量、温度状况和土壤抗拉强度，从而提高根的生长和对风倒的抗性。整地处理对一些树种如西加云杉的价值得到进一步强化，因为根系的基本结构是在成林初期建立起来的(Coutts 和 Philipson，1987)。疏排水似乎是在有表层水的砂壤质潜育土上为根系创造良好生长环境最有效的措施，但黏质潜育土渗透系数低，很难通过疏排水或中耕深松单一措施提高透水性。

采取措施控制能够导致根死亡真菌的传播也是一种减少风害的策略。群体性死亡的蔓延与波状根盘菌密切相关，通过避免在生长期林分内部或附近点火、维修排水系统或不对附近感染林区进行疏伐等措施，能够减少其危害。在不列颠岛，通过计划烧除进行更新整地遏制波状根盘菌的侵袭(Gregory 和 Redfern，1987)。

雪　害

在斯堪的纳维亚半岛以及北美的北方针叶林区，欧洲中部和印度北部的山地森林里，一年中积雪会数月不融。积雪在冬季会对幼龄木起保护作用，但坡地上密实的积雪的滑移会使林干弯折。幼龄林木的树干以及树冠容易因积雪而折断，特别是在当疏伐不够及时、立木密度较高的情况下。欧洲的落叶松、松树以及云杉，美国西北部及加拿大西部的铁杉与北美黄松，易被积雪压弯折断。造成严重经济损失。

当原产于南部沿海的美国黑松在苏格兰东北部高地上栽植时，其宽松的习性和不发达的根系使得它们容易受到积雪的危害。Petty 和 Worrell(1981)，Thomasius 等(1986)先后证明，树干通直、削度大、活树冠茂盛的林木，抵御雪害的能力比长势歪斜、树冠窄小、树干弯曲的林木更强。在雪害频发的地区，选择培育冠型良好的优势木至关重要。另外，如前文第 13 页所述，在欧洲中部山区实施不规则林经营的一个重要的理由就是其对雪害的抵御能力。

火　灾

野火的危险源于火险和火灾隐患（Hibberd，1986）。火险指起火原因，随着森林中人口的增加，居民区和森林结合部土地火灾的出现，以及是否有公路或铁路穿过森林有关等。火灾隐患则是指，森林中植被和采伐剩余物作为燃料的数量以及可燃性。当空气湿度低，气温和风速高，燃料湿度低时，火灾隐患升高。当火险与火灾隐患均高时，野火的危险就变得极高。

预防火灾的第一步是建立能够及时测报火情的机构，第二步是提供有效的灭火手段，最后是火的预防及控制。我们这里讨论营林作业法关于预防以及控制的方面。

影响火灾隐患的主导因素是气候。野火对于长期炎热干燥天气条件的地区，属于周期性的危险，如在地中海盆地、非洲稀树草原、澳大利亚南部地区以及加利福尼亚州南部地区。Delabraze（1986）描述了地中海地区野火发展典型时序。它起因于一次地下火，这种火常存在于森林边缘地带的矮灌丛或废弃的施业区中。如果立地中小尺度层面上恰好有易燃森林叶片面向火源风向，便会形成树冠火，随着火势集聚，燃烧木被释放，导致风助火势。抗火性相对较强的树种形成的高林木带能够截阻火势蔓延，并为扑火提供前沿阵地。

有计划地减弱火的危险、提高森林抵御火的破坏，始于对气候模式及植物物候的研究，以能够确定最为危险的时段。对地形的分析以及森林最易受到火灾危害区域主风向的评估（见第28页），有助于认定火势加强或减弱的地点。之后可对每个林分受火灾侵害的容易程度进行评估。在任何可能的地方，所有现存高大的防火树种应纳入防火林带或防火隔离带。利用常规手段（包括土壤翻耕、使用除草剂、机械修剪植被、放牧、控制烧除等）减少用于森林外部边界以及主要采伐道沿线的化石燃料的数量，后者还可成为内部隔离带。在火灾高危点，清除易燃灌木以及地被并建立无障碍隔离带，以防森林火势不受阻碍的蔓延。垂直于主风向的隔离带位于丘陵或高大林木的背风面；平行于风向的隔离带则沿山顶方向Z字型曲折排列，使风不能顺沟而过。在任何可能的地点，都使隔离带与水道、沟渠、墙以及类似的阻隔物接近。在防火季节，要确保通往外界的主干道以及隔离带畅通无阻，以便消防队以及灭火装备迅速到达火灾现场并腾出更多的安全场地。

根据一般经验，火势的发展会被其他不同树种、年龄的林分所阻隔，因此营林作业法应建立镶嵌式林分，这样的林分通常包含几个不同的树种(Delabraze，1986)。在高火险期林分的迎风面保持高密度郁闭状态，以抑制任何林下植被的生长。远离主风向的林分则可进行强度修枝。采伐施业区的布局应通过建立连续、高度更大的稳定林分，使地表火难以蔓延成为林冠火；也可以采取以不同龄级、规格序列的方式，使之尽可能截然不同。

火灾是非洲热带草原地区育林工作最大的威胁之一，这些地方存在草、树叶和松针枯落物等大量可燃物(Laurie，1974)。控制林分中草的生长，要求进行在栽植前进行全面整地进行清除，在郁闭前集约除草，此后轻度疏伐，以抑制野草再生。然而，土壤中的水分常成为限制因子，有必要对林分进行强度修枝，造成草类急剧再生增加火患。如果树种具有抗火特性，在雨季晚期、旱季早期以及一天最热时间过后期间，通过控制烧除减少修剪疏伐后剩余物的数量。控制烧除有时会在林木达到8~11m的第一次修剪后开始。在近熟林分中，控制烧除会持续实施，直到燃料数量降到$12.5t/hm^2$以下(Laurie，1974)。我们在本书的第16页详细讨论了大规模枯枝废材浸解(maceration)的问题。

病　害

在经营林分的整个轮伐期，真菌病原体的发生和活动受到四个因素的影响(Murray，1979)，它们分别是：

一是林木的历史以及上一代林木作业的残留物；

二是苗圃种植材料生长期内携带的病原体；

三是轮伐期内林分小气候的改变；

四是经营决策以及营林作业法。

考虑到危害性真菌的发生和破坏后果常与轮伐期某个特定阶段相关，本部分内容将分为四阶段分别阐述：建群阶段、幼林阶段、干材阶段和成熟林阶段。

建群阶段的病原体

如果是通过种植实现更新，许多在造林及林木生长初期产生的病原体，可能来自苗圃并通过被感染植株进入森林。典型的例子包括五针松疱锈病（*Cronartium ribicola*）；还有在欧洲赤松上的散斑壳属菌（*Lophoderium*）和在美国北部和加拿大的红松和杰克松的枯枝病（*Scleroderris lagerbergii*）等致病性更强的品种。苗圃中的一些常见的叶部病害，如落叶松上的落叶病（*Meria laricis*）和铅笔柏的叶枯病（*Didymascella thujina*）对于移植到森林中但仍处恢复适应阶段的幼树的尤其具有破坏性。因此，对森林病害的防控要从苗圃阶段开始。

当使用天然更新或直播的更新方法时，幼龄林木主要受到现存于森林内病原体的影响，既有正在更新的立地上的，也有从其他地方引入的。同样，当苗圃的种植材料栽植之后，幼龄树木也面临被森林病原菌感染的风险。那些树龄较大、感染较轻的树木可能是严重影响，甚至会杀死幼苗、感染性菌种的来源。典型的例子有：美国南部和西部松林中的褐斑病菌（*Scirrhia acicola*），及欧洲山毛榉树的鲜红丛赤壳菌（*Nectria ditissima*）。在建群阶段对植物产生危害的另一个重要源头，是上茬林木的剩余物，特别是携带致病菌的树桩和树根。多年异担孔菌（*Heterobasidion annosum*）是个非常重要的实例，对其防控的手段将在下文详述。

幼林阶段的病原体

在幼林阶段，小气候有利于孢子的产生和萌发，可能导致易感树木发生原发性感染。如上文所述（见第6页），生长期中的树冠拦截降水和太阳辐射的比例增加；幼龄森林中的风速减少，湿度长时间保持在较高的水平。林中树木个体对水分的激烈竞争有利于病原体攻击那些受到抑制的树木。其结果，在该阶段，树叶和树皮的病害是很常见的。

杆材阶段的病原体

当达到杆材阶段时，低修枝（brashing）、修枝（pruning）、疏伐等主要抚育作业就开始了，此时也是茎根受到伤害的时期（见第40页）。树木之间的竞争得到缓和，林冠变得更加开敞通风，小气候下叶片或针叶的湿度条件不利于病原体的繁殖感染。但地下的情况就有所不同。根垫之间几乎连通，根之间的直接接触有利于病害的传播，如蜜环菌（*Armillaria mellea*）。当实施根的嫁接时，栎树的栎枯萎病菌（*Ceratocystis fagacaerum*）等黄枯菌可以传播。

多年异担子菌是一种白腐真菌，引发干基白腐病、根腐病，并在有特定特征的立地中导致针叶树死亡（Greig 和 Redfern，1974）。当真菌存在时，它常通过接触受感染树桩的根进入健康树木体内；而后穿透心材并上升侵入树干，引起腐烂、早腐、色斑等。Pratt(1979)研究了该病对英国西加云杉林造成的损害，树龄从 23~50 年不等。他发现，早腐与腐烂和色斑相比，占用树干更大的蓄积，同时早腐木难以与健康木轻易区分开来，早腐木会显著降低木材的弹性系数。40~50 年生西加云杉超过一半的锯材原木来自树干下部 6~8m 的高度，所以放弃腐烂和早腐根段原木的树木，会使获得的木材的材积和产出价值蒙受严重损失。根的腐烂还会增加针叶林木遭受风折的几率(见第 29 页)。

多年异担子菌的孢子全年不断地从子实体上分裂出来，通过风力传播到新砍伐的树桩上建群。因此，皆伐和间伐为真菌的传播提供了理想的条件，受感染的树桩提供了强力入侵邻近或后继林木的菌种来源。抑制或消除真菌的传播可用硼或尿素来处理新砍伐出的树桩，对于松树桩，也可以采取接种竞争性的大隔孢伏革菌(*Peniophora giganteum*)的办法。在受感染的立地上，可以种植一些对异担孔菌有抗性的品种，如科西嘉松、花旗松和大冷杉(Greg, 1981)，也可以采取在立地进行更新造林之前将老树桩移除的办法(见第 65 页)。

成熟林阶段的病原体

成熟林阶段开始于高度与直径生长减缓。林木的树冠外扩，枝条变粗。在实施过多次间伐的规则林分里，树冠高大且通风良好，因此叶片和针叶感染病原体的情况仅零星分散发生，并比在前几个阶段更取决于气候状况。因风雪而造成的树冠折损，因遮阴所造成的枝条死亡，火灾和动物的破坏，茎干上砍伐伤口，采伐或修路对根的伤害，都为腐朽菌感染提供了途径，而腐朽菌可能是这个阶段最重要的破坏性真菌。

虫　害

单个林分可在其不同生长时期和阶段遭受特定种类或类群虫害的破坏。而整个轮伐期中，寄生虫、食肉动物、土壤昆虫的密度都会发生变化(Crooke, 1979)。虫害的发生率及造成的影响受到多个因素的影响，其中包括：

(1)立地的历史以及前茬林木的残留物；

(2)立地或其附近的车辆或机械携带的木材和树皮害虫，以及来自受感染林分的剩余物；

(3) 引发树木生理状态变化的气候及其他事件；
(4) 管理决策和经营措施。
以下将有一些例子以说明这些因素的作用。

建群阶段的害虫

松皮象（*Hylobius abietis*）是欧洲幼龄针叶树害虫（Bevan，1987：135）。控制其数量的主要因子在于是否具有合适的繁殖地。皆伐，重度间伐，火、风折等提供大量繁殖场所，包括根下、皮下、树桩下、原木底部，乃至倒在地上与土壤接触的大枝条（Scott 和 King，1974），都会导致皮象虫数量上升。在春天会出现一个成熟皮象虫从休眠中苏醒进行捕食的高峰，在随后的六月、七月和八月，大量越冬后的幼龄象鼻虫出现；这些幼龄象鼻虫非常贪婪，啃食幼龄针叶树树皮对其造成极大破坏。遏制大松树皮象虫繁殖的诸多措施之一，是形成小的施业区并避免在毗邻地区砍伐，除非是在隔一些年份后进行（见第 59 页）。形成这种小而互相隔离的施业区的做法是个有效的预防措施，但前提是它要配合使用杀虫剂，即在造林前对苗木浸沾杀虫剂，并于六月、七月和八月间对立地幼林进行喷施。

根小蠹属（*Hylastes*）的黑松和云杉甲虫，是新更新林分中最具破坏性的害虫。这些小形体的甲虫在小树根、树桩、原木和针叶树树枝上繁殖，接近成年的群体在春夏季捕食，大多是在地下蚕食幼株根皮及其形成层。树皮甲虫种群在皆伐后增加，而在当紧邻立地实施连续皆伐时的大爆发，可对立地产生严重破坏。形成小而隔离的施业区对于防控皮象是有效的，但须在栽植前后均使用杀虫剂。根据 Scott 和 King（1974）的记述，将栽培立地土壤实施深耕、翻整以及移除所有树桩，会减少根小蠹和松皮象种群的数量，但这些措施并不会影响迁徙到该立地的种群的数量。

幼林阶段的害虫

在幼林阶段，吸食汁液的昆虫、食叶害虫和蛀梢害虫是主要的害虫种类。云杉高蚜（*Elatobium abietinum*）是一种破坏性的汁液吸食性害虫，造成云杉成熟叶损失，严重的感染可降低生长量。这种虫害在英国的爆发从幼林阶段开始，可持续到之后的其他阶段，通常在温和的冬天发生。在森林里，使用杀虫剂控制的方法是不切实际也不可取的，长期的方法是开发抗虫害的栽培种（Bevan，1987：135）。

松梢蛾(*Rhyaciona buoliana*)对欧洲赤松、美国黑松和欧洲黑松的茎干造成伤害。幼虫在距地面 1~3m 的芽和幼枝内啃食，也有小数量的种群能达到更高的位置侵蚀年龄更大的林木，并从其中传播到邻近幼林中。最常见的破坏类型是，当顶芽或枝条死亡但存有侧芽时；这会导致茎干随着树体的生长发生某种扭曲变形，这往往成为树木在之后遭受风雪侵袭折损的起点。虽然寄生虫种类很丰富，但它们一般无法进行有效的控制。在营林作业中，通过控制易受到影响的高度的范围促进幼树快速增长，有助于减少松梢蛾的侵袭并帮助其恢复(Scott，1972)。

杆材阶段的害虫

在对处于杆材阶段的林分开始间伐时，就有可能遭受食叶害虫大规模攻击了。在发生松尺蠖蛾(*Bupalus piniaria*)的情况下，可通过对土壤中越冬蛹进行计数预测害虫流行的可能性，必要时实施杀虫剂处理，在欧洲一般从空中实施喷洒，以避免赤松遭受严重损害。另一种可能的控制策略是：使用科西嘉松或其他抗性品种取代欧洲赤松。

叶蜂类，如云杉上的欧洲云杉叶蜂(*Gilpinea hercyniae*)和落叶松上的腮扁叶蜂(*Cephalcia lariciphila*)，也可在杆材林及其后期阶段达到破坏水平。但欧洲云杉叶蜂的幼虫很容易受到自然发生的、有特定寄主的核型多角体病毒(*Polyhedrosis*)的侵染，因此可以有效地控制虫害的出现(Billany，1978)。英国腮扁叶蜂种群数量崩溃的首要原因是姬蜂(*Olesicampe monticola*)的寄生(Bevan，1987：67)。

成熟林阶段的害虫

随着成熟林阶段的到来，树皮甲虫和皮象虫成为虫害的主力。松纵坑切梢小蠹(*Tomicus piniperda*)流行种群在林木日常砍伐、风倒和火灾伤害的情况下处于较高水平。树木因干旱或落叶变得虚弱，可成为被攻击的目标而死亡(Bevan，1987：124)。成虫钻入已砍伐的松树原木树皮下或遗传生长不良的树木茎干的皮下，但最主要的伤害是由幼龄和成年甲虫造成的，它们在其成熟和再生啃食阶段在植株嫩芽中打道，危害极大(Bevan，1962)。控制这类虫害需在砍伐后进行剥皮作业，或从四月到八月将未剥皮的原木及时移出立地，要在甲虫繁殖前将冬季采伐的原木移出。如果未剥皮的树木必须留在森林中 6 周以上，则应对楞堆(stacks)喷洒杀虫剂。

根据 Evans 和 King(1988) 报道，云杉大小蠹(*Dendroctonus micans*)

"是从东西伯利亚到欧洲西部云杉分布区的主要害虫。它在树皮下繁殖造成形成层的破坏,极端的情况下置林木于死地。其作为害虫的名声源于雌性甲虫在活立木上定居的能力,不像典型树皮甲虫那样需要实施大种群的攻击。"

如果林分目前未遭云杉大小蠹的侵袭,则它受到侵袭风险的增加与以下几个因素有关:与受感染植株邻近的程度,与通往受感染植株采运路线的距离,与可能加工被感染木材的工厂的距离。降水较少地域的成熟或过熟立木如果土壤缺水而生长不良,则更容易感染袭击,而通常虫害是通过风折或木材采运侵入的。控制措施包括卫生伐和生物控制。被感染的植株被砍伐后将树皮除去,确保将所有发育阶段的甲虫都除掉。然后在去皮原木和树桩上喷洒杀虫剂。至于生物控制,这涉及到特有天敌大喳蜡甲(*Rhizophagus grandis*)的释放和保持,这在欧洲被认为是使云杉大小蠹种群数量降低到可接受水平的重要手段。

兽　害

森林为鸟兽提供了赖以生存的食物和水,提供躲避风、雪和炎热栖息,以及隐匿逃脱于天敌的场所和空间(Rochelle 和 Bunnell,1979)。各种营林作业法所规定的森林的更新、抚育和采伐干扰,通常给一些鸟兽带来益处,同时给另一些带来问题。

狍(*Capreolus capreolus*)是受益于皆伐作业法的动物,这已在欧洲部分地区的实践中得到证实。狍喜欢在空地及森林边缘地带觅食,利用灌木丛作遮蔽物;它们不喜欢中龄林和成熟林,原因是这两种林木的下层植被通常较为稀疏。在开始食用草、灌木、林木幼苗之前,狍通常活动于林分边缘20m之外。此外,它们可以对大至20年生的树木造成破坏,在冬春季节啃食林木新枝和顶芽(Welch 等,1988),春季则啃食树皮。

划定 $1.5 \sim 2hm^2$ 小面积施业区的趋势,减少了食物和遮蔽场所之间的距离,而缩短轮伐周期的趋势,提高了更新林和幼龄林在整个森林中的比例。狍的种群数量已经大幅度增加,其通过食草、啃咬、扒树皮等,对林木的破坏达到了不可接受的程度。其结果,作为主要控制措施,自1950年来,对狍的捕杀数量在奥地利以及西德 Baden-wurttemburg 的 Karlsruhe 地区成倍增长(König 和 Gossow,1979)。

马鹿(*Cervus elaphus*)主要从郁闭前的幼龄林木及疏伐林、清林地、林间空地中取食(Ratcliffe,1985)。马鹿遁隐林中时会碰伤幼龄林木,冬季食物短缺时又会啃食林木。当啃食严重时，林木停止生长，树枝变形。在晚夏以及冬季，对林木树皮的啃食造成的较大的伤口，为导致污染和腐败的微生物提供了入口，造成木材等级降低（见 40 页）。高密度种群的马鹿还带来其他两个不良后果，一是抑制甚至消灭针叶林中的阔叶林木成分，二是因其在森林之外的掠夺行为引发与其他土地业主之间的冲突。

尽管马鹿对森林的破坏程度与其种群密度总体相关，但单纯减少马鹿数量并不足以阻止其对林分的危害。营林管理必须与林中动物散布迁移的习惯模式相协调（Chard，1966）。当这一点做到了，经济负担常可转化为财务机遇，下文是一个来自奥地利的成功案例。

Jenkins 和 Reusz（1969）描述了一个高产森林中实施马鹿管理的情况，该森林位于 Steiermark 山的北坡，包含了挪威云杉（70%），欧洲落叶松（30%），白蜡、榛、山毛榉等树种。森林上方是阿尔卑斯山草场和灌木林，森林主要分布区的下方实施谷地农作，后两者有围栏分割。马鹿、狍和臆羚（*Rupicapra rupicapra*）都出现在了奥地利的这个地区。

实施的营林作业法是皆伐及天然更新（见第 70 页），单个施业区的规模限于 $2hm^2$ 以内。在林木更新到 6m 之前，禁止采伐毗邻的林木。幼龄木逐渐成林期间施业区内有草料，因此会有约 $160hm^2$ 分散的夏季牧草供马鹿食用。从 11 月到次年 3 月，积雪覆盖了森林的大部分区域，越冬的天然饲料供给稀少，因此需要人工提供饲料以防其抓伤树干、啃食树皮和入侵农作物。利用马鹿在冬季定居过夜（hefting）的习性诱导它们进入山谷栖息地的围栏区。这样的冬季饲养禁闭区面积约 12 ~ $14hm^2$。每个饲养禁闭区包括有成熟林，开放草场及由 30 ~ 40 只不同年龄、性别马鹿组成的种群。也在灌木林地附近的高山草场喂食马鹿。

奥地利森林可承载马鹿的密度为 1.5 只/百公顷。在秋季测定实际放养量，多余数量的马鹿会在来年被捕杀，按上述土地资产面积，维持马鹿种群的个体数量在 240 只左右。所实施的经营措施极大地降低了冬季马鹿对林木的破坏；鹿的状况、体重、品质都良好；出售的鹿肉、活鹿以及围猎也为森林所有者带来一定收入。

机械伤害

完善设计的工具和机械的社会经济效益是巨大的，但管理者必须确保工具和机械适合于给定的任务，同时操作者必须训练有素，安全操作，尽可能减少对林木和立地造成的破坏。

当母树或保护地被砍伐时，林木的更新会受到破坏。在一般的更新采伐过程中，随着幼龄木的郁闭，造成破坏的结果会在极短时间内消失。在阔叶林中，通常会在一次更新采伐之后砍伐掉受损的幼苗以刺激通直主枝的再生长。但如果大的母树或保留木在采伐时倒入了已形成的幼龄林，那就会造成持久性的的破坏。Troup(1952)在工作准则中详细阐释了这点，"勿使上层林木的保留量超过所需"。在法国的一些森林中，大的栎树、山毛榉母树的主枝在采伐之前要被砍去，一是避免树干劈裂；二是可以避免对更新幼株的伤害。

在热带湿润林中，采运主要树种大径级成熟林木对于更新植株的破坏相当大。这类林木的树冠通常覆盖 200~300 m^2 的地表面积，而天然生长的树苗也可能已经长得很高。对这类危害进行控制的需求已经影响到营林作业在亚非热带雨林地区的发展(Wyatt-Smith, 1987)，将在本书第 135 页讨论该问题。

对于林木的全面规划、慎密控制并认真实施抚育、更新、采伐等作业，其主要原因是防止污染和腐烂造成木材损失。Murray(1979)指出，这类伤害在轮伐期内发生越早、病原体越先出现，造成的破坏就越大。在英国的云杉林中，木材腐朽菌血痕韧革菌(*Stereum sanguinolentum*)最早侵入伤口定居，而据来自其他国家的报道，白朽病菌(*Fomes ignarius*)侵入伤口的时间相当晚。和树根相比，树干更易受到木朽菌和污染菌的侵染。Pawsey、Gladman(1956)和 El Atta、Hayes(1987)均报道，当有大面积边材外露时更容易受到感染，特别是当木材本身已经受到破坏时。

在杆材阶段和成熟林木中，由于树木采伐和原木运输的空间有限，疏伐会产生大量机械性伤害。对活立木根颈和表层根系伤害的程度，取决于树皮的抗磨性、树干直径、地形特征以及采伐方式。坡度越陡，对树干和树根造成破坏的风险越大；而当集材道或作业道方向发生改变或土地松软时，风险更高。因此，集材道作业道应尽可能的直，上坡位和下坡位应成一条直线，建置于干燥密实的土壤上。同时，它们还应在通往主运材路线的转弯处和出口处加宽。必要时用护桩保护特别珍贵的树木。

在美国西北部和新西兰一些 30%~50% 的陡坡上，通常会横穿陡坡(即沿着等高线)采伐林木，以减少对珍贵原木的破坏。比起沿着陡坡竖向采伐，这种定向采伐的方式实施缓慢，技术要求更高，但会获得更多的材积，原木被更方便地置放于运输机械前，伐木工人在更安全的条件下工作(Murphy，1982)。在英国，Muhl(1987)的研究也得出了关于在陡坡上沿等高线采伐的类似的结论。

采伐作业常采取一些减少对立地干扰范围和强度的预防性措施，这在第7页结合土壤侵蚀、在第22页结合保护水质分别讨论过。在任何可能的情况下，集材时间应与土壤承载能力最高的时期相一致。例如，在斯堪的纳维亚半岛，通常在冬季冰雪覆盖时进行采伐作业。在低承载力的土壤上进行采伐作业时，如在泥煤质土壤上，应采用恰当的方式把原木从采伐剩余物分离开来，即：木材被正确放置于集运点上，而集材机则在采伐剩余物构成的缓冲垫之上运动。机器的设计需要降低对地面的压力，便于在有限的空间范围内调度使用。在这个快速发展的领域里，马匹和其他畜力动物也有用武之地。

空气污染

过去10~15年间，欧洲中部(Bauer，1986)以及加拿大东部地区部分森林每况愈下，斯堪的纳维亚半岛及不列颠岛上的部分地区淡水的酸化，引发人们广泛关注。挪威云杉、欧洲赤松和山毛榉长势及健康恶化的情况，在西德和捷克斯洛伐克的部分地区表现得尤为普遍，也已经开展了大量的筛选、认定导致林木落叶和整体长势下降的因子的研究工作。

破坏性的空气污染以多种表现形式。最重要的污染气体是二氧化硫、二氧化氮、臭氧以及氨气。空气中高浓度的二氧化硫正在对西德东南部及波西米亚的林木造成破坏，但在不列颠岛由于在1954、1962年《空气清洁法案》的生效，使空气污染造成的破坏处于次要地位。

空气污染的另外一种主要形式被称为"酸雨"。在1987年由Innes命名，是指与没有人为污染物的情况相比，酸度增加的降水(包括雨、雪以及云层中的水气)。不列颠岛以及斯堪的纳维亚半岛上的部分湖泊、溪流的酸化，可能是酸沉积的结果，对动植物产生了危害。从部分有森林覆被的流域排出的水的酸度水平，高于附近的无林流域排出的水。尽管该问题的导因还未得到充分确认，但一个可能的主要原因是树冠截留了空气污染物以及自然盐分。现如今，对敏感流域的有林地域的处理已得到修正，值得注意的是对于排水系统的精心设计(见21页)。与此同时，对于部分地区土壤酸化及其后果的研究也在进行中。

空气污染的隐性作用可能降低林木对于不利气候以及生物影响的抵

抗力，关于对这种间接破坏作用的本质，正在多个国家开展调查。在提出合理有效的营林作业法加以应对之前，还有许多工作要做。此外，由于空气污染源地和受害地通常相距很远，采取协调一致的行动减少污染物和污染破坏，要求国际合作并制定不同国家可以接受的法律。

第五章
从森林培育到森林经营
The relation of silviculture to forest management

现代林业的复杂性已使森林培育和森林经营的出版物细致到了分门别类的地步，但 Knüchel(1953)，Dubordieu(1986b)，Levack(1986)等诸多作者均认为，培育和经营的概念应融为一体。本章从营林作业法的角度，对课本中出现的一些有关森林经营的观点进行总结和评析（案例见：Johnston 等，1967；Davis 和 Johnson，1987）。

森林经营的任务

森林经营者的首要任务是，对一片土地可用来进行森林物质和服务生产的潜力作出判定，并且明确森林作业的主要约束因素。这些信息可用以描述森林在生产、防护和社会方面的功能，以及这些功能的某些主导方面，服务于森林经营的目标。对于长期目标的描述往往很宽泛，但 10~20 年计划周期的目标则更为明确，要对经营计划作回顾检查，必要时进行修改，直至计划期结束。

一旦森林经营的目标得到明确，管理者便可开始其第二项任务，那就是制定实现经营目标的经营方案。通常会有多种技术模型选择，因此需要对照管理目标中的生态、经济和社会标准决定：

(1) 哪种或哪些营林作业法最合适；
(2) 如何区划森林，实现经营和培育的目标；
(3) 如何调控木材、其他商品和服务的生产，并保持其可持续性；
(4) 如何收获、加工和销售木材；
(5) 如何设计森林以有效发挥其功能及使之具有尽可能高的美学效果；
(6) 如何组织森林企业使之最充分地利用土地、劳动力、资金等资源。

森林经营的第三项任务是管理企业实现工作与劳动力的平衡，实现财务目标。把数量、成本和收入放到一起考虑，把实际进度与运营计划或经营方案规定的进度做比较。如果计划的目标不合适，那就需要重新审查改进，直到实现满意的均衡为止。

作业区划

营林作业计划包括的面积称作经营计划面积（working plan area），被分为多个林班。林班是供描述、计划、调控的永久性的经营管理单元，帮助林业员工、承包商、木材商等识别道路；因此这些工作区域在地面上须显而易见，并在地图上标出。林班的边界通常以现有道路或规划的道路，或山脊、高地边缘、河流、溪谷等自然地理特征为界。林班的大小取决于地形、作业强度和森林的范围，通常为 $15 \sim 40 hm^2$。小的林班一般适用于在被分割的或者实施小面积森林集约经营的地段。大的林班往往地形单一易于实施大面积作业。在一些热带雨林区，林班面积可达 $1 km^2$（见第 135 页）。

每个林班包括了一个或多个林分，作为育林和营林作业的基本单元，这些林分在位置、地形和树种方面有较高的同质性。在全林伞伐作业和各种择伐作业法中，一个林班都只包含一个林分。对每个林分的记述其营林特点，这些特点会影响其对育林作业的响应、所生产木材的质量和数量、树木如何采伐，以及如何将原木加工成锯材和其他产品等。对林分的描述因具体情况而有差异，但通常包含以下内容：

（1）在考虑气候、土壤、植被等因素的基础上，对土地生产能力的评定。

（2）关于风折风险（第 29 页）、采伐使用的地形和发生火灾的可能性（第 32 页）的分析。

（3）从林分内至林道网的可及度，以及离市场的距离。

（4）面积、树龄、树种组成、结构以及树木的生长阶段。

（5）对林木生产能力的评价。单一树种规则林分通常建立在优势木或最大年龄关系的基础上，称作收获级（yield class）或立地指数（site index），涉及测量法及轮伐期等营林管理信息（Philip，1983）。而混交、不规整林分的生产力，通常建立在连年生长量上。

（6）对林木健康的评价，包括树干断裂、扭曲，以及导致树脂淤积或腐烂等有可能影响加工及最终产出的缺陷等。

西德(Brünig,1980)和新西兰(Levack,1986)等多个国家开展林分模型设计,模拟可行培育措施和经营决策对林分生长、采伐和加工的影响,产生蓄积量、现金流量或者两者兼具的结果。

林分被归入多个施业区(working circles),划分的目的是通过某一个营林作业法下的生产措施,满足某个特定的经营目标。一个施业区可能包括一个经营计划的面积,也可能是其中的一部分;而林分可能只是整个森林中一部分或者分散于整个森林。因此对于一个以木材生产为主要功能的林区来说,单一树种、规则的林分是最佳选择;同样,混交、不规则的林分对于施业区进行立地保护最为合适。

如有关章节所述,育林和营林管理在施业区的进一步区划中,其营林作业法有所不同。在这里最主要的一点是,对森林实施规划设计以达到经营目标,将林分安排成施业区是关键的一步(见52页)。

可持续收获与法正蓄积量

可持续收获的定义是指,在充分发挥森林生产能力且不损害土地性能的条件下,森林常规性、持续性商品和服务的供应量。可持续收获的概念也适用于美丽景观的保持,为户外游憩活动、体育活动提供设施条件,以及木材生产。在这里,我们仅集中讨论木材可持续收获的总体要求,具体是:

(1)土壤和树木活立木蓄积须保持健康、高产的状况;

(2)各林分的组成、结构以及立木度必须与立地条件匹配;

(3)土壤状况和活立木蓄积生长量必须逐步提高;

(4)林分的安排应便于实施有效的抚育和采伐;

(5)在每个经营单元内,活立木蓄积大小或从幼年期到成熟期的年龄级应合理分布;

(6)为了抵御灾害、保证安全,树木或资金形式的后期储备是必不可少的。

可持续收获是所有森林经营活动的核心概念,但对它的解释却不尽相同。在非洲、中美洲、南美洲和亚洲的一些相对偏远乡村社区,由于道路缺乏,交通不便,如不能从附近森林有保障地收获日用燃料、杆材以及其他森林产品,村社区的经济将受到破坏。矮林作业等简单的作业法可以帮助恢复持续的物资供应,创建活立木蓄积,提供某种成熟林木稳定的年产量序列,通常还有储备林分保障后续供应。这些活立木蓄积越接近平均年产量目标,它就越理想或越"法正"。

拥有小片森林的业主，通常把与法正龄级（径级）接近的立木蓄积持续产出作为经营目标。由于其产品市场需求接近，这些林主希望每年或定期从中获得收益；此外，他还希望稳定长期的聘用当地人。同时，在森林主要发挥防护功能或社会功能的情况下，木材生产是一个兼顾功能，接近法正立木蓄积的产出供应可以带来所期望的收益，例如，以保护自然环境为主要目标的森林（见第 20 页）和城镇周边主要供人们户外休闲的森林（见第 159 页）。

对于主要用来进行木材生产的森林，人们对法正蓄积量需求的接受度差异很大。欧洲有很多关于活立木生长量接近法正量的森林的例子，大多是根据明确的定义和不变的目标，长期使用某个营作业法。尽管这些森林中有许多是在 18 世纪末或 19 世纪初开始培育的，它们被证明对需求模式的变化具有很强的适应性，其平衡的活立木生长量可以减少风灾、病虫害和其他危害所造成的损失。

在具有廉价高效运输工具的现代工业经济中，几乎没有必要给立木蓄积确定"法正量"。相反，许多只具有有限径级和年龄级的森林可以被分组到更大的经营单元中。这些单元包括了从幼年期到成熟期的全部年龄级，因此可以产生可持续收获量（Johnston 等，1967）。联合作业方案中所有的林分属于同一个施业区，实行集中管理，林区的生产工作由熟练工人完成。这种安排在大森林企业是可行的，多个业主共同合作为大加工厂提供木材原料。

两个大的发展引发了对于可持续收获与法正蓄积量结合态度上的转变。一个是基于单一树种（通常是外来种）、规则林分新的森林资源的形成；另一发展是关于提高森林收获量方法研究成果的应用（Matthews，1975）。

自 20 世纪 20 年代起，英国和新西兰分别实施云杉和辐射松大面积造林。林分的形成并没有稳速发展，主要体现在三个造林发展期，其他时期所做的工作有限。木材收获量随着各龄级组产量的上升而增加，产出的多样化从用于制浆和制板的小圆木为主转变为越来越多的锯木加上小圆木。在过去的 20 年里，两国的目标是拥有高水平递进的可持续收获，同时避免由造林比率的变化引发的收获量高峰和低谷。这刺激了对新的大规模木材加工的投资，同时也使育林和经营作业发生改变。在新西兰，如何使森林木材生产率与市场吸收率达成一致的问题，通过设计林分、施业区和森林的数学模型，用模拟法（Allison，1980）和线性规划法（Carcia，1986）帮助森林经营者找到解决方案。

第二个发展可以在芬兰和瑞典看到，那就是人们对把法正活立木生长量作为可持续收获的一个必要因素的态度变得灵活起来。这些国家的森林及森林工业是国家收入来源的重要组成部分。它们实施了大规模的开发和排水计划提升森林土壤的能力。对森林遗传和树木生理的研究结果，被用于提高林木生产力以及对树木生物质产量的深度利用。引进了大量新的机械工具并对操作手开展综合培训，用以改进森林更新、抚育（包括对欧洲赤松的修枝）和收获。所有这些工作的目标是提高国有森林资产的可持续收获，为大型综合性木材加工企业提供原料保障。改造现有林需要很多年的时间，林分、森林数学模型和模拟以及线性规划都是进程的组成部分，营林工作和管理工作正在相互融合。

收获调整

收获目标是森林及其活立木蓄积朝着经营目标发展的驱动力（Köstler，1956：5）。年度或定期收获来源于间伐、更新采伐和对成熟林木的采伐。实现预期设定收获还包括许多其他的采伐作业，例如对由风和其他因素破坏的林木的采伐，对不适应立地条件林木的提前采伐等。间伐促进一些树种的生长，最终产生事先设定的混交林目标，而大面积的皆伐则标志着一个旧经营方案的结束和一个新经营方案的开始。在英国的许多森林经营活动中，会根据第一个轮伐期所获得的经验对林班的边界作出修改，以提高效率和改善林相。

一些地区的生产经营把保障薪材和其他林副产品供应作为经营目标。在第45页所举例子里的地区，就设置了年伐量，这样活立木蓄积稳步演变为一些由高产树种组成的标准系列的矮林林分，生产所期望品质的薪材。对于以防护为主要功能的森林，对年度或定期收获的规定更加灵活，以满足对现地保护的各种需求。

采伐作业

采伐作业是指综合运用各种方法，将树木伐倒，集聚至路边，然后运抵市场。采伐作业涉及可供森林经营者使用的林木、道路网、交通工具、机械和技术工人，以及产品供应市场（Convey，1982）。制约采伐作业选择的主要因素包括气候、土壤、地形以及对保护立地和树木的要求。所选择的作业法要保证每立方米木材运抵市场的花费最低，同时又不损坏立地和活立木蓄积。在第21页我们根据土壤承载力、地表障碍限制、坡度和坡面形状,对地形进行了划分,其中还考虑了地面积雪的厚度和硬度等气候特征。

图 4 采伐作业
Bell Infield 伐木机对辐射松(Radiata pine)修枝材实施归堆。
人工造林结构配置的设计考虑了采运便利。地点:新西兰

产品从森林进入市场经历多个阶段。从树桩到路面的距离相对较短,通常不超过 1km,但却是采伐作业中最困难、按重量计算平均花费最多的一步(Silversides,1981)。每种营林作业法都会产生截然不同形式的林相,导致在采伐和集材产生不同的问题。布设林木和集材道方面的技术一直在改进,以确保在集材、运材、线缆索起重机和其他方法使用过程中,人、动物和机器更加安全高效(图4)。

简化作业方法和集约作业对方便经营和控制花费有很大好处。据 Jones(1984)报道,英国和一些非洲国家已经设计出针对开阔地形和林木的采伐装置。他强调了使用通用、可调换设备的简易采伐方法的必要性。管理简便和建立操作人员培训设施同样重要。

林道网的规划与设计

林区干道、岔道、集材道和抚育作业道形成网络，为涉及更新、抚育和采伐作业中的人、动物、车辆和机器的出入提供便利。道路网络还服务于扑火等防护措施以及采伐、把产品运往市场等活动。部分道路网可能会对公众开放。每个营林作业法对道路网细节的要求是不同的，这些特征在各相关章节均有描述。这里仅讨论有关设计原则、建设标准和道路密度。

为满足采伐需要设计建造的道路几乎满足其他多数需求（Rowan，1976）。对道路的投资取决于诸多因素，其中最重要的是森林的木材产出量、所采用的单一或多种采伐作业法和集材所要求的道路标准。所产生的花费包括建设道路的支出，维护道路本身及必须修建的桥梁、涵洞、渡口、通道或弯道、原木堆放场地的费用。

道路建设的标准受集材方式的直接影响（图5）。如果木材是从森林的某个地方通过大型卡车直接运往客户，那就需要适用于各种天气的高标准道路。如果木材是由拖拉机或拖车拉到公路沿线集材点，那么中等规格的道路就足够了。一般来说。高、中等规格道路是道路网的永久组成部分。为拖拉机和专用采伐机械设置的临时林道或集材道，建设标准较低，在道路网中更加灵活，如前所述，可以随着新采伐方式和机械的发展作相应修改。

关于集材方式、道路建设标准的决策以及对当前和今后的木材产出量的评估，共同影响对道路密度的选择（Rowan，1976）。建设的服务于指定区域道路的实际长度要比按照道路密度计算的长度更长，道路密度一般按照地形情况计算：低平地森林和地形条件好的山地森林为25%~35%；困难地形为45%。这是因为道路大多不是直的。按照地形特征要求，需要建设弯道才能到达可接受坡度的高度点。溪流、河道交汇点的限制，同样增加点到点要求的道路的长度。公路的交汇点和集材点、与公路的连接点，通行权限以及森林面积大小和形状均会影响必须修建和维护道路的长度。

对道路的平面布设和截面的详细设计，以及对桥梁、车道以及其他工程的设计属于土木工程任务，也是防止侵蚀和水道污染的预防措施所在。为减少采伐作业和道路网对森林景观的影响而做出的设计，在高价值景观地域受关注最大。但如果森林经营者想在保持公众信任的同时降

图 5　平缓地上的集材干道
山毛榉林分按照全林作业法经营。
地点：法国诺曼底的 Lyons – la – Forêt

低经常性支出，那么精心的设计是不可忽略的。

木材市场对营林的影响

森林经营方式很大程度上取决于产出树种木材的商业价值及木材加工和使用者所要求的规格。在 19 世纪 Hartig 对山毛榉使用了全林伞伐作业法，生产小径级原木以满足对薪材的大量需求；如今在法国等地（见第 85 页）采用的方法则用以加工生产单板的大径级原木。

如果热带湿润林通过改进现营林作业法实现可持续收获，其生产作业通常要严格遵守多树种组成和改进利用的原则。直到 20 世纪 30 年代，还只有少数树种的采伐原木出口到海外市场。随着当地人口的增加，本地对木材、燃料需求的上升，采伐的树种的数量增加。当这些国家开始自己加工木材而不是出口原木，这种趋势在加快。材性和技术性能适合于国际市场的树种的数量仍然很少,但更多适于工厂规模化生产的树种得到发掘,通过工业化程序为当地市场生产板材、纸浆和纸。最终,修改后的全林伞伐作业法已成功运用于一些热带雨林中,见第十二章。

目标材(principal timber)是指那些因外观、强度、稳定性、刨切性、自然韧性良好,而且具有很高经济价值目的树种的木材。这些木材应用表现良好并在当地和国际市场价格高昂。生产这些木材的混交林中的树种成为营林作业法的主要指向树种。例如,来自温带混交林中的白蜡、山核桃、栎类、核桃;以及来自热带森林树种的柄桑(*Chlorophora*)、非洲楝(*Entandrophragma*)、棱柱木(*Gonostylus*)、卡雅楝(*Khaya*)、虎斑楝(*Lovoa*)、大美木豆(*Pericopsis*)、桃花心木(*Swietinia*)、娑罗双(*Shorea*)、柚木(*Tectona*)和非洲梧桐(*Triplochiton*)。

那些附属或次要树种缺乏当地或国际市场目标树种的固有价值和名声。其中一些树种因强度大、耐用性高或者可以便于木工机械加工而进入市场。还有一些树种则被特许经营者留在林中,不常出现于市场上。其他一些树种能生产高品质木材而森林里鲜有,这也是导致它们处于次要地位的原因。市场的一个重要趋势是,判断使用者的需求并为他们提供相应规格的多个树种,这导致形成对期望特点木材的更稳定的供应。

不能夸大生产高比例一流品质木材的重要性。在本文中"品质"的含义是与市场要求的规格的接近程度。每位客户都有自己的需求,森林经营者必须努力满足他们。引用 Bolton(1956)的话,"如果任由次等或三等木材充斥市场,没有什么产业可以取得成功。一流品质木材总会有很好的价格,而那些劣质木材除非是在极度匮乏时期,只能是、也只应是市场上的毒瘤。"

对木材品质有显著影响的作业法,是指立地的改善会从整体上影响到林木的措施,包括耕作、排水、灌溉、施肥;以及那些直接影响具体林木生长的措施,例如株行距、配置模式、疏伐和修枝。然而这些操作并不会直接影响木材品质,其过程可以总结如下(Brazier, 1977):

树木生长影响材性,材性决定木材的技术表现,木材的技术表现反过来决定木材在各种最终使用中受认可的程度。

森林的设计

"设计"一词有多种含义,而多数含义适用于林业(Davis, 1976)。

设计是思想的视觉表达，为森林企业指明了目标和方向。高效精细的设计必须贯穿风险管理的思想，以实现经营目标中所确定的生产、防护和社会功能任务(图6)。这里就森林设计的一些方面作简单描述和讨论，特别强调其对营林作业法的影响。

图6 皆伐作业：山地缓坡上的两个设计良好的施业区
集材主干道位于山谷中。地点：日本；树种为柳杉(*Cryptomeria japonica*)

森林设计的内容包括：
(1)决定景观特点的潜在的地质条件和地表特征；
(2)决定单木更新、林木生产形式以及整个森林中林木分布方式的营林作业法；
(3)把森林连成一个整体工作单元的道路网，包括林道、岔道和集材道；
(4)为防止活立木蓄积受到损害，保护野生生物和提高舒适度而设置的内、外界限。

引用 Davis 的话(1976：101)："设计包含了创造力、形式、结构、目标和组分，以及实现完整意义上的技艺美所要求的手段的应用。它包括对结构和地形的设计，也包括对结构和地形结合实现宜人的整体功能的设计。设计隐含着想象力、创新力、表现力和融合力，将某种时尚而和谐的思想凝结成憧憬。"

经营林的社会功能

合格的设计的一个自然的结果,是会让人们在经营林里享受到游憩的乐趣。开展不同形式游憩的机遇的多寡,取决于森林和城镇的相对位置以及森林经营的目标。

森林中最受欢迎、最为和谐的休憩形式是以大自然的吸引力为特征的所谓非正式活动。非正式游憩是城市森林的一项重要功能。在对此需求旺盛的地方,营林作业法的选择应是"自然式"的,把对大众所喜爱的风景和景观特征产生的破坏作用降至最低。用于非正式游憩的森林,其共同特征是具有不规则结构、长轮伐期和宽阔空间的混交林分。

对于那些乐于野营和森林旅游的人来说,他们偏好有遮阴、地势平坦或起伏不大,排水良性好且靠近小溪、河流或湖泊的地方。如果人们是来享受户外游憩的且不会有意破坏栖息地,那么对场地进行精心设计并提供支持服务是必要的。

使用者的权利

使用者权利的存在影响对营林作业法的选择,尤其是在其影响所提供产品种类的情况下。以放牧权为例,需要对一些特定区域实施封闭以实现植被更新。如第 8 页所述,短更新期的作业法、皆伐作业法比长更新期作业法和择伐作业法更受青睐。

热带森林中很少有地方是当地居民不声明部族所有权或生产作业权的,他们通过小面积清垦种植农作物、砍伐树木获取木材、采集林副产品、捕鱼和打猎,求得自我生存。在多数情况下,当该区域被建为永久森林遗产的一部分时,这些权利得到或会得到满意的解决。

林业的广阔内涵

林业工作者必为生态工作者、资源和人的管理者,也必须是洞悉市场需求的商家。试看如下一个关于林业广泛内涵的定义(加拿大科学委员会,1973):

"林业集科学、商业和艺术于一体,为实现持续的经济、社会和环境利益而管理和保护森林及相关土地。林业针对木材产品的最佳收获量、丰富的野生生物、充足的净水供应、乡野和城镇的迷人风景和游憩环境以及其他多种服务和产品,对自然资源实施的平衡管理。林业从诸多学科和行业汲取知识和经验。"

广义林业一个突出方面是农林复合经营在热带国家的迅速发展。农林复合经营是将树木、灌木与农作物和家畜共同经营的土地利用体系和实践，既有大量传统形式，也有新近发展的形式。考虑到它们源于营林作业法演变过程中的不同方式和时代，将在本书下文章节进行描述。对于混农林业的讨论集中在第二十章，在此提醒读者注意一个重要趋势，即以各种形式将农业和营林结合的作业法，为实现森林部分生产、防护和社会功能作出了贡献。

推广使用农林复合经营的经验，须得到合适的经营方案的支撑。制订这样的经营方案，必须对农村人口的社会经济状况进行认真的研究。这一重要工作已被命名为"社会林业"，意在将土著居民融入各种农村发展项目之中。

下　篇

营林作业法的应用

第六章
皆伐作业法
The clear cutting system

法语 Coupe rase, coupe à blanc；德语 Kahlschlag, kahlhieb；西班牙语 Corta a hecho

概 述

皆伐作业是指对毗连地域实施整体伐除和更新的作业法，常通过人工方式完成，有时也涉及自然方式。一般来说，施业区的林木应全部伐除，只留下原先存在且有望成林的干材期树木和幼苗群团。孤立的干材和幼苗通常被移除，原因是它们可能长成多枝木，而这会影响到新林分的生长。

在特殊情况下，需要利用临时呵护木（nurse tree）帮助建立新林分。而在热带地区为了节约采伐成本，有时通过环剥和除草剂把没有市场销路的树木杀死。

所有木材和需要销售的材料都应立即移走，如果采伐剩余物严重影响播种、栽植和新林分的建立，应对其进行烧除或浸解处理（见第16页）。

施业区的大小、形状和布局

在理想形态下，皆伐作业法每年在相等面积区域（即施业区）上实施采伐和更新，此时施业区内的林分已经到了预定的成熟年龄或轮伐期。如果这一过程每年重复于全部轮伐期且不中断，那么就建立了一个 1，2，3，…，r 年（r 表示轮伐期内的年数）的法正林龄序列。在土地生产力差异大的地方，可以建立面积不同但有同样生产力的施业区，只是土壤贫瘠施业区的面积要比肥沃施业区面积要大些。

实践证明，皆伐作业每年在等面积施业区实施采伐更新形成不间断的法正高林龄序列，只在非常有利的条件下才可行。皆伐作业法以矮林作业法（见第166页）为模板形成，在18世纪末期德国用于针叶林生产，但因难以保持实现理想化规则目标而遭失败，而且轮伐期越长实施越困难。鉴于此，在19世纪初采取了以周期性施业区取代年度施业区的修改方案。譬如，在该修改的方案下，可以在10年内对一块理论意义上的年度施业区进行10次采伐更新，而在此期间每年实际采伐的面积会有变化。在由于经济原因需要较大灵活性的地方，或在可以依靠临近林木进行天然更新的地方，以及实行人工更新但只能在不定时段得到种苗的地方，这个措施的表现尤为明显。

由于各地条件和需求不同，施业区的面积、形状和位置差别很大。在不受寒冷、干燥、大风、霜冻、干旱、虫害、疾害、山体侵蚀等因素危害的地方，施业区可以是与立地地形、设施、采伐作业法及其他因素相一致的任何规格和形状（图6，第52页）；但在一定情况下需要做特殊处理。

为应对寒风、霜冻、雪灾、干旱等危害而采取的一个防护措施，是在成熟林分内设立小而分散的进行人工更新的施业区。随着时间的推移，在剩余的成熟林分中不断划分新的施业区，直至整个区域完成采伐和更新。作为引入敏感树种或实施有异龄特征林业生产的一种方法，这一措施有其优点，但采伐分散的特点会增加操控难度和成本，也增加风害危险，集材还会对陡坡地段的幼林地块造成破坏。因此，在采取防护措施的地区，需要统筹皆伐措施，防止极端气候、病虫和集材作业造成的损害。同时，避免皆伐作业对立地土壤以及水文和公共设施带来的不利影响的预防措施也很必要（第11页）。

防止风害

在多风地区实施皆伐作业的一个重要方面，是避免将林分内部突然暴露于强风；同时，施业区的设置，应使毗连地域的采伐作业沿着与主风向相反的方向进行。在不列颠群岛和欧洲西北部，盛行风来自西方和西南方，因此采伐按从东至西或从东北至西南的方向顺序进行；在丘陵地带加以修正，以协同风向因地形发生的变化。依此安排，就可一直保持设置有良好的防护林林分，或者总有好的防护带保持在采伐施业区的迎风位置。常用的方法是，选择在不久的将来（譬如20年后）将采伐的林木安排施业区，使采伐可以沿着逆风向进行。在中欧山区使用的进一

第六章 皆伐作业法

步的预防措施是，建立带状皆伐的狭窄施业区，与风向成直角并避免大面积清林。在东德Saxony地区挪威云杉林里，这样的施业区的宽度从20～100多米不等。

关于如何布置窄施业区以免受阳光、霜冻和寒风的破坏，详见第十一章带状伞伐作业法中的有关介绍。

防止虫兽害

对某些虫害的预防措施影响到施业区的设置。遏制松皮象虫和根小蠹繁殖的措施之一，是建立小面积的施业区，并避免对邻近地域进行采伐（时隔数年之后的情况除外）。然而，如第36页内容所述，建立小而分隔的施业区只在对更新幼林使用杀虫剂的情况下才起作用。关于动物侵害，在皆伐作业的施业区常邻近处于干材期和成熟期的林木，在施业区面积小或狭长的情况下，森林单位面积内幼龄林和成熟林之间的边界线会很长。这种情况反过来也是正确的，在施业区面积增加时，施业区的面积和形状常会影响野生生物种群规模以及动物啃食对幼林造成破坏的程度（König和Gossow，1979）。

采伐区段

为促进形成狭小型施业区并使其尽可能规则有序，通常把每个大的森林单元分成许多个采伐区段。这些采伐区段也可能被定义为作业单元，面积规模有限，形状的设定专门考虑防止风害、虫害等特定目的。在每个采伐区段内，施业区按实际需要设置。图7表示了采伐区段内施业区设定的方法，这样可使采伐沿着从东北至西南与盛行风相反的方向进行，同时邻近施业区内实施接连采伐的间隔期被控制在5年。以此方式设置的狭窄施业区可以起到防止霜冻和寒冷东北风侵害的作用（见第122页）。在任何可能的地方，采伐区段都应按照第31页所描述的方式，在迎风面用防护林带隔开。在设置永久性采伐区的地方，与这类防护林带接壤的林道、岔道是最好的界限。

在建立采伐区段的过程中，可以把现有森林划分为两个或更多部分。如果对此实施更加前瞻性的安排，建议通过实施隔离伐的方式产生防护林带。即以不同宽度（一般为10～15m）实施的带状采伐，在幼林期就开始伐出隔断带，诱导林缘木生成较低的枝和较大的干削度。与主风向近成直角隔断伐迹地可开辟成道路或岔道，也可人工更新造林。

为方便集材，在地形允许的条件下，采伐区段应以施业区窄端的道

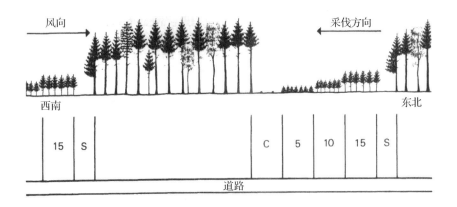

图7　皆伐作业法。单一采伐区段剖面侧视图
S 表示隔离伐(severance cutting)，C 表示当年的采伐施业区，数字表示林龄

路为界；这是集材干道沿东北至西南方向平行的较平缓地区常见的安排方式。

采伐区段的长度差异较大。在东德 Dresden 附近的 Tharandt 学校森林，采伐区段跨越两个林班，长达 600m。现有趋势是降低采伐区段的面积规模，提高作业的灵活性。

丘陵施业区的形状与布局

在丘陵地带，防风防虫措施须与防止集材损害幼林的措施结合起来考虑。如在第31页所述，丘陵地区的主风向因山谷地形变化而有所变化，因此需要确定当地的风向。施业区一般是狭长者居多，具体安排：要么沿坡面上下的长轴安排，采伐逆当地主风方向进行，林道沿采伐区段较下缘底部延伸（图8）；要么沿接近等高线的长轴安排。如果需要避免将未受保护的林分暴露于主风向，施业区可以略微向地平线方向倾斜。采伐方向由山顶向山下（图8）。后一种布局方式需要较短的施业区，并以短间距、密集的道路为边界，这样大径木材的采运就不必穿越幼林。

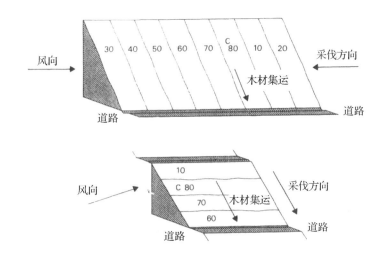

图8 丘陵地区的皆伐作业：施业区的替代布局

实践中，边界形状应与景观协调；C 表示当年的采伐施业区；数字表示林龄

基于景观要求的施业区设计

要取得满意的皆伐作业视觉效果，必须基于景观要求考虑施业区的面积、形状和布局（第 24 页）。英格兰北部的 Kielder 森林位于海拔 150~500m 间的起伏而开阔的山丘地，被多个河道、山谷分开。山坡面缓和，但 300m 以上的地域坡度大且受强风影响。林地面积 40000hm^2，自 1926 年起在灰黏土和泥炭土上种植云杉林，大部分在 1946~1960 年间种植完成。1982 年林中建起 Kielder 大型水库并成为众所欢迎的户外游憩的景点，水面高达 190m。

该森林的经营使用的是皆伐作业法。20 世纪 70 年代以来，一直在进行第二个轮伐期林木的采伐和更新造林。以海拔高度为主，同时考虑立地承载力、风折风险、营林方法及对公众的游憩使用需求（Hibberd，1985），把林地分成三个地区服务于不同经营目标。采伐作业区（林班和林分）的形状近乎矩形，垂直边沿河道，上下两条边为主要集材线路（图9）。作业区与广阔的山丘交织在一起，加上河道相间的山谷，提供了详尽的视觉感受。作业区的大小在最低区域为 5~25hm^2，中部区域为 25~50hm^2，风折风险大、树种选择有限的最高区域为 50~100hm^2。

这种森林建构产生诸多成效。建立了长期采伐序列并改进了龄级分布模式。收获、立木度恢复及其他作业的组织实施更加方便。曾给森林带来大量破坏的狍现得到了更好的控制，乡土阔叶树种得以天然更新，陡峭山谷两侧也实施了人工补植。从长远来看，这种大面积高产的森林可以更好地抵御风害，也为人们到 Kielder 水库游憩平添了多样化有吸引力的背景(图9)。

图9 皆伐后实施人工更新：大面积采伐施业区边界调整符合景观特点
左边的度假木屋俯瞰 Kielder 湖面。地点：英国 Northumberland 的 Kielder 森林

皆伐后实施人工更新

在皆伐作业体制下，人工更新比天然更新更为常用，栽植也比直接播种更为常见。然而，北美和澳大利亚用飞机播种杰克松、花旗松和桉树，而在欧洲的许多地方栎树的种植仍然采用直播方法。

一般情况下，采伐完成后需要尽早整地并通过直接播种或栽植完成更新，原因是如果皆伐立地搁置一年以上，立地将长满杂草和再生树种，土壤会恶化，干性土壤表面会更加干燥，而湿润土壤会泥沼化。

在林冠郁闭前的几年里，幼林依靠土壤提供营养，不得不与地表植被争夺立地有限的阳光、水分和营分。采伐剩余物处理、土壤的开垦和排水、对杂草生长的控制、施肥增加养分供给以及灌溉等需要采取的措施，是快速建立新林分必要条件。

采伐剩余物的处理

在采伐剩余物不是很多，不构成火灾危险或引发害虫破坏的情况下，它们被留下慢慢分解；地面层释放的养分和森林小气候的改善，有助于幼苗的存活和生长。某些情况下，例如，在斯堪的纳维亚的部分地区，用机器把采伐剩余物混入表层土壤的腐殖质中。有时，采伐剩余物也通过手工砍、切或用机器浸解的办法，遗撒于地面作覆被物；这一技术在干旱地区用于抑制地面杂草生长、保持水分，减少阳光、雨水和风对表层土壤的影响，同时通过强化微生物活动释放养分。如果采伐剩余物多并构成火灾风险，或有可能刺激树皮甲虫和皮象虫的繁殖，必须加以降减或消除。最常用的办法是火烧，在有旱季的地区控制烧除已成为一项开发成熟的技术实践（见第14页）。

土层翻耕和排水

松土机（scarifier）是进行浅耕的工具，在斯堪的纳维亚半岛普遍使用，在促进天然更新、改善施业区卜幼苗和移植木的存活和早期生长方面发挥作用。在地表植被少、老旧排水系统和根孔系统尚存的地方，用松土机替代犁耕是一个很实用的选择。在湿润立地，松土机开挖出50cm×60cm×30cm大小隆起、透气且无杂草的栽植穴；在干旱地区，松土机的犁盘或鹤嘴镐把采伐剩余物推到旁边并露出小块矿质土。

很多地区通过深耕作业改善土壤的透气、排水、温度和营养状况以促进树根的生长，从而促进树枝和萌条生长，增加木材收获量，增强树木防风性能（Thompson，1984）。犁耕还使土壤翻转形成土垄，上翻的土壤使地表植被窒息腐烂并释放出养分，地垄的破碎表面为种子着床或幼苗种植、移植提供场所。恢复皆伐施业区的立木度时，前茬林木的根系做保留、移位（Low，1985）或清除处理（见第65页）。

翻垦技术的应用因土壤类型的不同而有变化。对于排水良好的土壤（如褐土和灰化土）上，附带着有尖齿、深耕铲或双整形板的铧犁将腐殖质和土壤搅拌，抑制地表植被并为种子和幼苗生长提供空间。对于被压实、板结、硬化的土壤，齿犁的破碎作用可离解硬土层，增加可生根土壤的体积。对于不透水的土壤，例如灰黏土和泥炭土，可用排水犁从立地移出尽可能多的水分，促进形成广泛的根系土层面（Savill和Evans，

1986)。

英格兰西南部西加云杉人工林生长在有地表水的浅育土上,风折危险大,就此形成了更新皆伐施业区的另一项技术。这些地方具有很高的木材生产潜力,但只有抑制酸沼草(*Molinia*)、灯芯草(*Junus sp.*)和阔叶灌木的生长并增强排水功能,才能确保林分未来的稳定性。履带挖掘机深挖排水沟,把土石方以 $2.1\sim2.6m^2$ 间距筑成大堆。这样的土方堆可以放置九个月,之后在排水好且无杂草的位置栽植西加云杉,造林时施用磷肥以利于幼苗生长。幼苗的初期生长迅速,根系很快就发展为放射状。

犁耕加速径流,导致侵蚀并增加河溪流中泥沙沉淀量(Mills,1980)。横向挖掘的排水沟可以大幅度减少这一影响。在缺乏溪流和湖泊等地方,应谨慎地实施犁沟作业(第 21 页)。对于一些地方美学方面的考虑可谓重要,可以通过改变成垄和犁沟方向降减耕作对视觉造成的不利影响,不与景观曲线特征产生视觉冲突。

杂草(木)的控制

控制竞争性杂草(木)常常是建新林分的基础措施。为提高效率并降低成本,可将除杂措施和采伐剩余物处理、土壤垦复等密切结合起来。例如,深耕作为土壤干扰措施常可以延缓杂草的再生。

Crowther(1976)描述了一套有效控制杂草(木)的方法。他按照杂草(木)竞争力的增长把英国常见的杂草(木)划分为:柔细草类、草本类,阔叶杂草类、糙草和灯心草、欧洲蕨(*Pteris aquilinum*)、帚石楠(*Calluna vulgaris*)、阔叶木、矮灌木或幼苗。对于每一类别都可以采取人工、机械或化学的方法,以单类或类型组的形式进行治理。在许多情况下,化学除草剂加上适当的安全保护措施是最为经济有效的方法,究其原因,其施用与人工或机械除草相比,可以获得更加持久的效果。可减少和稀释林木必需的活性物质的体积和重量的除草剂的施用技术仍在持续研发之中。

养分的补充

肥料施用之后,营养元素散布于林木、地表植被、枯落物、腐殖质和矿质土壤之间;还有一小部分因淋溶作用或空气逸散而流失。如果树木缺乏所施用的养分,它们的反应是在一段时期内更快的生长,以及该生长主要靠叶子积累的养分数量的增加。因此,在施肥前不要让树冠变稀疏是很重要的。Miller(1981)建议先施肥一次建促进树叶的生物量，之后再施使叶子中充盈所需要的营养元素。

林木对肥料的要求随着林木发育阶段而有变化。Attiwill(1979)和Miller(1981)认识到了林木生长的三个不同阶段，我们这里讨论其中的两个阶段。在建群阶段，幼树树冠的发育需要大量的各类养分，但此时大部分土壤被与之竞争植被的根系所占据；此外，杂草截取了雨水中大部分的养分。土壤所提供养分的聚集是控制树冠生长的关键因素，可以期望树冠对所施肥料中的大量不同养分产生响应。

当林木形成完整的树冠时，便进入第二个生长阶段。这个阶段对养分的需求较高，但此时树木和生态系统内存在循环；雨水和雾中携带来的养分被树冠和带菌根丝的浅层根系所截取。出于这些原因，林木对于土壤中养分的需求不高，不可能对化肥产生响应，除非林木被间伐或因树叶遭受虫害而需要更新。

可见，在林冠郁闭之前施用肥料可能是有价值的，而且应在栽植或直接播种之后马上施肥。林木未来的生长受到对林木缺陷的早期纠正情况的极大影响，也受到其他总体经营措施的影响，包括植被组成、按海拔和纬度定义的地理区的土壤类型、树叶显露的症状，以及更加精确的对叶片的化学分析。通过对施肥比率和肥料形式的试验，确定大量和微量元素的临界水平和最佳水平。

人工更新的特殊技术

在捷克斯洛伐克Bohemia的一些高地沼泽区，在皆伐施业区上人工更新的挪威云杉林，在没有临时呵护木(nurses)的情况下禁不起霜冻，这类保护木包括天然的或人工引进的桦树、花楸等。在英国东部经常出现晚春霜冻的地区，临时呵护木对花旗松、大冷杉等外来树种的种植作用巨大(见第205页)。然而Wessely(1853)声称，奥地利山区部分最好的山毛榉(属于比较柔弱的树种)幼林生长在皆伐区，Anderson(1949)也报道，在比利时布鲁塞尔附近的Forêt de Soignês森林里健康成熟的山毛榉也是在皆伐区上营造的。

在东英格兰的Thetford，多年异担孔菌杀死了近一半的赤松幼林木，最严重的病害发生在那些弃耕农地上(Greg和Low, 1975)，其土壤发源于漂移的白垩岩和沙子，pH值超过6.0。受影响最大的林木应在45年林龄时采伐，主要是防止新林木遭受异担子菌的损害，施业区上所有的树桩被带钉履带挖掘机连根拔起；然后被带叉耙的拖拉机耙到40m

开外的料堆。在轻质土壤和地形平坦地域，可以使用机器实施科西嘉松容器苗造林(Winterflood, 1976)。这项工作的成本可以从健康的新林分获取更高的木材收获量中得到充足的补偿。

通过直接播种实施人工更新

通过直接播种实现成功更新需要以下条件：
(1) 充足的合适种源和可育种子；
(2) 有利于种子快速萌发的苗床的建造；
(3) 在气候和立地条件良好时的有效播种；
(4) 鸟兽和昆虫对种子的低摄食率；
(5) 在首个生长季内保护幼苗使之免遭过度竞争和破坏。
这些条件与成功进行天然更新的要求非常相似(见80页)。

适于直接播种的树种的种子通常不大，如种子较小的桉属(*Eucalyptus*)植物，中等大小的松树种子(栎树种子是个例外)。种子应能够轻易萌发，必要时可以在土壤表层萌发——原因是一般情况下立地只可能有轻度的地表覆盖，而种芽和根系的早期生长必须迅速进行。一般情况下，喜光的先锋树种是最合适的，尤其是那些野火和土壤翻动之后更新的先锋树种。

与相同面积施业区内使用足量苗木进行更新造林相比，直接播种所需可育种子的数量在十倍以上。因此最适合于直接播种的树种，应该在较短时期间隔内可长成良木或其种子应可以多年冷藏确保供应的连续性的树种。花旗松种子可以在5~7年内长成良木而且种子储存期超过5年。种源适宜于气候和立地条件，并对生长率、干形及其他特点有要求的种子，通常来自特定产种区，这些地区为提高种子质量和数量进行了间伐和施肥。目前，建立的用以生产优良栽培种的种子园，无论是面积还是年龄，产量均不能满足直接播种的需要。

总的来说，最有利于种子发芽的种床，应使用腐殖质充分混合的矿物土壤。当地表植被竞争减弱、土壤水分充足、近地面幼苗得到保护免受地表极端高温危害时，幼苗的成活率达到最高水平；使用采伐剩余物或草本植物的叶子覆盖遮阴，可使幼苗免受高温的影响。将大面积连续地块的土壤用于接受种子发芽，没必要也不可取，由此已研发了针对不同植被覆盖、地面粗糙度和土壤类型等条件的技术。在采伐期特别是在进行地面集材的情况下，对土壤的翻动常可以营造出充足的种床。

第六章 皆伐作业法

　　当施业区面积较小且形状不规则，地面硬度、地表植被和采伐剩余物的情况不严峻时，可以进行手工播种。每隔 30~60cm 宽翻垦出小地块并将种子轻轻压入土中，播撒量是固定的，常为 6~10 颗。以小地块规格 2m×2m 来算，每公顷可达 2500 块。在土壤条件良好的情况下可使用轻型工具，耕种机与带计量装置的播种机结合使用，每天可播种 1~2hm^2。现以色列、斯堪的纳维亚和加拿大试用的另一项技术，是用塑料制圆锥体或杯形遮蔽器覆盖种子（Solbrana，1982；Sahlen，1984）。

　　在土壤承载度、地表平整度和坡度许可的大面积施业区，采用轮式拖拉机按所需间距将土壤耕作成 40~70m 宽的条状、垄状或沟状种子床。采用散播或穴播方式，耕种机可安装播种装置或手持旋流鼓风机进行旋流播种。

　　在施业区面积较大的偏远山区，如果地面不平甚至粗糙、坡度陡峻，现已经广泛采用飞播方法，并常结合控制烧除准备种床。在澳大利亚的桉树林区，特别是在维多利亚、新南威尔士和塔斯马尼亚的部分山区，定期的人为火或闪电造成野火，常造成矿物土壤裸露和灰烬覆盖，引发天然更新。对皆伐作业立地实施大范围烧除，之后进行空中直播，实现王桉（*E. regnans*）和大桉（*E. delegatensis*）林分更新，年更新面积达 8000~10000hm^2（国家科学院，1981）。这两个树种都是强喜光树种。在大面积施业区皆伐后，采伐剩余物和地表植被烧除，种子从飞机上播撒到种床上。撒播的种子经检验具有高生命力，外部作杀虫剂、杀菌剂高岭土包衣以防被掠食。另外，染色可使已经处理的种子容易识别，飞行员和地面工作人员可以检查种子是否分布均匀。每年适合安全烧除采伐剩余物和进行播种的天气条件只有少数几天。如果这样的有利条件未被利用，灌木的复生及采伐剩余物腐烂丧失，会导致难以创造暴露矿质土壤和良好种床的大火的条件。

　　在北美，飞机直接播种主要用于松树和花旗松。在俄勒冈州西部，夏天刚燃烧过的施业区地表温度可达 60℃，这个温度对成功进行直播太高了。采用少量芥菜（*Brassica juncea*）种子与树木种子一同下播的方法；芥菜种子发芽快，可以降低土壤侵蚀和土壤温度并为花旗松幼苗提供遮荫保护（McKell 和 Finnis，1957）。

　　花旗松种子掉落后被老鼠和鼩鼱（shrew）啃食（Fowells，1965），新皆伐的施业区食用种子的鸟的数量急剧增加。只有减少掠食损失，直接播种才能有效进行。因此，在计划实施直播之前对老鼠和其他食籽动物、鸟类及昆虫的种类进行评估其数量极其必要。设立一个小面积种床的典型样本,播下可育种子,盖上不同大小网眼的罩子以防范掠食动物。在鉴别出最有害的掠食动物后便可采取行动减小其为害。直接播种应在掠食动物数量少的季节进行;通过控制烧除准备种床和松土可以减少捕食动物种群的数量;也可采取给种子加驱避剂包衣的办法。

直接播种有如下优势:

(1)组织比较容易,对劳动力需求较少,特别适用于在地形和交通条件差、人口稀少的大施业区进行。

(2)不需要苗圃、道路等基础设施,也不需要将苗木和工作人员住宿用品运往偏远地区,因此经费投入少。

(3)如果进行飞播,通常可与农业航空服务部门或空军签订短期服务合约。

(4)如果实施成功,直播比进行栽植花费少,在栽植成本常高的地域可以节省大部分资金。

直接播种的弊端包括:

(1)需要种子收储设施,以持续提供大量所需要的种子。

(2)仅限于少数树种,有利的气候和立地条件的结合的时机稍纵即逝。为取得高发芽率和成活率,需要随时采取有效措施,且失败率高于栽植造林。

(3)通过种子包衣减少掠食率涉及的部分化学品,对人、鸟类和其他动物有害,因此需谨慎控制使用。

借助农作物实施人工更新

法语 Cultures intercalaires, culture sylvicole et agricole;德语 Waldfeldbau

这是人工更新的一种特殊形式,即农作物在施业区上进行一年或多年的短期种植,而树木的播种或栽植可以在农作物播种之前、之后进行或与农作物播种同时进行。这种方法在细节上有多种变型,直至 19 世纪在欧洲仍然很常见,但现已废弃不用了。它在热带地区的重要性在大幅度增加。

热带地区或多或少都存在着管制不严的多轮垦种的作业法,垦种者在旱季砍伐部分或所有的林木并在雨季来临之前将其烧掉。在进行一年或多年农作物种植后转移到另一块地,重复上述过程。间隔 4~20 年后，被遗弃的土地上长满次生林，垦种者重新返回。这种被称为游垦（shifting cultivation）的方式运用广泛（Sanchez，1976），并有许多本土化的名字，最为人知的是斯里兰卡的"chena"，南美洲的"conuco"，菲律宾的"kiangin"，印度的"kumri"，马来西亚和印尼的"ladang"，越南的"lua"，波多黎各的"parcelero"和肯尼亚的"shamba"，等。由于缺乏约束管理，游垦造成大面积森林的破坏，但如果加以控制并用于珍贵树种的种植，其危害则变为良好收益。所谓"垦植林（taungya plantation）"起源于1869年的缅甸，如今已经覆盖全国大面积林地，开始是短期的农作垦植，通常是在经过清林的地块上种植山地水稻，其间所有卖不出去的木材都被砍伐或烧毁；在此过程中，土壤补充了含有氮等大量主要元素（Sanchez，1976）和其他微量元素的灰烬。柚木（*Tectona grandis*）是主要造林树种，与农作物同时种植。林分的形成经济而高效，实施造林的当地劳力同时种植自用粮食作物——一项交通不便地域大片土地上的重要事项。

欧洲的林业工作者把这个方法传到缅甸后，这种与短期农作结合的皆伐更新作业体制，由于可以发挥控制游垦的作用，被传播到印度、东非、中非、西非、中美洲和亚洲的其他地区。"taungya"一词来源于缅甸语中，意思是"山地垦植"。

在孟加拉国的Chittagong区，由山地垦植经营者进行的皆伐和人工更新，接受林业当局工作人员的指导，并在热带常绿林和娑罗双（*Shorea robusta*）林中实施。经营目标以近乎规则的林分为主，以柚木、大花紫薇（*Lagerstroemia speciosa*）和娑罗双纯林代替现有的混交林。20年间，整个森林三分之一到五分之一的面积被选作采伐区。每年从12~20hm^{2}施业区运出可供销售的木材，采伐剩余物被烧毁。在新林分之间保留有带状原有的森林，用以防范火灾和害虫危害（Directorate of Foresters，1974）。树木和农作物以栽植或直接播种方式进行，第一年对农作物进行的除草有利于树苗的生长。在随后不进行农作物种植的地块，要在第二年进行三次除草，第三年进行两次除草，第四年进行一次除草，以减少对林木的竞争压力。在孟加拉国的部分地区，当娑罗双幼苗生长到一年后，要在其行间播种豆科的白灰毛豆（*Tephrosia candida*）作为覆盖植物。在第二年和第三年砍收白灰毛豆以防止其抑制娑罗双木的生长；白灰毛豆必须在第四年完全移除。随后几年内，在对娑罗双林木进行间伐时，也要清除攀缘植物。

山地垦植作业法于1927年被引入尼日利亚南部，截至1976年，已有 24427 名垦植者在大约 20000hm² 的森林保护区范围内开展垦植；此外，林业部门还雇佣了约 1220 位工人垦林 1448hm²（FAO，1979a）。种植的通常是柚木用材林，另外有轮伐期为 8 年的石梓（Gmelina arborea）纸浆原料林。前两年内与林木共生的粮食作物有玉米（Zea mays）、山药（Dioscorea sp.）、木薯（Manihot esculenta）和蔬菜。二分之一到三分之一的农作物被用养活垦植者及其家人。虽然多数栽培者还依靠其他土地种植可可、可乐（kola）和橡胶或务工增加收入，获取肥沃的土地仍然十分重要，也需要更多的土地发展垦植业。

游垦对森林的破坏在泰国是个很严重的问题，尤其是在其北部和东北部地区。始于 1968 年的森林村项目的目标就是，鼓励没有土地的人在提供有更好更稳定生活条件的社区定居下来，而不是到处流浪。每个森林村包括 100 个户，每户每年配给 1.6hm² 的森林，用以进行三年的土地垦植采伐和栽培。起初森林村项目的进展缓慢，但到 1973 年，总作业面积已达 2000hm²。在 1976 年共有 21 个村的 817 户完成造林面积 10000hm²（Samapuddhi，1974；FAO，1979a）。

在森林保护区实施垦植需要林业当局坚定而原则性的工作，否则会落得个坏名声。如果农民和林业工作者能够互相信任，那么林区增加食物、燃料和木材产量的潜力就会提高，对解决当地社会问题所作的贡献就相当可观。种植园距离村庄和道路近，有利于随后薪材和木材的抚育收获。垦植作业间接保护了乡土天然林，而在许多热带地区，垦植者种植的林木，也为林业工作者提供了营林管理经验和收获数据，这对于大规模造林项目的规划执行有重要价值。

皆伐后实施天然更新

在一定条件下皆伐作业完成后可出现良好的天然更新（见第 80 页）。该更新可能源于土地中已有的种子，也可能来自外部邻近树木散落的种子。

依靠土地现存种子的更新

最著名的皆伐作业后的天然更新发生在法国西南部 Laudes 省海岸沙丘的海岸松林里。对 80~100hm² 的施业区上进行的皆伐作业促发了大规模的天然更新，部分种子是地面现存的，但多数是从四、五月采砍伐树木的果球上掉落下来的。松树每年大量结实利于天然更新，疏松的沙质土壤、喜光树种充足受光是天然更新的良好条件。在对一个施业区进行采伐和收获之后，枝材在施业区上均匀伸展散布种子，在立地产生均衡的幼株立木度。四年后实施的除草和清理给每株幼松留出一平方米的空间，或达到每公顷 10000 株的密度（Lanier，1986）。

美国黑松是内陆和山区土地中依靠现存种子实现更新的另一个例子。美国黑松产种丰富，种子在 1~3 年内发育成良好的林木。即使有很多例外，多数内陆的美国黑松的球果会晚开花。在落基山脉和山间地区闭合球果分布广泛，但是在 Nevada 山脉、俄勒冈州的 Cascades 山脉、Siskiyou 山的东部和南部以及南下加利福尼亚，进入成熟期的美国黑松的树果是打开的。在球果开花晚的地区，天然更新的种子主要来源于附着于采伐剩余物的果球或从被打落到地面的果球。大多数种子会在球果暴露在外一年后打开时散落，但这会持续 6 年之久。火不是种子从球果散落的前提条件（Bates 等，1929；Tackle，1954）。一般情况下，包裹住球果鳞片的树脂会在 45℃ 时融化，导致鳞片弯转、开散；即使没有火，辐射、传递或传导到球果表面的足够的热量，也会导致上述过程发生（Crossley，1956）。然而，火会加速打开那些由于位置不合适造成树脂难以被光热软化的球果。种子发芽的最好条件是矿质土壤或被扰动且不受植被竞争影响得到全光照射的腐殖质土壤（Fowells，1965）。

Troup（1952：12）记述了在缅甸和印度南部的柚木皆伐区，依靠土壤现存种子进行天然更新的著名案例。种子包裹在结实的坚果壳里，多年保持着生命力。在结种树木多的地方，地面的坚果越积越多，但在轮番的光照和雨淋之前并不开裂、发芽。这种情况在皆伐作业后出现，那些可能已长眠于土地多年的种子长出大量幼苗。然而，只有加大投入重复进行除草才能保证这些幼苗的存活，一般来说，人们会选择花费更低的按行种植林木并除草的简易的方法，而忽略掉天然更新。

依靠外部落入种子的更新

这种更新方式适用于那些质量轻、有翅而易被风吹散树种的种子，包括松树等针叶树，红桤、赤杨、纸皮桦等阔叶树，以及会在新清林土地上习惯性大量生成的入侵树种（Whitmore，1984）。在少数情况下，水和动物也可以是种子传播的媒介，例如，巴基斯坦 Punjab 省的灌溉植物区，桑树种子受到水流和粉红椋鸟的传播而在采伐区上广泛繁殖成林（Khattak，1976）。

在北美的太平洋沿岸，皆伐作业后花旗松及伴生树种加州铁杉、铅笔柏和大冷杉常在采伐后大量繁殖，在砍伐后立即烧除采伐剩余物且休眠于地下的种子开始发芽前尤为如此。据信，花旗松在遭雷击火后开始天然更新（Smith，1986），树上散落的种子在燃烧区或附近存活下来。在缺少火烧的情况下，老龄的花旗松缓慢衰退并被更多耐阴的加州铁杉、铅笔柏和大冷杉取代（Munger，1940）；在这种情况下，花旗松因严重遮阴而难以完成更新（Williamson 和 Twombly，1983）。

块状皆伐

法语 Exploitation par blocs

这是北美太平洋沿岸地区开发的皆伐作业法的一个变型。在该地区，每 $16\sim80\mathrm{hm}^2$ 的块状土地作为一个"作业组"供机械采运，目的是确保高比例的花旗松出现在新建林分里。用于天然更新块状采伐的面积从 $16\sim24\mathrm{hm}^2$ 不等，加快恢复立木度几乎总是依赖于人工更新（Smith，1986）。这些地块在尽可能长的时间内由活立木林地隔开，以确保种子散布良好，并避免来自大片连续区域的采伐剩余物带来严重危害，尤其是火灾和虫灾。地块的布局须与输送木材到工厂的道路网相融合，而将道路拓展至极其分散的小地块，不仅难以满足要求而且费用昂贵。

在使用高架集材系统（high lead system）的地区，大多数有缺陷、市场价值低的树木也被采伐以清空立地。成片的控制烧除在不利于形成烈火的天气条件下进行，以降低对采伐剩余物的大量破坏，减少前生耐阴植物，同时降低腐殖质层厚度。如果种子充足，立木度适当的花旗松一般会在荫蔽的北坡面成林，但在南坡面，成片烧除会引起矿质土壤的过量暴露，产生不利于花旗松天然更新的小气候条件。如在第 67 页提到的，适当荫蔽对于南坡面来说是必要的，可以保护新萌发的幼苗不遭热灼。一旦成林，花旗松幼林在全光照下生长最好，红桤木已侵入该地，早期生长十分迅速，应加以控制。

拟带状皆伐

法语 Coupes par bandes；德语 Streifenschlag；西班牙语 Cortas por fajas

在欧洲，依靠毗邻林分或林带实现皆伐作业后的天然更新已成为一种体制，主要用于欧洲赤松，但也用于欧洲黑松等针叶林。施业区采取带状皆伐的形式，要么是渐进伐，要么是交替带状伐。拟带状皆伐（strip-like clear cutting）到底应被视为皆伐还是带状伐，仍有争议。最符合逻辑的是将其认作一种带状采伐方式，采伐带很窄，致使毗邻的成熟林对其土壤湿度等各物理因素产生重大影响，而这些因素进一步影响种子的发芽和树苗的生长。采伐带的宽度大概是毗邻成熟林高度的一半而不可以再多。带状皆伐有所不同，受毗邻的成熟林影响不大，除非是在紧贴毗邻成熟林的边缘上。这样看来，带状采伐在严格意义上适用于挪威云杉等早期对干旱敏感、可受益于阳光侧方保护的树种。这与欧洲赤松等不耐寒、幼苗需要大量光照、过于接近毗邻林分会遭受不利影响的树种的情况不同。

渐进伐（Progressive felling）

法语 Coupes progressives en bandes；德语 Kahlstreifenschlag；西班牙语 Cortas por fajas progresivos

这是一种历史悠久但仍在中欧地区使用的作业法，其采伐遵从第58页所述的皆伐法并沿着固定的方向推进。如果风向在种子成熟时仍然固定不变，逆风安排采伐是非常有利的。照此安排，种子被吹到毗邻的皆伐迹地，带宽可使大量种子到达每一个部分。实际带宽须通过实地观察确定，原因是即使对于同一树种，种子可以大量散播的距离很大程度上取决于正常条件下的风速和风向，Ek 等（1976）提出了一个数学模型，用以确定加拿大黑云杉的带状地块的宽度。

对毗连地块连续实施清林采伐的相隔时间，取决于结种频率和更新成林是否准备充分。如果一条带状地块完成皆伐，与之相邻的带状地块在原地块完全更新之前不可以采伐，应留有需要足够宽裕的时间。举例来说，一般情况下种子用 3~4 年时间完成充分下种，才可以确保在一定宽度的采伐带上实现天然更新，那么两条相邻的带状地块实施采伐的间隔期为 6 年是合适的。在 Troup（1952：14）提供的案例中，将需要更新的面积分为 6 个采伐区段、3 个施业区，各施业区按要求设置其宽度，这样完成整个区域的采伐和更新就需要 18 年的时间。在每个采伐区段的最后一个施业区，在上风向位置预留一条母树带用于施业区的更新，之后采伐母树带并对该区域进行人工更新。

在一定时期对划定的多个区域实施更新，可以采用更加灵活的工作方法，不必拘泥于固定的连续采伐的时间间隔。按此原则，可使采伐在多个区域进行，每年采伐的面积相等且不严格按照特定计划安排，这样即便天然更新情况异常也不总是导致采伐和更新的不平衡。

交互带状伐(Felling in alternate strips)

法语 Coupes par bandes alternes；德语 Kulissenhiebe；西班牙语 Aclareos sucesivos por fajas alternos

这是一种平行带状皆伐方法，经常使用，采伐带(宽40~60m)穿过需要更新的林分，其间预留更窄的林带不作处理。采伐带采用天然更新方法，幼林生长到一定年龄产出大量种子，此时对老龄林木进行皆伐作业，之后重复本过程。这种方法的效果并不能令人满意。一方面是控制困难，因为整个区域上分布着两个龄级差异巨大的林木；其次，对于松树等树种来说，如果沿未采伐带的边缘未能实现成功更新，就会造成空间的浪费。Glew(1963)对本方法在不列颠哥伦比亚内地北部白云杉林的应用情况进行了监测。他得出的结论是，如果未砍伐的带状森林保留40年，就会遭受严重的风折和病虫害破坏。

对此作业法一个切实可行的调整是，将平行的带状皆伐改为40~

图10 交互带状皆伐和天然更新
采伐带30m宽，立木带15m宽，树种为欧洲赤松
地点：法国的Bord森林

第六章 皆伐作业法

50m宽，中间保留的种子的林带为15~20m宽(图10)。在充足的上部光照下，皆伐带上完成天然更新，当幼林充分生长(譬如在首次采伐6年后)时段，在对中间的带状母树实施采伐的同时，通过直接播种或人工栽植的方法对空白带区实施更新。由于种子向两侧掉落，所以在带状采伐时基本没有必要考虑风向，但采伐应按照与道路成直角的方向进行，这样在对种子林实施采运时就不必穿过幼林。

皆伐作业法的优势和劣势

皆伐作业的优势包括：

(1)属于高林作业中最简单的方法，有助于实施营林作业创新。

(2)可以通过培育、排水、增加营分等措施，改善立地质量。

(3)可以通过引进优良的本地和外来品种、种源和栽培种，提高新作物的产量和品质。

(4)提供充足的光照，为喜光物种提供了条件。

(5)一般来说，与其他以程度确定更新的作业法相比，可以更方便、更快地建立立木度良好的林分。

(6)林木同龄且立木度有保证，可以产生比异龄林削度更低、枝叉更小的主干。

(7)新林分更新生长之前完成采伐和集材，不对更新林造成破坏。

(8)属于高效集约工作的方法，对施业区内的每一棵树都进行采伐，比其他一次只能砍伐少许树木的作业法每公顷的采伐产出更大、经济收益更高。

其劣势包括：

(1)在陡坡山地和土壤不稳、容易滑塌的地带，如不采取安保措施防止降水造成的快速径流，引发立地土壤侵蚀。

(2)全部清除森林覆被，有可能会导致小气候、土壤、竞争草类、天敌等的境况，朝着不利于幼林和目标树种存活和生长的方向发展。

(3)采伐导致大量剩余物聚集。在不实施集约利用的地域，遗留的各类大小不一的梢头、枝杈等采伐剩余物，是对针叶林危害特别大的象鼻虫和甲虫大量的繁殖场所。这一风险可通过集中利用和燃烧、浸解采伐剩余物等方法加以解决。

(4)皆伐影响单木发挥全部生长潜力和出材量，这与异龄林经营方法不同。这可通过使用无性系栽培的方法解决。

(5) 与异龄森林相比，皆伐产生的同龄林对于风雪灾害的抗性下降。

(6) 从美学角度讲，森林的设计需要减少皆伐作业对景观的影响。

上述劣势在施业区面积大以及在幼林郁闭之前立地缺乏覆盖的情况下尤为突出。但如果采伐迹地可以快速绿化，或者可以减小施业区的面积或审慎安排施业区的形状，上述不利因素的后果可以降至最低。

实践运用

依靠邻近林分进行天然更新的渐进皆伐作业法已在德国开展了数百年的时间，施业区狭长便于下种。到18世纪中叶，欧洲开始严肃对待皆伐作业法。由于效果好，结果有保障而受到越来越多的人的青睐，到18世纪末，皆伐作业法的发展达到顶峰。然而，只有在德国或受到德国思想影响的国家里，皆伐才得到最为广泛的应用。栎树是最早用于皆伐区再造林的树种，很多优良的栎林是通过穴播栎子的方法培育的，通常还结合农作物一起种植。从18世纪后半叶开始，在沙质土壤上的再造林活动都是采用直接播种欧洲赤松的方法完成的，但与皆伐作业联系最为广泛的树种仍是挪威云杉。

19世纪初，Heinrich von Cotta（1763~1844）在Saxony州引进了皆伐作业法。他认为这是唯一能对因放任掠夺式采伐、过度放牧和采收采伐剩余物而难以开展天然更新林地进行更新的方法。他的主要创新是建立了旨在防风的采伐区块。引用Mantel Cotta(1964)在1817年首次出版的《造林学导论》(Anweisung zum waldbau)中的论述，他的建树"堪称十九世纪上半叶林业科学的精华。"

包括各种变型的皆伐作业法，是当今世界运用最广的营林作业法。它简单易行，适用于不同气候、地形、土壤和树种条件。它还便于实施技术创新，包括：引入改良的栽培种、采用新的采伐方法、开展农林复合经营等（见第211页）。这些明显优势确保皆伐作业法继续得到广泛使用。一如许多其他简单有效的方法一样，皆伐作业也被误用于不合适的条件并产生不好的结果，而皆伐作业法所采用的技术也存在缺点。然而，仍有许多国家将皆伐作业法的运用建立在良好的生态和经济基础之上。由来自地质、水文、土木工程、野生生物管理、淡水渔业和风景园林学科方面的专家团队与林业专家通力合作，实施皆伐作业的森林规划设计工作。

第六章 皆伐作业法

虽然皆伐作业属于典型的同龄林作业法，但它不要求必须实施单一纯林经营，树种单一使其经常遭到反对。确实有一些天然更新纯林皆伐的著名案例，但对于欧洲赤松、黑松、海岸松和杰克松等等，在同一立地实施伞伐作业也能开展纯林生产。人工更新可用于立地和条件允许的多个树种；其主要难点是正确选择树种及如何实现树种优化组合。

一个由被称为块状伐（见第72页）的皆伐作业法变型的同龄混交林分的优秀案例，位于不列颠哥伦比亚境内温哥华岛 Albirni 港东边的 MacMillan Bloedel 有限公司所属的土地上。这是一片依靠乡土树种形成的具有近乎法正系列龄级的森林。每个林分主要包括花旗松及其伴生树种加州铁杉、铅笔柏（Western red cedar）、黄扁柏（Alaska yellow cedar）、红桤和大叶槭。东部几英里外的 MacMillan 公园内有一个乡土天然林保护区。该公园属于自然遗产（natural monument）中的精品，其乡土天然林作为可再生自然资源得到良好的管理。

第七章
伞伐作业法
Shelterwood system

法语 Coupe d'abri；德语 Schirmschlag；西班牙语 Corta de abrigo

引　言

伞伐作业法均为高林作业法，幼木种植在成熟木的下方或侧方而得到庇阴，同时成熟林对立地起保护作用。伞伐法包括了连续更新伐作业法与择伐作业法。

通常来说，伞伐法目的在于天然更新，而皆伐法基本必须依靠人工更新。若皆伐法下采用天然更新，被更新的区域应采用一次采伐的方式并在一个生长季里完成造林。但这仅适用于立地条件环境超乎寻常地适合天然更新，且不需要保留成林来保护幼林对抗霜冻、干旱等其他环境威胁的情况之下。绝大多数情况下，全面的天然更新难以在一次采伐之后实现，原因是幼苗在萌芽后的几年内需要防护覆盖。在任一情况下，必须保留部分成熟林，用作供种来源或发挥保护作用。因此，需要通过两次或更多次的连续采伐移去成熟林，保留的成熟林散落的种子萌发成为幼苗成长起来，我们称这些成熟林为"母树林"。

在一些情况下，可以在成熟林的保护下实施人工造林，而这些成熟林可以通过一次或多次采伐被移除。"连续更新伐"一词指的就是对特定立地实施两次或更多次连续采伐（称更新伐）后更新的作业法。它可以持续数年之久。

连续更新伐法下不同作业法之间的差异，并不在于它们的总体框架，而在于采伐的方式及其时空分布。我们通常难以对营林作业法进行合理分类，很大程度上是由于对连续更新伐法的特殊重视。连续更新伐法有很多变型，这些变型常相互渗透，甚至组合使用。欧洲及北美的专

第七章 伞伐作业法

业用语与其说是为了方便区别营林作业法,倒不如说是把分类弄得更麻烦了,同一术语常会被不同作者在不同理解下使用,导致一些微不足道的差异被无谓地夸大。根据第 5 页所示的分类,这里按以下顺序介绍营林作业法:

——全林伞伐作业法;
——群团伞伐作业法;
——不规则伞伐法;
——带状伞伐作业法;
——楔形伞伐作业法;
——热带林伞伐作业法。

鉴于全林伞伐法所使用技术的原理也适用于其他作业法,本书将对其作详细介绍。在此之前,需要对两个话题进行些讨论:一是伞伐法相对于皆伐法的优势和劣势;二是天然更新在现代林业中的应用。

伞伐作业法的优势是:

(1)为在幼林期内为对霜冻、干旱、冷风敏感的树种提供保护。除窄小的采伐施业区外,皆伐作业法无法提供此类保护。

(2)比皆伐法能更有效地保护土壤,尤其是在林冠被逐渐谨慎地疏开的情况下。遭受风干和竞争性杂木入侵的风险也更低。

(3)清林(clearing)空地上病虫害繁殖的风险更低。

(4)在陡坡地或不稳定坡地,引发侵蚀或急速径流的风险比皆伐法低。

(5)选用特定的伞伐法,可以比皆伐法更有效地防止风雪的破坏。

(6)可以通过更新伐中的伐开措施,为最优单木增加生长量提供机遇。

(7)从美学角度来看,伞伐法也常优于皆伐,尤其在成林被逐渐采伐的情况下。

伞伐作业法的劣势是:

(1)比皆伐法需要更多的技术支持,更长的作业时间。

(2)作业不够集中,采伐与运输的经济成本略高。

(3)在采运过程中或多或少会伤害到幼林。不同作业法造成伤害的程度不同,但几乎均可通过缜密规划和选择适宜的方式完全避免伤害。

(4)一些情况下,伞伐法幼林的成林时间比皆伐法更长,并可能因此造成严重的经济效益损失。

(5)与皆伐法相比,伞伐法下采伐率与更新率更难以控制。

天然更新的使用

正如在对森林生态(见第 8 页)中所讨论的,"自然式林业"方法的倡导者要求营林工作基于乡土天然林的生态状况进行,因此,关于天然更新的讨论可从总结这一观点的优势开始:

(1)在成熟林的保护下进行更新,这更接近当地天然林的生态进程。

(2)地表或近地表的小气候更利于苗木初期乃至后期的生长。

(3)覆盖于土壤表层的腐殖质层为种子萌发提供优质媒介,可以避免干燥风吹和过度日照,有利于提高幼苗的早期成活率。

(4)作为后继林木的种子来源,母树对立地有更好的适应性。这一优点被广泛认可,但也存在失效的情况。考虑到营林特性或木材品质,适应性良好的种群并不一定是最具生产力、最有价值的种群(见第 18 页)。

(5)更容易实施树种混交,实现和当地立地变化的良好匹配。

(6)更容易分步实现森林的复层结构。若希望得到不规则林分,这一点尤为重要。

(7)可以降低甚至完全避免皆伐造成的生产中断。在采伐过程中母树茎干的生长量和蓄积量积累可观。

天然更新的缺点主要是管理与经济方面:

(1)绝非易事,必须有熟练的劳动力,时间和资金投入有保障。

(2)一般必须依靠人工辅助来降低失败的风险、矫正林分结构缺陷,并缩短单个作业活动的周期。

谨慎地融合天然更新与人工更新开展营林作业,历史悠久而且公认有效。现阶段更倾向于通过在需要时进行直接播种和种植的方法实施人工辅助天然更新。同样,很多钟情于人工更新的务林人一旦有天然幼苗他们也会欣然接受。

对于极其缺乏母树、包括有许多杂草的空地的退化或管理不当的森林,一般需要阻止天然更新。实施皆伐和人工更新可使林地直接向健康、高生长蓄积方向发展(见第 205 页)。自然保护区等具有特殊价值的区域更可能需要天然更新,以实现保育某些特别的生态系统的目的。如果天然更新失败或者进行不顺利,可以从立地现有种群获取种子或者进行人工栽植,以便使乡土种源或树种保留下来。

第七章 伞伐作业法

天然更新过程包括了一系列相互联系的阶段，每个阶段的发生都有大量的机遇。通过观察并采取相应措施辅助天然更新过程的进行，减少失败因素造成的影响，最终在适宜时机顺利完成更新过程。虽然如此，天然更新依然属于林分生命周期中的不稳定时段(Lanier，1986：146)。成功实施天然更新需要多个条件：

——需要定期产生有生命活力的种子；
——需要有接受性强且水分、营分供给充足的苗床；
——需要有利于种子萌芽和幼苗成活、生长的微气候；
——对于竞争性植物以及动物、虫害、真菌及极端气候具有抵抗力。

这些要求与第66页列出的直播造林的要求十分相似。不同的是对于待更新地块区内或地块附近的成熟单木及林木的使用，这些单木和林木起到提供种子和调整森林地表或其附近微气候的作用。

林木育种人员在研究影响花芽分化与减少出现在可成活果实、种子的开花期和结果期间的损失的方法时，收集了许多开花及育种的详细信息。Matthews(1963；1964)和Sweet(1975)已经证实，气候是温带地区植物开花育种周期最重要的影响因素。在适宜多数树木种子生长的立地，其夏季干燥而暖和，土壤条件稍差于某一特定植物品种生长的最佳条件。遗传组成也是开花及种子产生的一个重要影响因素；选作母树的树木应在之前条件下已孕育过球花、果实及可成活种子。母树的树冠必须光照充足。施用的肥料增强了开花及果实生产。最重要的养分是氮素，选择准确的投放时机需要考虑树种及立地双方面的配合；大约是六月末至八月末之间。在干旱地区，灌溉可以增强开花和结果，但时机的选择尤其重要。

对于条件有利于播种与发芽的地块，在大的施业区内可以成功实施天然更新。对于偶发性或无规律下种的地区，可在小施业区上实施天然更新，择伐作业或不规则伞伐作业法通常效果较好。北美鹅掌楸是符合这一有利条件情况的例子，它生长在美国东部，多见于俄亥俄河流域及北卡罗莱纳州、田纳西州、肯塔基州及弗吉尼亚州的山坡地。北美鹅掌楸的产种特性非常适于实施天然更新，正如Beck和Sims(1983)所言："首要条件是合适的种子，如果该地区有北美鹅掌楸生长，那么即便只有少量的产种植株也可以获得足够的种子。每年林分……都产有大径级北美鹅掌楸母树。它们每年十月中旬至次年三月中旬播撒有生命力的种子，其成活率在5%~20%之间，在整个种子掉落期内的种子成活率一致。这些翅果随风散落远处，大约是母树高度四倍到五倍的距离。长势良好的北美鹅掌楸，其种子分布的最佳距离是顺主风方向 60m，其他方向 30m。种子可储存在地表层 8 年之久，遇到日照及湿度的时机就发芽生长。"

北欧国家大量使用松土机为天然更新和直播造林准备苗床(见 63 页)。Hagner(1962)监测了瑞典北纬 62°~64°区间 57 个地块伞伐更新的欧洲赤松和挪威云杉的天然更新苗的情况。结果表明：若要在立地条件较好地块上获得理想的欧洲赤松苗木密度，必须实施松土。在监测地块，杂草木的再次侵入导致苗木的成长面积必须大于 $1.2m^2$，小于该面积就会在 5 年内就会发生过度遮盖。对于挪威云杉而言，如果下种伐前后有优质种子散落，松土就不是必需的了，但松土会有一定的益处。

通过松土或控制烧除使鹅掌楸种子与矿质土壤充分接触，与未经人工干预的林床相比，极大地增加了幼苗的数量(Beck 和 Sims，1983)。然而，在正常情况下，采伐鹅掌楸成熟林分对立地造成的干扰，也是为新林分提供足量幼苗的苗床准备措施。获得更新苗木的数量随着伐木强度的增加而增加，皆伐法的产生的立木密度最高。

高集约度苗床作业的一个实例是比利时布鲁塞尔附近的 Forêt de Spognes 大森林(Reade，1965)。这里的山毛榉在全林作业的 100~140 年生成熟林木下实施天然更新。生长着一些有益的地表植物，包括栎林银莲花(*Anemone nemorosa*)、银斑藤(*Lamium galeobdolon*)、榕叶毛茛(*Ranunculus ficaria*)、林石蚕(*Teucrium scorodonia*)和毛地黄(*Digitalis purpurea*)。地表草本类的生长不能旺盛，也不能密集。不利的地被植物包括欧洲黑莓(*Rubus fruticosus*)、树莓(*R. idaeus*)和欧洲蕨。长势密集的林地蒿(*Luzula sylvatica*)、丛生发草(*Deschampsia caespitosa*)和灯心草对山毛榉天然更新不利。更新准备始于夏末，这时树木正处于种子形成的好时期。使用拖拉机牵引的旋耕机耕出 6~8cm 深的苗床。这一工作必须在 10 月中旬前结束。山毛榉种子一落地，就被耙耕的土壤覆盖，避免斑尾林鸽(*Columba palumbus*)的危害。

自从德国营林学家 Wagner(1912；1923)发表成林侧方庇荫对带状采伐立地微气候的影响的研究成果以来，已开展了大量类似的生态学研究，以决定在特定立地上某一树种天然更新的最佳方位、条带面积和群伐规模。Wagner 在西德的 Baden-Württemburg 州的 Gaildorf 收集研究数据并阐发了自己的理论，涉及经营的欧洲赤松、挪威云杉和山毛榉的混交林。挪威云杉天然更新的麻烦最多。虽然种子萌发产生的幼苗很好，

第七章 伞伐作业法

但幼苗根系浅，而 6 月份盛行干旱天气，幼苗因此死亡。Wagner 发现，增加土壤湿度要素(如，雨、雪、露水)常有利于挪威云杉的更新，而造成土壤脱水的因素(如，阳光、风、霜)属于不利要素。他还分析了成熟林分不同方向的微气候，发现西北面、北面、东北面适合更新，其中西北面适宜度排第一，东北面第三。其他方向均不适合更新，由东至南处于绝对不育的状态。Wagner 因此认定：Gaildorf 地区采伐最理想的方向是西北至东北，但是如果该地区北向有风，就有必要把北向方向改至南向方向(见第 120 页)。

至于更新幼林的生长情况，鹅掌楸种子的萌发后需要关键的数年时间才可能长成幼苗(Beck 和 Sims，1983)。虽然普遍认为北美鹅掌楸的幼苗不耐阴，但其只有在相对低的光强下才达到或者趋近光合作用效率的最高值。在成林期，对其实施保护以免受到干旱、霜冻和洪水的破坏比对光照的需求更为重要。前一两个生长季后，与杂木的竞争会成为影响幼林更新存活与生长的最重要因素。

对光、水和营养的竞争可能来自母树。前文的松土部分曾引用过 Hagner 的著作，他在 1962 年发现，均一的庇护确实可以保护挪威云杉幼苗免遭冰冻和冻拔的损害，但是更新苗的高度增量受到母树的抑制。在夏季高温干旱的地域，很多松类幼苗显然会与苗床的根系争夺水分和养分，因此造林专家建议更新完成后应迅速移除母树(见第 107 页)。

解决动物破坏幼林天然更新问题的办法有：控制相关动物的种群数量，用栅栏把更新区域围起来避免动物入侵，还可以使用适当设计的保护装置保护部分单株。Edwards(1981) 跟踪研究了数百个在 100 株均一庇护木下更新的欧洲赤松幼苗的生长状况。他的观测地设在苏格兰东北部 Aboyne 附近的 Glen Tanar 乡土欧洲赤松林，中等条件的南坡，海拔 300m。

移除地表植被暴露腐殖质土形成适耕层，改善苗床温湿状况，刺激种子萌芽。食籽的鸟类和鼠类在种子萌芽前造成大量种子损失，蛞蝓(*Gastropoda*：*Pulmonata*)和水分缺乏也导致很多新萌幼苗在第一个月就损失惨重，但随着茎部逐渐木质化，主根可以穿透湿润腐殖土和矿物质土，幼苗的死亡率会降低。有证据显示：在更新早期完全驱避掉马鹿、狍不是必需实施的措施，因为它们会啃食地表杂草。但随着幼苗长高，鹿会啃食幼苗，北欧雷鸟(*Tetrao urogallus*) 可以有效控制植被最高达到约 30cm，此后不再生长。由于狍、马鹿和北欧雷鸟在私有林属于狩猎动物，除非植被的高生长超出限度，否则不会对更新区域采取围栏措施。

  当主要树种更新苗稀疏时,实施单株保护也是可以考虑的保护方式,只要价格低、易于构建,具备防止动物破坏等优势即可。目前,在英国大量使用符合这些条件的树木套筒(tree shelter),它们由透明塑料管或半透明塑料制成,通常有1.2m高,直径8~10cm,可以保护单株幼苗达5年之久(Evans,1987)。套筒在幼树周围创造了一个有利的微环境,可以大幅度提高阔叶树种的生长高度。它们还可以充分保护树木,在使用化学除草剂时不至于对植株造成伤害。这些护筒被置放在树木周围直至完全解体,目前正在研究可完全生物降解的塑料材质。

  热带湿润林树种和生态系统有高度的多样性,对许多重要树种及其相关物种,缺乏关于造林学特征的详细知识,这意味着很难对主要树种实施天然更新。目前,热带地区的务林人必须依靠现有的前生树更新乡土林(Wyatt – Smith,1987)。Whitmore(1984)总结了远东地区热带湿润林种子的产生、散布、幼苗生长方面现有的知识。如果需要对这些森林或其他地区的相似的森林采取天然更新的方式,那么这样的研究必须继续下去。

第八章
全林伞伐作业法
The uniform system

法语 Methode de regeneration des coupes progressives；德语 Schirmschlagbetrieb；西班牙语：Methodo por aclareos sucesivos

全林伞状作业法（Shelterwood uniform system）简称"全林作业法"或者"全林法"，是指为了实现更新而均匀疏开林冠，形成同龄、规则的幼林状态（Robertson，1971）；其另一名称"庇护木林班作业法（Shelterwood compartment system）"，是指通过依次疏开所有林班的树冠实现更新。北美的"母树法"是全林法的一种形式，这种形式下母树稀疏分布于整个地域（Smith，1986）。

概 述

我们从栎树或山毛榉的同龄幼林说起，讨论其各生命阶段至成熟期，直至被采伐为下代林木腾出空间。在早期生长阶段，树高约 3～10m 时会实施清理，将白桦、山杨、柳树等非目的树种和树干弯曲、大枝条的目的树种（principal species）全部移除。除此以外的林木被保持在适度高的密度，以抑制侧枝并促进无节树干的生长。在法国，除杂和清林沿 3～4m 宽的作业道开始（划定 100m×50m 面积的区域，即 $0.5hm^2$），每隔 10～12m 再建一条 1～2m 宽的抚育作业道，抚育作业道与原有集材道垂直（Oswald，1982）。

当林木高达到一定高度（山毛榉 10～14m，栎树 10～16m）时，开始定期疏伐，移除长势较差的树木，保留长势较好的树木。当全部山毛榉林木达到 15m 高，栎树林达到 18m 高时，就可以选择出构成"主林木（main crop）"的单木了。疏伐的目的是刺激树冠生长，以保持直径增加，提高种子产量。但同样重要的是，在这一阶段不可永久性地破坏林冠，原因是这很可能导致杂草木丛生，阻碍在需要时启动的天然更新作业。

当林木接近采伐和更新的年龄时，它们的干应修长通直，旁无杂枝，顶部生长良好，树冠完整，能够孕育良种。树冠发育良好的林木通常根系发达，当林木被伐开时仍保持抗风折能力。在林冠紧闭的情况下，地表覆盖多为长势稀疏的耐阴植物。

此时便是实施更新采伐的时机（图11）。这包括两类：一是下种伐（seeding felling），即打开树冠，提供充足的光照，确保由上部成熟木下种而萌发的幼苗能够短期存活；二是后伐（secondery felling），通过一次性采伐或适当间隔的多次采伐去除母树，为地表幼苗提供更多光照。最后的后伐被称为终伐或主伐（final felling），此时幼林已经完全成林。

图11 全林伞伐作业法

天然更新良好的山毛榉林，完成过一次下种伐和一次后伐，目前准备进行终伐（主伐）。地点：法国 Lyons – la – forênt

成熟林木

下种阶段

后伐阶段

终伐(主伐)阶段

图 12　全林伞伐作业法
山毛榉更新的三个连续的阶段

图 12 表明了更新过程的不同阶段。当林木的下种伐完成时，林木进入下种阶段；后伐开始之后，就进入了后伐阶段；当林木等待主伐时，它处于终伐阶段。

以前的习惯做法是，在下种伐临近之前进行一次预备伐；在某些特定情况下需要进行两次或两次以上的准备伐，历时达 10 年之久。这样做的目的是促进树冠生长和种子生产，让光照和热量到达地面加速腐殖层的分解，通过暴露矿质土壤形成良好的苗床。Hartig(1971)提议：要在下种林木稀少的地块进行预备伐，这样在好的种子年(mast year)来临时，大片区域都可以实施下种伐。但是，如今认识到：下种伐之前的短时间内进行单次预备伐，甚至两次或两次以上预备伐，均无法确保树冠生长良好。促进树冠生长的准确时间是，从林木的小杆材阶段一直贯穿到绝大部分生长阶段。现在法国的"coupe préparatoire（施业准备）"的含义就是下种伐前的最后一次疏伐（Buffet，1980；1981）。

按照上文讨论过的全林作业林木的生命期，全林伞伐法可分为如下两个时段：

（1）调整或准备期（Lanier，1986）。在该阶段，林木先进行早期间伐，随后在很长一段时间里进行周期性疏伐，为更新做好准备。

（2）更新期。在该阶段先进行下种伐，随后以终伐收尾，自此幼林完全长成。

需要高度关注林分的调整期，以便能创造良好的促进更新的条件，一旦时机到来便可实施更新。在整个调整期，每隔 5～15 年都要进行疏伐，接近更新期时的疏伐强度要加大，这样可以在慢速渐变中完成从调整期到更新期的过渡。伞伐法通常至少有一半的木材收获量通过疏伐获得。

更新伐（Regeneration felling）

法语：Coupes de régénération；德语：Verjungungshiebe；西班牙语 Cortas de regeneración

下种伐（Seeding felling）

法语 Coupe d'ensemencement；德语 Besamungshieb, samenschlag, besamungschlag；西班牙语 Corta de sementara

如果整个林木生命期内进行了适当的疏伐，那么到了需要实施更新的时间，树木应已孕育了大量的种子，土壤也处于适宜接受种子的状态，且没有过多的杂草木和未降解的腐殖质。林冠应已郁闭，林木是立地可以提供的最好的母树，不同树种混交处于尽可能高的理想比例。母树应达到了大量结实的最低年龄但又未超过最高年龄。

下种伐的目的不在于提高种子产量，而是使长波辐射温暖土壤从而促进种子发芽，同时保证充足的光照，使幼苗可以存活 2～3 年；或在必要的情况下通过进一步打开林冠使更多的阳光照入。对于大多数树种来说，最大限度确保成功需要在下种良好的年份实施下种伐，这一规则得以实现的一般条件是：

——结实良好年份发生的时间间隔很长或没有规律；

——林木种子容易快速失去生命力；

——打开林冠有可能刺激杂草木疯长（尤其是在形成草木垫层的情况下）或者有可能导致土壤表层退化。

在这些情况下，通常期望等到种子成熟（甚至种子掉落）时才开始进行下种伐，这样可以保证避免由于大风等灾害造成未成熟母树破坏而发生失误的可能性。在以下情况下，需要等待良好的结实年份：

——当结实年份频繁出现或有规律时；

——当储存在土壤里的种子数年内有生命力，而且幼林长成前打开林冠不会刺激杂草木疯长或土壤退化时。

如果条件适宜，对栎树、山毛榉和欧洲赤松林进行下种伐不考虑种子年的出现。

全林伞伐法的理想状态是在所有林班或同一面积的其他区域，获得年龄均等的更新。在法国，林班通常是 $15 \sim 30 hm^2$。林冠高大且分布良好至关重要，这能保证阳光均匀照射地表，不形成大面积的直射，这是保证均匀更新的重要条件。如果树木的树冠零星散乱，分枝低矮，树干患病或有缺陷，应尽可能伐掉。如果有分枝低矮的树木需要留作母树或遮阴树，也要修剪掉其较低的枝条。下层木的小树乃至灌木应当除去，它们阻挡光照、热量和降雨到达地表，对更新造成消极影响。

如果全林伞伐作业在有利条件下得以理想的实施，前生植被一般都在实施下种伐时除去。单独的幼苗或幼苗群，即便它们能克服压制得以恢复，也只能发展成为多枝的"霸王木（wolf tree）"，影响幼林的正常生长。该规律有一个例外，即当风或其他因子创造了大面积林隙，其内充满了有潜力的更新植被，形成可以独立自生的林木群。重申一遍，在耐阴树种和喜光树种混合种植的情况下，有潜力的耐阴树种前生植被可以保留，而喜光树种的更新可以通过下种伐得到保证。当条件不够理想时，必须充分利用可能出现的任何前生植被，我们已在讨论介乎全林作业与群团作业之间的内容了（见第九章）。

林冠的开放程度取决于树种、气候等因素。对雾、干旱、冷风敏感的耐阴树木需要加以保护；种子较重的树种，其林冠宜轻度或中度开放；耐寒、喜光、种子小的树木，尤其是翅果类树木，母树可以稀疏分布，分布间距由种子在微风条件下大量散播的距离决定。

在第 98~104 页分析了不同树种的下种伐案例。当打开树冠有可能导致杂草疯长或地表层快速失水、土壤退化的情况时，下种伐必须谨慎进行。与凉爽的山坡相比，温度较高的山坡需要保留更多的地被物，尤其是土壤薄而干燥的山坡。如果已形成了草垫层，需要在种子年翻松或者开垦土壤，以使种子接触矿质壤层。在下种伐前的一段时间放养猪（Sus sp.）可以起到有效翻垦土壤的作用。在针叶林分里，移除未降解松针覆盖层常是促进天然更新的必要手段。在一些热带和亚热带林区，燃烧枯枝落叶层有助于天然更新，否则一些树种也无法成功更新（见第137 页）。如果条件适宜，只一次下种伐即可，但如果之后迟迟未能实现完整的更新，就应在下个下种年出现时开展第二次下种伐。

后伐（Secondary felling）

法语 Coupes secondaires；德语 Lichtungshiebe；西班牙语 Cortas intermedios

后伐的目的是移除上层木，暴露幼林并为其提供更多的光照、水分和养分。当幼林在下种伐后完全成林，那么上层木的覆盖不应该再多存留一天。在最为有利的条件下，由同一种子年长成的同龄幼林应覆盖整个更新区域。如果是耐寒的喜光树种，应在下种伐内的几年内完成终伐，移除所有上层木。同时，对于那些敏感的耐阴林木，应通过适当间隔的两次或多次后伐逐步暴露，使上层木发挥保护幼林免遭霜冻、干旱等危害的作用；随着幼林的生长，逐步解除庇护。可能需要很多年才能完全移除上层木。

实践中遇到的条件不总像上述情况那样理想。下种伐或许会在一些地块成功更新，而在其他地方却失败了，这样只能等待下一个或下几个种子年到来才能完成对整个林班的更新。在这样的情况下，不能死板地按正常顺序进行后伐；林班的一些部分可能还处在下种阶段，而另些部分可能已处于不同阶段的后伐期，还有一些甚至已经到达终伐阶段。据此，进行后伐时，要把更新表现作为树木存留或采伐的主要依据。若更新已彻底完成，就应去除上层木；若更新未彻底完成或者属于敏感树种的情况，就有必要继续保留几年以便遮阴。需要坚持的原则是以更新为基准做出抉择。所以，如果相关树种是落叶树，应在叶子还存在的时候进行后伐，从而暴露幼林。

终伐 (Final cutting)

法语 Coupe définitive；德语 Endhieb, räumungshieb；西班牙语 Corta final。

在终伐(主伐)阶段，应移除所有依然存留的母树，只保留完全成林的幼树。完成终伐后，应恢复所有伐空区的立木度，一般是采取人工造林的方法。对部分敏感的耐阴林木来说，应在后伐阶段初期就补种伐空区，以保护幼林。

后伐的次数和间隔期因环境不同而有很大差异。对于欧洲赤松等耐寒而喜光的树种来说，如果在一个种子年就能保证完全更新，那么通常只需两次更新伐，即下种伐和主伐，终伐通常在下种伐完成后的 3~5 年内实施。对于山毛榉等对霜冻敏感的耐阴树种，其幼林通常需要逐渐暴露，对于一些情况下自身难以更新的树种，就需要三次或更多的后伐，采伐间隔时间 15~20 年（见 100 页）。

更新伐的营林管理

连续更新伐会伐除成年林木，剩余树木的直径增量会有所提高，称为树干径向受光生长 (light increment) (Köstler, 1956：327)。因此，在下种伐和后伐阶段，应注意尽可能移除有缺陷的树木，保留树干通直、无杂枝的树木，以提高林木生长增量的价值。在这种情况下，剩余上层木的质量会趋于优化，直至在之后的后伐中获得最优林木。

认真选择基因表现最优的树木作为母树的另外一个重要原因，是提高幼林最佳基因的拥有率。改良的程度（即遗传增益），取决于选择的强度和影响木材品质特性的狭义上的可遗传性（见第 17 页）。树干的通直性、树枝的长度和角度、螺旋纹理 (spiral grain) 通常有较高的遗传度，因此可望通过谨慎选择母树提高遗传增益水平。

有时，人们会习惯性地忽略更新伐的类别差异，认为更新伐只不过是疏伐在更新开始的延续。在可以灵活选择实施更新区域和更新期限的情况下，这也不无道理；但是，若要在一定年限里对某一特定区域进行更新，就应对更新过程有个阶段性的认识，同时，下种伐和后伐的实施方式存在截然差别。

年采伐量或年木材收获量（一般以材积表示）是严重影响更新伐的一个因素。需要根据实况决定是否每年需要通过下种伐或后伐或两者同时实施，获取计划的采伐量。当在某一地域着手实施时，需要把一切努力都投入下种阶段,在这一阶段的总采伐量基本上只通过下种伐提供;当种子年的间隔期很长时,建议在好的种子年提高先前确定的采伐量。随着更新工作的推进,采伐量主要通过后伐作业提供。

在一些情况下,坚持之前规定的采伐量会和正确的营林需求存在冲突。如果更新进展不力,营林方面可能会要求为了下种或保护幼林而保留上层木,而经营方面却要求实施采伐保证设计的木材收获量。另外,也可能已经实现了大量更新,急需通过伐除上层木提供新的生长空间;但如果这么做了,出材量可能在一至两年内大幅度超出规定水平,而在接下来几年的时间内有所下滑。有时,权衡营林和经营管理这两方面的需求确非易事。

保护措施

在后伐和终伐阶段,不谨慎的采运活动会对幼林的生长造成伤害。减少伤害的主要措施有:

(1) 在降雪较厚的冬季进行采伐和运输;
(2) 在采伐前剪除大的枝条或整个树冠;
(3) 穿越幼林地架设集材索道,沿同一路线连续运送原木。

阔叶林终伐结束后可以砍掉受损的幼苗,以促进通直萌条的再生。

在丘陵地区,需要对一个或一组林班实施认真调查,以便更新可以山顶开始,顺坡而下,直达位于山谷的集材路线。即便木材采伐会对幼林造成大量伤害,仍能实现幼林郁闭,造成的伤害也会在短时间内消失。

作为抵御风害的措施,采伐有时候需要从更新区的东部开始,向西逐步开展。西德的黑森林早在十九世纪早期就引进这一措施;后来这一措施发展成为带状伞伐作业法(见第十一章)。

经营周期和面积轮伐区

经营周期(period):法语 Période,德语 Periode,西班牙语,Periódo de reproduccion

面积轮伐区(periodic block):法语 Affectation,德语 Periodenflache,西班牙语:Cuartel especial

使用全林伞伐作业法对某一地域实施更新,要求一年以上的时间。为便于系统化作业,确保轮伐期内整个森林都得以采伐更新,在有利条件下一般采用的方案是：把轮伐期分为多个面积轮伐区，在连续的周期内依序对每一个分区进行采伐和更新。比如，如果轮伐期是 100 年，那么可以分为 5 个 20 年，如果全林作业法下的一个轮伐期刚刚完成，其龄级的法正分布应如表 1 所示：

表 1　龄级的法正分布

经营周期和 面积轮伐区	林木的年龄		备 注
	经营周期之初 （目前）	经营周期之末 （20 年后）	
I	81～100	1～20	所有成熟林均被伐除；只有更新的幼林保留下来
II	61～80	81～100	将在第二个经营周期进行更新
III	41～60	61～80	
IV	21～40	41～60	
V	1～20	21～40	

周期的长短

周期是对于某整个面积轮伐区实现全面更新（届时不再需要上层木的庇护）预计所需要的年限数。它始于下种伐，止于终伐中最后的母树被移除。有必要把更新森林区段实际花费的时间和更新整个面积轮伐区所需时间区别开来；后者通常比前者长很多，并且决定了周期的长短。在法国西部的栎林，由于下种条件有利，小区段内的下种伐和终伐之间的间隔只有几年，但是整个周期固定在 25 年甚至更长，这样才能保证整个面积轮伐区的充分更新。决定更新周期长度的主要因素包括：

（1）种子供给：在优质种子年出现频繁的地区，周期可能更短；若优质种子年出现的间隔期长，则周期较长。

（2）光照需求：对于喜光树种而言，周期短；对于耐阴树种而言，周期较长。

（3）树种耐性：耐寒性较好的树种可以快速暴露，比敏感树种需要的周期时间短，因为敏感树种需要多年的上层木庇护。

（4）气候：与受严酷霜冻或严重干旱制约的立地相比，气候温和地区的敏感耐阴幼林可以更快速地暴露，所以气候温和地区的周期时间更短。

（5）土壤和植被：适宜更新的土壤状况（如，沙质土和砂砾土适于欧洲赤松，沙壤土适于栎树，腐殖土且少杂草适于大部分树种）可使周期缩短。如果土壤可能失水或者可能有杂草木疯长，林冠需要谨慎打开，因此周期较长。

(6)混交度的控制：长更新周期有利于耐阴树种，短周期利于喜光树种。

(7)抗伤害性：挪威云杉在疏伐、采伐和采运过程中遭受破坏，会引发幼林和成熟林树干和树根部腐烂（见第40页）。更新周期长使幼树遭受伤害的风险增大，导致树的干、根腐烂在幼树和成年林木间扩散的时间延长。这些在欧洲冷杉林中不会发生，所以欧洲冷杉可以采取较长的周期。

(8)火灾风险：在一些针叶林中，即便其树种为耐性强的喜光树种，在幼林长成多年后依然需要保留少量母树作为防火措施，导致周期有所增长。

综合考虑这些相互联系的因素，就可以正确估计实现完整更新并克服危险因素确保幼树成林所需要的时间。在欧洲，欧洲赤松树的更新周期通常为4~10年。栎树、山毛榉、挪威云杉及欧洲冷杉和云杉混交林的周期通常是20~30年。在欧洲冷杉作为目的树种的情况下，通常需要40年或更长的时间，但其作业法也变为不规则伞伐法（见第十章）而不是全林作业法了。

理论上讲，面积轮伐区应在周期结束前完成全部更新。实践中，更新进度往往没有预期的那么快，一些区块在周期结束时可能依旧处于后伐期或终伐期。前一个面积轮伐区采伐落后的情况下，通常不会拖延下一分期周期开始更新。有时，如果一个分区在周期结束时依然没有完成更新，那么可以伐掉剩余的母树，通过造林完成更新。

上文表明，所谓的周期时间只是一种预测，可能准确，也可能不准确与实际操作有差别。因此，对于确定时间长度的周期的概念，虽然在条件较好的某些法国林区依然普遍使用，但现在已被放弃了，这一概念也未曾在欧洲其他地区被接受过，尤其是在更新条件差或核算受到狂风等灾害影响的地区。在后一情况下，粗略估计某一特定区域的更新时间通常只是为了计算木材收获量，但是面积轮伐区更新的固定周期时间并不存在。分配给更新的林班或许已经通过林隙的前生植被部分完成了更新，于是更新周期代表的是完成更新所需要的时间。在一些情况下，周期——虽然事实上未提及——因地而异，因树种特性不同而不同，甚至是同一林班内也会有周期不一致的现象，比如说，与由喜光树种为主组成的林分相比，耐阴树种较多的林班的周期更长。

面积轮伐区的本质

如果深入研究，会发现面积轮伐区构成的方式有很大差异。在全林作业法起始于19世纪中期的法国，当时提倡的方式是：把完整的森林施业单元(称为"采伐系列")分成尽可能与轮伐期的细分期限一样多、可独立作业的大的面积轮伐区。这些面积轮伐区被一次性划入各自的周期时间，出于其多种优势，这种永久性的作业方法(la méthod des affectations permanentes)的划定方式依然在诺曼底的多个栎树林、山毛榉林和一些针叶林中使用。在大面积独立作业的区域，对杆材阶段林木实施采伐和疏伐作业，对幼龄林进行抚育伐。这有助于指导采伐和集材，在小面积区域内集中操作利于提高营林作业的经济性。

固定且独立施业的面积轮伐区的形成及其轮伐期内的周期分配有一大劣势，即：在容易受大风、降雪、虫害等灾害影响的地区，这种面积轮伐区无法长期保持。区域面积的某些部分会不定期遭受破坏而必须进行更新，导致预先安排落空；遇到灾害频发，面积轮伐区会因难以鉴别而不得不废除。

固定的独立施业的面积轮伐区还给经营提出了难题，原因是其中包含了对一些林木周期的人为分配，而这些林木的年龄对于它们所分配的周期可能过大或过小。它们的更新要么在它们的周期前发生，要么就得保留到它们度过成熟期，其中任一种情况都有经济上的劣势，也都使更新难以开展。根据林龄将林分配给大面积轮伐区造成的问题，在很大程度上可以通过建立分散的面积轮伐区来解决；每个林班甚至每片林分都分别考虑，配给合适的周期时间。这种被称为轮植作业(la méthod des affectations revocables)的划定方式目前在欧洲很多林区得到应用，且应用范围也持续扩大。当引入全林作业法时，并不总是建议提前把所有林木配给固定的周期时间，在这种情况下的分配针对第一阶段(需要最先更新)，也针对其他一个或多个周期。

永久性的面积轮伐区的形成，无论是独立还是分散作业，只能在气候不严酷的区域实施，尤其适合于阔叶林，原因是与针叶林相比，阔叶林受狂风、降雪和虫害等灾害的影响较小。欧洲中部山区的针叶林饱受狂风侵袭，因此固定面积轮伐区不适合。相反，在修订工作方案时，对于本次修订和下次修订期间的待更新区域，需要根据林分状况决定并在地图上标出。在这些区域进行的更新伐，如是在下次修订之前(我们假设是 10 年之后），一些区域的更新可能已经完成，但其他区域依然处于更新期。后者可以留作修订后工作方案的更新区，同时，新的区域面积被纳入更新计划，加入到已经更新的地域。每一次修订都遵循同样的步骤，这样一来，虽然存在周期性变化，但是总是有区域处于更新期。这就是我们所说的动态面积轮伐区。Melard 于 1894 年在法国 Jura 和 Vosges 山区的部分针叶林引入区块更新法（la méthod du quartier du régénération）并取代固定面积轮伐区方法。在这里被称为蓝区（Quartier bleu），因为进行更新的区域在地图上被标记为蓝色；接下来的更新区域被标记为黄色（Quartier jaune），同时，剩余的森林没有被标色，因此被称为空白区（Quartier blanc）。

即便有些区域没发生严重灾害，固定面积轮伐区也是不切实际的。虽然在一些地区，即便没有林务人员大力帮助也可同时出现大量更新苗，但天然更新不会总按照预计的时间和地点发生，在这种情况下，现实的做法是"顺应更新"而不是试图迫使其呈现。在热带地区，仍有很多树种的林学知识有待我们掌握，对此动态面积轮伐区的原则尤其合适，它已经应用于印度的部分娑罗双森林（参见第 137 页）。

在更新发生较快而有规律的区域，有时候会省去面积轮伐区，选择安排年度伐，这与皆伐法有些相似。因此，在法国诺曼底欧洲赤松林里，下种伐以区域年度施业区形式进行，更新通常可以自行完成，下种伐完成数年后，通过一次或两次后伐移除母树（见 102 页）。收获量完全因面积而固定不变，但年木材收获量基本保持不变，原因是下种伐充足且规律，后伐紧跟下种伐。

把全林法应用在面积轮伐区（或其替代区域）的方法总结如下：
（1）固定的面积轮伐区，独立与分散均可；
（2）动态的面积轮伐区，通常分散；
（3）根据面积开展年度施业。

经营周期编号和施业分期

当经营周期和面积轮伐区固定时，法国的做法是把它们分别编号，即Ⅰ、Ⅱ、Ⅲ等，并且永久使用这些编号。1856 年在 Bellême（Orne）的栎树林引进这一体系时，轮伐期被固定为 200 年，并分为 8 个周期，每周期 25 年。这一体系延续至今，比如说在 1977 年，完成更新的面积轮伐区林木的理论年龄应该是：

经营周期	起止年份	1977年更新林木的年龄(年)
I	1856~1880	97~121
II	1881~1905	72~96
III	1906~1930	47~71
IV	1931~1955	22~46
V	1956~1980	21及以下

1977年是第五个阶段的第22年，此时面积轮伐区五的林木应该处于最后阶段或者已完成更新。在正常情况下，剩余的分段面积应该为下一个25年周期做好准备，即第五个周期(1981~2005)至第六个周期(2031~2055)。

更新周期对林木产出形式的影响

全林法旨在尽可能培育同龄幼林。更新周期的长短对于幼林长成有决定性影响，但是周期越长，林木的年龄越不均衡、不规律。当不规则伞伐法取代全林法，这就达到了另一阶段(见第十章)，虽然年幼林木的形成(而非周期的长短)是最佳标准，但一般情况下二者的分界线是周期达到30~40年之间时。周期为30年时，年龄差异导致幼龄林不均衡的现象开始消失，此时正是干材阶段；等到了成熟材阶段，林木均拥有了修长、无旁枝、圆柱形树干的同龄林特征。

通过人工更新实施全林伞伐作业

有时采用配合人工更新的全林伞伐作业法引进新的树种或新的种源，或者提高某一现存的稀少的树种的数量。幼林的引入方式是直接播种和再植。其程序与天然更新的后续步骤类似，依据幼林的光照需求、抗逆性以及抵御霜冻、干旱、杂草等因素，树冠被逐渐或快速打开。通常来说，实施周期较短，因为播种或者再植可以很快完成。在伞伐法下进行人工更新经常用于引入耐阴树种，或者是为了通过结合引入树种人工更新，与现有树种的天然更新形成混交林。在一些情况下，对光照需求适中的树种会种植在庇护木下，西德Spessart高地的栎树就是这种情况。

全林伞伐作业法的优势和劣势

一般来说，伞伐法的优势和劣势(见 79 页)适用于全林伞状作业法。全林法的与其他伞伐法相比，其优势在于：

(1)采伐比多数伞伐法简单。下种直截了当，大面积均匀打开林冠，方法与间伐类似。

(2)培育同龄林，尤其是树干长侧枝少的林木。

其劣势是：

(1)采伐过程对幼林的伤害可能比带状伞伐作业法和楔形伞伐法要大；如果作业过程谨慎，安排得当，造成的破坏可大幅度降低。

(2)在下种伐和后伐过程中孤立出来的母树可能遭受风折，尤其是在疏伐期间未能关注树干削度、树冠和根部生长的情况下。云杉等浅根系的树种极易风折。

(3)在炎热地带，被孤立的树皮较薄的母树(如山毛榉)可能遭受日灼(Peace, 1962)。

(4)在霜冻或干旱频发的地区，全林作业法提供的顶部庇护没有带状作业法提供的侧面庇护有效。

(5)在风、雪灾害多发的地方，与不规则伞伐法、择伐法生产的不规则林木相比，全林伞伐作业法产生的规则林分更有可能遭受破坏。

总之，在气候不恶劣且下种、更新条件有利的地区，操作简单是全林法和其他作业法相比的最大优势。但如果出现了风、雪等灾害，或种子供给不确定，或土壤条件阻碍根系生长，那就不适合使用全林法了。

单个树种及其混交处理

不同树种的林学特性不同，因而具体操作有很大差异。混交林的更新之所以更复杂，是因为很难使两个树种在更新时保持同等的自由生长与生命活力；在大多数情况下，必须采取特别措施寻求在两树种间的均衡，如有必要，应牺牲其中一种来协助另一树种的更新。当一个树种比另一个树种需要光照时，通常采取的措施是打开少量树冠，先进行耐阴树种的部分更新，然后通过伐除耐阴树种母树逐步打开树冠，获得更多光照，为喜光树种提供条件完成剩余部分的更新。如果还有第三个树种，而且这一树种属于混交林中更喜光的树种，那么就需要进一步打开

第八章 全林伞伐作业法

树冠，但是喜光树种母树需要以保留木的方式留存，以更新任何空白地域。

然而，有时需要对上述程序进行修改。当某一树种可能以另一树种为代价发展成为优势种时，通常有必要先发展处于弱势的那个树种，方法是在其母树周围培育其树木群，这甚至可以通过人工栽植的方法达到目标数量。优势种随后通过统一打开剩余树冠，进行更新。

山毛榉：属耐阴树种，种子重而且不从母树自然传播到别处。与多数欧洲树种相比，山毛榉结实不规律；6月至7月天气温暖、日照充足，在一年中最适宜于花苞形成，接下来一年的开花季节应免受霜冻的危害，而且夏季也应适宜果实生长和成熟（Matthews，1964）。在丹麦、法国西部、英格兰南部等气候温和的地区，完整的种子年平均每5至6年出现一次；而德国大部、瑞典南部和苏格兰北部，如果不算偶尔的局部发生的种子年，平均需要8~12年才出现一次完整的种子年。在欧洲，和喜光树种相比，山毛榉局部下种可以在更大程度上得到应用，局部更新的区域可以成为更全面的密度配置的核心区域。然而，在英格兰南部，Watt（1923）发现，干旱、动物猎食对植物的危害严重，局部结实很少取得实效。

山毛榉幼林的高生长量初期较慢，对霜冻、干旱很敏感，无法抵御由于土壤排水受阻导致的潮湿和酸度上升（Brown，1953）。未分解的厚落叶层是个不利条件，会阻碍光照到达矿物土壤。如下文所述（见101页），草本和灌木植物的少量生长有利于更新；在英国，光照和土壤条件适宜的最佳指示植物之一是酢浆草（*Oxalis flexuosa*）。在林冠打开过大等情况下形成的厚草垫层可能会阻碍更新。发草（*Aira flexuosa*）常见于山毛榉树林，是这一方面最糟的草种之一。在英格兰南部，欧洲黑莓与山毛榉幼林剧烈竞争，必须在整个更新周期内加以控制（Brown，1953）。

一般来说，更新期从20~30年不等。在条件有利的情况下，不需要考虑种子年的出现便可以进行下种伐。对于那些必须等待种子年的地方，春季和初夏的开花期和结果早期预示着下种良好，夏季即可制订采伐方案，为即将到来的冬季尽可能大面积地标号采伐做好准备。

一般来说，需要一次以上的下种伐才能实现完整的更新。轻度实施下种伐，林冠的打开程度只允许起风时树冠互相接触。在法国，25%~35%的山毛榉被移除，每公顷平均保留170株（见图11）。所有下层灌木和受抑制的树木均应伐除。后伐始于幼林生长至膝盖高时，此时6~8岁年生；这一过程应连续、逐步进行。在条件最佳的情况下，通常进行三次，其中包括终伐。树冠较大的树木应先被移除，它们阻碍幼林吸取水分和养分，因而阻碍更新。终伐不应拖延。如前所述，山毛榉孤立木的树皮会遭受日灼（Peace，1962）；如果幼林生长过高，采伐过程造成的破坏程度会增加。

在法国的森林里，鹅耳枥常常是山毛榉的伴生种植。鹅耳枥每2~3年自由产种，大量萌发；由于其耐阴性不如山毛榉，如需促进山毛榉的生长，就有必要使树冠在下种阶段保持足够黑暗，防止鹅耳枥幼林大量生长。

栎树：属喜光树种，果较重而且不会从母树自然传播至远处。在欧洲，好的种子年的周期因地而异。法国西南部的 Adour 流域气候温和，欧洲栎（*Pedunculate oak*）每年下种已成惯例。在英格兰，欧洲栎和无梗花栎（Sessile oak）的周期都是3~5年；然而在诺曼底和法国中部、西部，无梗花栎较好种子年通常每隔4~8年才会出现一次。在气候更严酷的法国东北部，种子年出现频率更低；在 Lorraine 的 Moselle 和 Meurthe 流域之间的高原，栎树通常每隔20年才会育种，在这种情况下，通常不会考虑全林作业。在西德的 Spessart 高地，无梗栎树的完整的种子年平均每隔10~12年才会出现一次。

在条件适宜的法国西部，完成全部更新需要6~10年，这是下种伐和终伐之间的实际间隔期。然而，整个面积轮伐区的更新周期有时更长，原因是对于整个面积轮伐区而言，需要花费数年的时间才能完成下种伐。

一般来说，三分之一的林木在下种伐时被移除，根据树龄和径级，每公顷保留75~120株母树，树冠之间有数米的距离。树干之间的平均距离是10m。需要伐除所有下层木和下层植被。在法国，下种伐通常不需要考虑种子年。当好的种子年出现时，地面覆盖稠密的种子，在这种情况下，需要快速实施后伐（见图13）。通常有两次后伐，其中包括终伐，但是在条件有利的情况下，下种伐之后只需要进行一次终伐。虽然栎树幼苗没有山毛榉幼苗那样敏感，但它们也会遭受霜冻，因此有霜冻地域需要在下种伐和后伐时谨慎打开树冠。

Watt（1919）解释了大部分英国栎树林无法成功天然更新的现象。失败的主要原因是动物和鸟类食用栎子，栎树霉菌（*Microsphaera alphitoides*）和栎卷蛾（*Tortricidae*）的幼虫破坏幼树的叶子。成功更新绝大部分发生在湿润的栎树林，最不可能发生在干旱栎树林内。Lanier（1986）强调过由于以上因素导致幼林损失率高及危及栎树天然更新的其他原因。

栎树和山毛榉混交林：在欧洲很常见，几乎所有栎树林都能找到一些山毛榉树，保留山毛榉是要发挥其保育土壤的作用。在适合栎树生长的地域，栎树常孤自生长，不与山毛榉融合。通常通过实施栎树林更新伐成功营建混交林。常发现的情况是，山毛榉更新的自由度大，生长过旺，抑制栎树幼林的生长，因此需注意在疏伐中提高优良栎树母树所占的比例。同时，建议等到栎树种子年再进行下种伐，以利于栎树的更新。后伐时应尽快伐除上层木，如有必要，应对抑制栎树生长的山毛榉幼树实施砍除和去顶。栎树种子年少见的地域不能采取全林法进行更新。

图 13 通过全林伞伐作业更新的栎林
下种伐已结束。栎树母树树干无杂枝，高达 15m
此为高产更新，地点：法国诺曼底 Réno-Valdieu 森林

无梗花栎和山毛榉均自然生长于巴伐利亚州 Spessart 高地，但天然更新的栎树比例不大，因此需要采取特别措施增加栎树，减少山毛榉数量。山毛榉天然更新的自由度大，幼树阶段生长快，如不加控制会抑制栎树的生长。对该树种的开发广泛，大约有三分之二的密度被伐除。在

树冠轻度开放的山毛榉的遮蔽下,通过播种引入无梗花栎,保护幼树免受霜冻、干旱和杂草的危害,通过天然更新促进山毛榉混交林的生长。山毛榉上层木隔2~3年被伐除,栎树下种伐和播种结束后8年之内实施终伐。栎树播种结束后,有必要把山毛榉幼树连根拔起或者伐除,以防止其大量生长。采用这种办法完成整个区域的更新需要20~30年,通常包括2~3个山毛榉种子年。

欧洲赤松:属于喜光树种,翅果可依靠风力大量传播种至远方,距离可达母树树高两倍之远(Steven 和 Carlisle,1959;Booth,1984)。几乎每年都产些种子,好的种子年每3~4年出现一次。良好的树冠生长对于产种至关重要。欧洲赤松幼林耐霜冻和干旱,但不耐阴。更新通常发生在沙质土或砾质土上;在干旱地区,帚石楠(*Calluna vulgaris*)的适当庇护或低势开放的欧洲蕨,或金雀花(*Sarothamnus scoparius*),都可以帮助防止土壤过度失水。移除针叶层并暴露矿质土壤可有效促进更新(Edwards,1981;Jones,1947)。欧洲很多地区使用松土机为欧洲赤松树更新创造适宜的苗床(Low,1988)。

欧洲赤松适于全林作业,但需要注意通过周期性的间伐(间隔不超过5年)保证母树树冠、根系的生长;否则下种伐后孤立的树木很容易遭受风折。使用全林法的程序简单。下种伐保留的母树宽距离分布,要在幼树长到30cm之前,也就是下种伐完成后几年之内完成终伐(见图14)。

挪威云杉:属于中度耐阴植物,轻翼翅果,可随风播落远处。种子年不甚规律,通常的间隔期是3~10年,也有可能更长。幼树极抗霜冻,但因根系浅且对干旱敏感。在潮湿土壤地带有时大量繁殖。由于中度耐阴,从受抑制状态恢复的效果不好。在欧洲中部,粗腐殖质是阻碍其更新的一大障碍;移除未分解的针叶层可为萌芽和生长创造有利环境。

全林伞伐作业法不适合生长在多风地域的挪威云杉,原因是该树种根系浅,在更新伐中被孤立很容易风折。出于这个原因,如果想成功使用全林法,那么生长环境必须完全适宜(见第83页),这样幼树才能快速成林。下种伐应该在好的种子年完成,需要谨慎操作,避免孤立树木遭受风害。同时,可以通过移除四分之一至三分之一活立木密度的方式,为更新木提供充足的光照。终伐应该在4~5年内完成,不一定都实施后伐,对空白区域实施栽植填充。

在欧洲中部经营挪威云杉,全林法已基本被其他作业法所代替,一些情况下规整采伐只是这些作业法的一部分。挪威云杉通常与欧洲冷杉

第八章 全林伞伐作业法

图14 欧洲赤松的全林伞伐作业

下种伐展示了母树的合理布局和干净的林床。地点：法国 Bord 森林

形成混交林，有时还有山毛榉、欧洲赤松和欧洲落叶松。

欧洲冷杉：属于强耐阴树种，种子重且带翼，风力传播种子的距离只有树高那么远。好的种子年平均每隔 2~10 年出现，因地而异。在环境有利的情况下，种子的生产是频繁而有规律的。球果出现在成熟木树冠的高处，90~120 岁是实施更新的最佳树龄。幼苗对霜冻、干旱敏感，容易遭受鹿群啃食；幼林耐阴性强，受压制后的恢复能力强。

全林伞伐作业法可以成功应用于欧洲冷杉。在下种伐实施之前、后伐随即开始之时，林地表面常已覆盖大量种苗。在实施下种伐的过程中，应主要移除所有下层木，提升、强化树冠并仅稍稍将其打开。后伐需要谨慎进行，通常要在数年内进行多次。幼林在成林前需要保护，庇护木需要逐渐移除。

挪威云杉、欧洲冷杉等混交林：需要极其谨慎实施下种伐，让冷杉顺利生长。如果长有山毛榉，那么山毛榉会在母树旁成群团状生长。数年后，树冠充分开放，使挪威云杉更新成为可能，云杉和欧洲赤松母树被保留下来，冷杉和山毛榉尽可能伐除。一旦挪威云杉完成了足够的自我更新，应通过一次或多次后伐将林冠进一步打开，分散的欧洲赤松母树在终伐阶段一直保留，以对任何未完成的林隙实施下种。对混交林实施调整的依据是树冠开放的程度。逐渐疏开林冠可以促进冷杉和山毛榉的生长，加速疏开林冠可以促进挪威云杉和欧洲赤松的生长。

在 Vosges 和法国 Jura 地区的一些森林里，对挪威云杉和欧洲冷杉混交林使用全林法取得成功。欧洲冷杉的更新苗通常在树冠疏开前就大量出现，也会在浓荫下持续一段时间。接下来开展的下种伐刺激了云杉的生长，随后进行两至三次后伐，其中包括终伐。至此，虽然整个面积轮伐区的更新需要 30 年甚至更久的时间才能完成，但上述更新在 20 年内就完成了。

因为风害的存在，需要尽快完成更新伐，同时，需要避免林冠过快疏开导致欧洲冷杉幼苗的死亡。由于欧洲冷杉前生群团被保留下来，在一时间段内幼林会呈不规则状。在鹿较多的地方，挪威云杉有可能直到成林并为冷杉提供庇护后，其更新才有可能有进展。

实践运用

与全林伞伐作业法类似的更新作业法已有 400 多年的历史了。在德国，有关记载可追溯到 15 世纪末，当时对大片采伐施业区实施更新，产出规则林分。15 世纪和 16 世纪的森林法令的规则，就明确了保证天然更新必须保留的母树的数量。很多 18 世纪的作者提及通过保留母树实现天然更新。匈牙利在 1565 年的一项法令提及采伐的顺序以及保留母树的方法。

在法国，按照面积划分施业区并选取一定数量的树木进行播种的理念，早在 14 世纪就具雏形了，后来发展成为丈地法（tire et aire）。丈地法要点与全林作业法相似，在 19 世纪中叶前引进全林法后被取代。显然，在法国，与当今全林法极其相似的方法，即便没有实践过，早在 400 年前就有理论思考了。

全林伞伐作业法在现代社会的应用一直与 George‐Ludwig Hartig (1864~1837) 的名字相联系。他于 1811~1837 年任普鲁士州立林务局的局长期间，极大地影响了当时的林业，尽全力把规则林作业法推广至各地。他的《森林经营指南》（Anweisung zür holzzucht für förster）第一版于 1791 年问世，标志着一个新时代的来临。Hartig 基于在栎树林和山毛榉林中获取的经验，提倡大面积同龄林更新，尽可能不分散作业，从而改善对采伐的监管。他意识到三种更新形式：一是下种伐，母树的树冠几乎相连；二是后伐，当更新接近尾声时，幼林 25~40cm 高时，树冠被打开，之间的距离 15~20 步；三是终伐，林木长到 60~120cm 高时，移除现存母树。Heinrich Cotta(1763~1844)在1817年出版了《营林导论》(Anweisung zum Aaldbau)第一版，书中介绍了与Hartig相似的作业流程。

1827年，Benard Lorentz（1775~1865）任Nancy林学院的院长后，把Hartig的全林法引入法国。继在Belléme（Orne）取得成功之后，于1827年应用于Réno-Valdieu附近的森林，但直到19世纪中叶才在栎树和山毛榉林替代原丈地法，并用于Jura的挪威云杉和欧洲冷杉林。Parade（1802~1864）作为Cotta在Tharandt的门生，强力支持全林法。如今，法国林区90%的栎树、山毛榉依靠全林伞伐法实现更新（Oswald，1982）。

目前德国的栎树、山毛榉林应用全林伞伐法较少。丹麦的山毛榉林使用全林法，斯堪的纳维亚半岛广泛使用全林伞伐法更新欧洲赤松及挪威云杉，尤其是在瑞典（Hagner，1962）和芬兰。19世纪末，全林法成功应用于苏格兰东北部Spey河流域的欧洲赤松林。英国其他地区也使用全林法，但是欧洲赤松和科西嘉松几乎全部采用皆伐法实施更新。

美国东部的白松使用全林法效果良好，Allegheny山区的白松林和Appalachia山区的阔叶混交林也使用全林法。所有这些树木都是东部森林类型。在其他地区，美国黄松使用全林法，南方松的多个树种使用全林法或母树作业法（Burns，1983）。

母树作业法（Seed tree method）

概 述

母树作业法是全林法的一种，它采用宽距分布的母树实施更新作业。主要用于依靠风力播种的喜光树种，如印度北部和巴基斯坦的西马拉雅长叶松（*Pinus roxburghii*），美国南部的火炬松、长叶松、湿地松和短叶松，以及美国西部各州的黄松、西部落叶松。

所有成熟的木材在一次采伐中从施业区移除，剩余少量母树，保留量每公顷很少低于10株、也很少大于25株，这些母树是成行状或小群状的孤立木，用于繁育新的林木。有时，留下母树既是为了提高木材产量也为了下种更新。

成功实施母树作业法的要点是：
(1)谨慎选择母树，母树应具有以下特征：表型品质的树干和发枝特性，未受病害严重侵染，有产种子能力，有抗风折能力；

(2) 每棵树都具有大量生产高生命力种子的能力；

(3) 种子在制备良好的苗床上可以适度分散；

(4) 幼苗在关键的生长前期过程中成活率高。

抗风性是选择母树的首要考虑因子。因突然失去整个林分的保护而孤立存在的处境，使它们极其容易遭受风折。最具抗风能力的树木通常是长势健康的优势木，树干呈锥形，树冠深厚且充满活力，相应的根系也很发达(Smith, 1986)。在对主要林木实施采伐之前，需要通过预备伐减轻母树树冠的竞争压力。可以通过施肥促进叶子、花蕾和种子的生长。通常的配方是松树每公顷 100kg 氮、50kg 磷、50kg 钾。在任何可能的情况下都通过终伐采伐母树，否则母树就被留在林木区了。

母树作业法不适合云杉等浅根系树种，也不适合于在湿润及薄土上生长的任何树种，这些土壤会抑制在上土层生根。

实践运用

全林伞伐作业法用于喜马拉雅山脉西北部的长叶松(Chir pine)已有近百年之久。这种强喜光性的聚生树种，在海拔 600~1700m 之间的干旱、炎热的山坡上形成广阔的森林。好的下种周期平均是 2~4 年，因位置而有差异。带翼种子通过风力传至远方，远离母树；倘若树冠良好的母树分布适当，同时通过控制火烧移除厚而未分解的针叶层和竞争性的杂草层，那么天然更新苗通常会大规模出现，尤其是在苗木根系发达的透水性良好的多孔土壤上。在硬质黏土和覆盖石灰岩的浅土层上，植物根系难以充分生长，更新因炎热和干旱而无法进行(Troup, 1956: 56)。

这里的很多森林会经历周期性火烧用作牧场，所以实现更新需要严格的保护；需要对被动物踩实的地表进行翻耕(Champion 等, 1973)。总的来说，温度较低的地区每公顷需要保留 12~15 株母树，温度较高的南部及西南部地区，每公顷常需要 20~25 株。幼苗在好的种子年之后出现，出现幼苗的地区需要得到严格保护，免遭火烧或放牧的破坏，该种保护要持续到苗木长到 1~2m 高(缓坡区)或 6~7m 高(陡坡区)。在这些区域永远存在火的风险。

美国南部种植有数百万公顷的湿地松(*Pinus elliottii* var. *elliottii*)典型商品林(Shouders 和 Parham, 1983)。湿地松广泛种植，但也可使用直播法和全林法更新，其中包括母树作业法。湿地松在供氧充足的深土壤里长势最佳,这种土壤可以在生长季里提供充足的水分。这里的气候特点是冬季相对温和,夏季长且湿热。雨季集中在二月至三月,七月至八月。湿地松属于一般性的喜光植物,如不实施火烧,就可能被阔叶混交林所取代。

好的种子年每三年出现一次,但几乎每年都产种子。可以通过伤害树干、在花蕾形成前施肥、疏伐促进树冠生长等方式提高松籽产量。种子在十月份散落,90%散落在母树25m范围内。林内的发芽期始于11月,止于来年4月。可通过在种子散落前暴露矿质土壤提高种子发芽率和幼苗成活率;同时须控制阔叶林下木层。

通常在好的种子年前的冬季进行控制烧除,以减少下木层并且准备苗床。将大部分林木伐除,每公顷保留15~25株母树。更新最重要的阶段是种子萌芽后的第一个夏季,此时幼苗极易因干旱而死亡。应在3~5年内收获母树,以促进新林木的苗壮生长,同时应减少采伐造成的伤害。

母树作业法还成功用于Cascades山和Sierra Nevada山西部山坡的美国黄松林中,这些地区的喜光树种形成几乎形成同龄纯林(Oliver等,1983)。降雨量是760~1720mm①,集中在11月至来年4月。生长季温暖、干燥,多数情况下无云。

母树发生好的种子年的间隔期是1~3年。90%的种子散落在母树周围1.5倍树高的范围内。苗床必须暴露矿质土。伐除主要林木后每公顷保留10~20株母树,也有保留30株的情况。大的母树会与更新的幼树剧烈竞争,争夺12m甚至更大范围内土壤中幼树生长所需水分和养分。因此需要在达到立木密度后尽快移除成年树。使用牵引机滑道对母树实施集材造成的更新苗损失率平均达到8%。直接播种是昂贵的替代的天然更新的方式,种植是重新建立美国黄松立木度的普遍做法。

---

① 译注:原文"m"(米)有误,应为mm(毫米)。

第九章
群团伞伐作业法
The group system

法语 Régénération par groupes；德语 Gruppenschirmschlag；西班牙语 Cortas por bosquetes uniformemente repartidos

概 述

群团伞伐作业法与全林伞伐作业法类似，在进入干材阶段后培育出同龄林。在疏伐阶段，两种作业法对林木的处理方式相同，只是到了更新阶段二者间的差异才显现出来。群团伞伐作业法的第一步是仔细检查所有林班，查找因风、雪或其他因素在林隙造就的有培育前途的前生林木群团。如果这些群团需要被释放，就要通过采伐位于它们周边（德语 Umsäumungshieb）的树木加宽林隙；同时，一旦种子年出现，围绕每个林隙（德语 Rändelhieb）以环形方式实施下种伐。如果林班内没有足够的自然林隙，就以小群团方式伐除林木，创造更多的林隙。这样一来，更新区就会分布大量的林隙，更新区可能是整个林班，更常见的情况是在林班的一个部分。

在巴伐利亚州的挪威云杉和欧洲冷杉混交林里，建立初始林隙总的原则是伐除最大的树木，留下中径级树木作为母树并增加生长量；已发现中径级树木比大径级树木更适合用作母树。

一旦更新苗出现在人工创造的林隙内，就要像之前那样围绕每个林隙周边实施下种伐。这样更新就会围绕林隙呈离心状向外扩展。继下种伐后的后伐、主伐依次开展，新的下种伐向未打开林冠的成熟林延伸，呈圆形不断外扩。更新群团因此越来越大，终于在最后一批分隔不同群组的残存母树被移除时汇合，此时留下的只有更新的幼林了。这一更新过程如图 15 所示。有时，需要对清林空地及其周边实施松土以辅助更新。终伐结束后，对空白地进行补植造林。

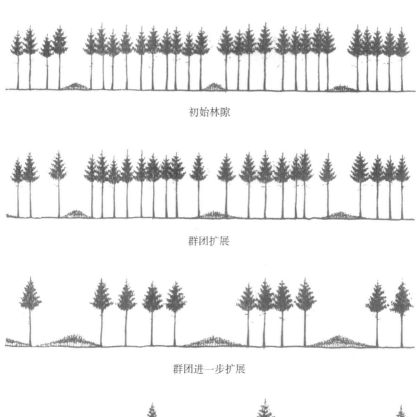

初始林隙

群团扩展

群团进一步扩展

终期阶段

图 15　群团伞伐作业更新阶段示意

在开始更新伐释放前生树木群团时，需要将注意力集中在未遭受严重抑制的前生树上，移除所有因压抑而活力受损的前生树木。欧洲冷杉等部分耐阴母树具有从一般性压抑中恢复的能力，但挪威云杉和欧洲赤松、欧洲落叶松等喜光树种的活力遭严重破坏后无法满意恢复。

林隙的形成和混交林的调整

由风或其他自然因素造就的初始林隙的尺度不一。如果其面积或条件使天然更新充满不确定性,应毫不犹豫地对其实施人工更新,以免土壤退化或杂草泛滥。清林形成林隙的面积应多大才合适,没有固定的规则,换句话说,这因树种而异。如山毛榉和冷杉等敏感的耐阴植物,林冠仅打开一点,而之后林隙的扩大也是渐进的;这样一来,如计划在合理时间内完成一个林班的更新,需要大量的林隙而林隙间距无需很大。对于挪威云杉来说,林隙直径为 18~23m 或者更大。如果对强喜光树种使用群团伞伐作业法,就需要更大的林隙间隔。在存在两个或更多树种的地方,需要通过控制初始面积、之后再扩大清林的面积,来实施对混交林的有效调节。在使用群团伞伐作业法的欧洲中部地区,森林包括挪威云杉、欧洲冷杉和山毛榉的混交林,欧洲赤松和欧洲落叶松仅有时存在。初始清林空地的面积及其之后的扩大,主要看经营更倾向于林木中的耐阴树种还是喜光树种。挪威云杉容易成为优势树种,需要采取特殊措施照顾欧洲冷杉或山毛榉,需要围绕欧洲冷杉或山毛榉的母树建立小面积的林隙,即仅移除一两个、至多几棵树,使林冠稍稍打开。在需要照顾挪威云杉的地区,林隙可以加大。在一个树种更新旺盛并将成为优势树种的地方,需要清除林隙内该树种的幼苗,以免其威胁到其他树种幼苗的生长。在最适合挪威云杉生长并且该树种可能成为优势树种的地方,如捷克斯洛伐克的 Böhmerwald 森林,有时需要使用这种方式维持欧洲冷杉和山毛榉的混交林。在有欧洲赤松和欧洲落叶松等强喜光树种的地方,在其他树种完成更新之后,分散的喜光树种保留于幼林中一段时间,以便为空白地下种。

人工更新在混交林调整过程中发挥重要作用。当山毛榉所占比重不足时,可以在建立小林隙之后、实施更新伐之前,通过群团状栽植的方法增加山毛榉的数量。十九世纪欧洲中部挪威云杉纯林种植就采取这一程序。在土质优良的地块,栎树、白蜡树和槭树的引入有时也会采用同样的方式。在这种情况下,会形成了一些面积相当大的清林区,尤其是在群团状引入栎树时,可以形成规模大到可以保留下来实施第二个轮伐期的自养单元。

保护措施

为保护林木免受风害,需要对上述程序进行经常性的调整,具体包括:对林班更新伐自东向西推进,以便在位于西部的群团状采伐的危险面,未打开林冠的林分会尽可能长时间保留。为此目的,通常要把整个林班分为三个部分:东部、西部、中部。更新伐始于东部,随后是中部,最后是西部。通常让清林空地彼此靠近,这样可以加快每个部分完成更新的速度,否则完成整个林班更新的时间会过于漫长。

在土壤容易因暴晒而失水的地方,在捷克斯洛伐克多个地方采用的方式是,只持续扩大南面的林隙;这种方式可以为林隙南缘提供侧面遮阳庇护,而这里的幼苗年龄最小,生长处于最关键的时期。这一方法比时时采用的由南向逐步推进群团状采伐作业法更为有效。在山坡地段,通常由坡顶开始更新,按坡度数沿坡而下,以减少采伐造成的破坏。改良后的带状、群团状结合的营林作业法,保证了这些保护措施的实效性(见第126页)。

经营周期和面积轮伐区

群团伞伐作业的最长周期与皆伐法相当,但群团伞伐作业法的最短周期比皆伐法长;挪威云杉作为目的树种的森林的经营期通常是20~30年,有时也会长达40年。普遍来看,周期长短不是一成不变的,而是个约数。挪威云杉的更新期通常较长,原因是采运对幼树的干和根造成的伤害和腐烂会随时间的推移而积累(见第40页)。在欧洲,群团伞伐作业一般用于有风雪灾害的区域,采取动态面积轮伐区而非固定面积轮伐区的方法。

林木产出的形式

由群团伞伐作业产生的幼林源于连续种子年的下种,因此会有些异龄特征,不同年龄的灌木丛杂错落,导致林分剖面轮廓呈波浪状(见图15)。与更新进度快、林隙打开速度快的地方相比,更新进度缓慢、林隙逐步开放的地方树龄不均衡的现象更加明显。对于更新进度快、林隙打开迅速的区域来说,幼林的产出形式与伞伐法几无差别。当群团伞伐作业法与伞伐法的生产周期一致时,前者会因为包含前生树而产生更严重的树龄不均的情况,但即便是群团伞伐作业法,这种不规律的现象通常也会在干材阶段消失,因此这一作业法基本被认定为同龄林作业法。

优势与劣势

一般来说，伞伐法主要的优劣势也适用于群团伞伐作业法。群团伞伐作业法的优势主要是：

(1) 使用前生树可为更新期争取数年的开始时间。这一得天独厚的优势，是对种子年发生不频繁或者更新的确定性差的一种弥补。

(2) 与皆伐法相比，群团状作业法下的幼林以更近自然的方式生长，直至干材期的异龄生长状态，可以抵御陡坡山地雪折、雪压造成的破坏。

(3) 只要林隙较小，幼林可以在早期获得侧面庇护，还可以获得上部光照（但是也会存在劣势，见下文）。

(4) 在更新的早期，可以避开幼苗群实施采伐，以免造成破坏。

(5) 群团状更新或栽植引入，容易调整或创造混交林，同时调整清林的面积，以适应相关树种对光照的需求及其抗性需求。

其劣势是：

(1) 林隙内土壤在成熟林的侧面庇护下在更新初期免遭日灼，但随着林隙的扩大，其北缘（只针对北半球）会遭受太阳直射。如果立地土质干燥，就会造成幼林里大量死亡，尤其是云杉等浅根系树种，也因此严重影响林隙光照面部分的更新。在北半球，有时候也会实施某种程度上的逆向操作，仅在扩大南面的林隙。

(2) 可能发生严重风害，尤其是在小林隙的边缘。

(3) 更新分布中心数量大、面积小、位置分散，各中心之间在更新过程中必须隔开，导致更新工作难以控制。在更新后期阶段，随着群组的合并，采伐难度增加。

(4) 有时，充分疏开林冠与收获量需求保持一致并确保更新，会遇到困难。

实践运用

直至20世纪60年代初期，随着较高林龄的云杉人工林达到了最大年均生长量，英国林业委员会森林实施皆伐造林的面积才开始增加。风折林分的树高接近16~18m，刺激人们深入研究其成因及应对措施。同时，对于在风折清林地带出现的天然更新苗，引发人们在重新建立林分密度时是否可能将其加以利用的思考。Neustein(1965)在苏格兰南部 Dumfries 附近的 Ae 森林里做了一个试验,测试生长在泥炭灰化土上 32 ~ 35 年生、优势高 16 ~ 17m 的西加云杉林分的清林地缘区的稳定性。清林面积分别为 0.04、0.10、0.40 和 4.05hm^2。林木在 1961 和 1962 年冬天采伐,清林区立地土壤的特征与林分边缘土壤相似。随着清林区面积的减少,风吹的持续减少,其结果是,面积较小林隙边缘的树木遭受的风吹量明显降低;但这并未反映于单位面积风折树木数量的减少,原因是每公顷边界长度增加的影响超过风速减少所带来的影响。

1966 年,McNeill 和 Thompson(1982)开始监测最小林隙(0.04hm^2)内西加云杉幼苗的萌生及其在清林不同位置、与其他植被竞争情况下的成活情况。立地的大部分覆盖有泥炭,最深达 7.5cm,但地表遭受开放性排水而受损的地方有土壤矿物质裸露。当地年均降雨量 1375mm,海拔 240 ~ 270m。设置了一系列的 1m 宽的样方,样方横跨清林区、间距 3m;对于成熟林 15m 进深的所有幼苗,在生长季每隔一个月(冬季间隔期缩短)都进行标记和计数,一直记录到 1972 年。

大多数研究的幼苗出现于 1964、1968 和 1970 年。第一和第二个生长季的损失率较高。清林区边缘地幼苗的数量比中心位置或成熟林木下的要多。一个趋势是,清林区南部遮阴样方的幼苗成活率最高。导致新萌芽幼苗死亡的两大原因是:一是六月至八月期间炎热、干旱的天气,二是地表植被的竞争。在长达 14 天的干旱期内,针叶枯落层层大幅度失水,幼苗死亡。由云杉高蚜(*Elatobium abietinum*)导致的落叶也造成大量损失(见 36 页),但成林好的幼林能继续生长。矿质土壤上树木的成活率比在泥炭土上的成活率高。1966 ~ 1972 年,风折逐渐延伸至清林边缘区;光照条件改善,林隙中部幼苗的高生长增加。然而,成熟林木树冠下的幼苗生长停滞,最终死亡。虽有此损失,依然有足够的更新苗形成新的林分(密度达每公顷 20000 ~ 300000 株),最好的植株在六个生长季后高度可达 1m。

Low(1985)报道了苏格兰西部、西南部西加云杉天然更新的情况(在英格兰、威尔士和北爱尔兰的高地也有大量更新苗),但他认为以此替代人工造林不现实,原因是种子年的出现没有规律,母树易遭受风折。英国还没有探索出可以替代群团伞伐作业法的方法。

虽说 Gayer(1880)已建立了群团伞伐作业法体系并使之广泛运用,但这种更新形式的使用由来已久,在 Gayer 出版《造林学》(Der Waldbau)之前就在各地在使用了。群团伞伐作业法总体上更适于土壤相对肥沃或排水良好的立地，不适于强风区或土壤贫瘠、干旱、沙化严重的立地。

如今人们已很少使用原始意义的群团伞伐作业法了，取而代之的是带-群状伞伐作业，它在抵御风和采运带来的破坏方面具有优势（见第十一章）。

第十章
不规则伞伐作业法
The irregular shelterwood system

法语 Régénération Lente par groupe；德语 Femelschlag

概 述

不规则伞伐作业法是指：在不确定的较长的更新时段内，通过连续的更新采伐，培育有异龄林特征幼林的作业体系。其突出特点之一，是基于乡土森林类型特点的"自然式"方法的应用。通过异化各林分的组成和结构匹配特性各异的立地，实现木材数量和质量的可持续生产并保持林地生产力。虽然此方法同样适用于外来树种，但乡土树种是优先选择。

不规则伞伐法结合了以群伐和择伐为主的多个营林作业法的要点，其重要特色之一是通过择伐和抚育提高生长蓄积，在实现尽可能高的木材质量的同时充分挖掘单木潜力。为此，需要对除杂(草、木)、清理、间伐、生长伐、更新伐等作业活动，作为一个连续的选择和改进过程进行计划和实施。

不规则伞伐法特别关注的是，在最大限度降低对土地及活立木的伤害的基础上有效收获木材的安排。综合考虑林木的更新与采伐，建立便于对不同林分实施整体管理的空间顺序。

林分的改进和调整

应在幼林长至1m高时开始抚育工作。清除竞争植被、攀缘植物、非目的树种，如有必要还要调整立木度。对混交树种要尽可能以分离的树种组合的形式加以保留，当目的树种缺乏时人工栽植引入。

随着时间的推移，即从除杂阶段进入清理阶段，此时多层林形态开始发展，在到达幼龄阶段时更为明显。一般认为，幼林阶段是未来林木的奠基阶段。抚育作业道平行布设、穿越林地，间距20~30m。清理活动主要是除去主干弯曲木以及大枝，以提高干形优良木的比例。由于同一林分内存在生长速度的差异，干形发展良好的上部主层林逐渐形成，并伴以生长态势活跃的中层林和处于被支配地位的下层混交林。下层林的主要作用是抑制目的树种侧枝的生长，同时发挥保护立地的作用。

择伐式疏伐(selective thinning)应始于杆材阶段的早期，其目标是实现优良"候选木(candidates)"的均匀分布。择伐式疏伐需要定期进行，直到林分到达 40~50 年的林龄，届时优势木生长良好，且实施疏伐的时间间隔可以延长。典型的情况是：由每公顷 4000~6000 的"候选木"减少至 800~1500 棵的"效益木(claimants)"，最后只剩 200~500 棵"精英木(elites)"。通常情况下下层林都被保留下来，但也可能有不存在下层木的情况。现在需要做的是朝着主伐目标实施择伐作业，诱导最高质量的优势木向"径向受光生长"方向发展。当较高林龄"精英木"的价值增长（而不是蓄积增长）低于可接受水平时，就要开始实施更新伐了(Leibundgut，1984)。更新伐的时机选择以及下种伐、后伐、终伐的时间间隔，依林分具体状况而定。

更新伐

更新根据立地地形并按照接近采伐运输线路的原则从重点地带动工，这些重点地带称为"运输控制点(limits of transport)"，它们多被事先选定并如前文所述那样，体现作业法的空间序列。然而，它们勿需按照规则整齐排列，在平缓地带部署的数量要比在陡坡地多。在实施群状更新的地带，更新伐始于某个或某几个"运输控制点"，之后向外扩展直至采运路线。伴随着群团状更新面积的扩大，按照第 110 页所述方法将幼林周边的母树伐除。通常情况下，最后伐除的母树往往与运输路线相邻，对其采伐一般都采用带状方法进行（图 16）。有时运输路线本身就是一个"运输控制点"。在路线的边缘会形成一个逐渐延伸开来的林隙。最终不同的更新区块都连成一片。

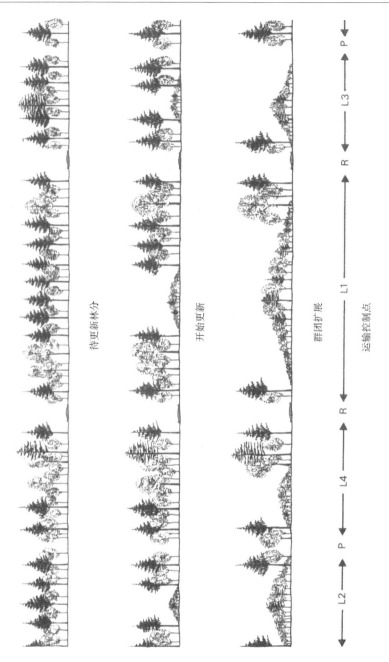

图 16 不规则伞伐作业法
连续的更新阶段及运输控制点（L）
R 为采运干线，P 为采运作业道

管理与收获量控制

更新时段的长短无法确定，但通常会持续较长时间，一般在50年左右；时段长短也因地而异。不管是作业法还是预期收获量估算，都不要求有固定的轮伐期，因此常常并不事先确定轮伐期。不存在面积轮伐区，更新区可能非常分散，每十年进行一次重新分配，因此可供选择用于年度采伐的区域和获取产出的方式有很大的灵活性。但也会对其实行审慎的控制。需要预先确定整个森林的蓄积量目标，制订采伐方案保证收获量的可持续性。可采用蓄积量图、航片和连续清查结果控制立木蓄积量及及蓄积增长量。

所述对群团伞伐作业法的大部分内容也适于不规则伞伐作业法，建议读者连续阅读这两个章节。

优势与劣势

不规则伞伐作业的主要优势体现在：
(1)灵活性强，为熟练的经营者提供了发挥其技能的空间。
(2)可以最大限度地充分利用每块立地。
(3)可以保证最优良单木的产量及价值持续增长。
(4)森林外观错落有致，美观度高。
而劣势则包括：
(1)在高集约经营形式下更新与采伐相对分散，需要高密度的运输路线来抵消分散作业所带来的负面影响。
(2)所有的营林作业活动的开展都需要技术熟练的人员。
(3)作业体系更适宜于耐阴而非喜光树种，促进喜光树种生长需要采取另外措施。

实践运用

不规则伞伐作业法有多种变型，特别是在德国和奥地利。以 Walter Schädelin(1873~1953)以及 Hans Leibundgut 教授(Die Waldplege, 1984)为主研发的在瑞士应用的作业法，也是最为新近的作业法。它在瑞士几乎已经取代了除择伐法以外其他所有的作业法，而择伐法目前仅用于瑞士北部阿尔卑斯山脉高原的混交林中(图17)。

第十章 不规则伞伐作业法

图 17 不规则伞伐作业法
山毛榉和冷杉立地内部的情况显示，山毛榉的天然更新势头良好。
圆丘为运输限制点，有效连接两个方向的路线
地点：西德 Baden 黑森林

不规则伞伐作业法未来在英国的应用可能有限，至少瑞士式的作业法是这种情况。倘若真的需要在英国发展不规则林，那么已在英国充分显示应用价值的群团状作业法是合适的选择。

第十一章
带状伞伐作业法
Strip system

法语 Coupe par bandes；德语 Saumschlagbetrieb；西班牙语 Cortas por fajas

带状采伐法包括多种形式，但它们有一个共同的特点，即施业区是很狭窄的带状。窄带形的施业区有多个保护方面的优势（当然是与宽大的施业区相比而言）。德语"saum"一词意指这类的窄形条带，譬如，通常会选择在成熟林木高度一半或稍多的高度距离，沿条带状的林缘实施采伐。"streif（带状）"表示较宽的条带区，如第八章提及的"streifenschlag（带状采伐）"。这里介绍如下带状伞伐作业法：

——带状伞伐作业；
——带—群状伞伐作业；
——楔形伞伐作业。

另外还有两种形式，即渐进带状伞伐作业、交互带状伞伐作业，已在第六章阐述，这里不做赘述。

带状伞伐作业（Shelterwood strip system）

法语 Régénération en lisières obtenu par bandes étroites；德语 Saumschirmschlag；西班牙语 Metodo de aclareos sucesivos por fajas

概　述

带状伞伐是出于保护目的，对全林伞伐作业法实施了改进的作业法。全林作业于150年前就在某些地区开始尝试这样的设想，即：更新采伐应从东面或东北面开始，逆着西或西南主风向施业。这一程序基本不要求进行适应性的调整，不要求把它转化成连续的更新伐，即：将下种伐、后伐、终伐沿着窄带安排，带的方向或多或少与主风垂直，逐步推进直至正面阻挡主风向来风。

更新采伐：林班更新始于全林法类型的下种伐，沿着林缘一侧进行。待该条状更新工作推进大半，就对其实施后伐，即沿着第二个条带的迎风面进行一个条带的下种伐。当第二条带的更新推进大半，在对该条带进行后伐的同时，对第一条带实施进一步的后伐和终伐，再紧接第二个条带进行第三条带的下种伐。依此方法，迎风向在一系列的狭窄区带内渐次推进采伐更新作业活动。其更新进展过程如图 18 所示。

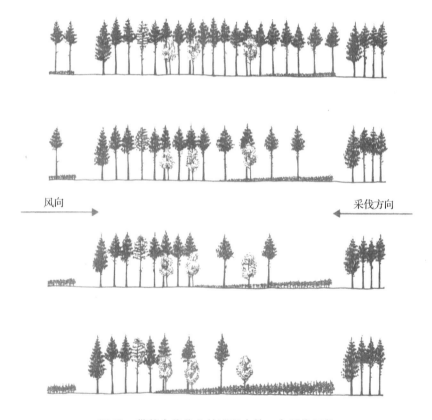

图 18　带状伞伐作业的进程中的一个采伐区段

和全林伞伐作业法一样，带状伞伐作业更新伐的数量和频率因树种、区位、更新条件等不同而不同。在实际操作中，每个条带实施连续更新伐的次数不是固定的，原因是一些地方的更新可能比其他地方更容易实现，这样就有必要对前一种情况的森林更早地打开林窗。因此，虽然理论上应有下种伐、后伐和终伐三个大的条带类型，但事实上在某段时期内连续更新条带的数量是不同的。

下种阶段的条带一般十分明确，但其后阶段的条带常有交叉，界限不甚清晰。即便主伐完成之后，在条带迹地上的喜光树种的更新仍会持续一段时间。一般来说，比起全林伞伐作业法，条带作业的更新更为迅速，究其原因，首先是下种伐实施前侧光产生的良好影响，其次，毗邻林木提供大量种子并在一定条件下对更新苗起到保护作用。

对于混交林分实施调整沿直线进行，这与全林伞伐作业法类似。对由挪威云杉、欧洲冷杉、欧洲赤松、山毛榉组成的混交林，耐阴的欧洲冷杉和山毛榉会在树冠稍稍开出林窗时率先更新起来，挪威云杉随着林窗继续打开而出现，而欧洲赤松母树留于伐后条带上一段时间以更新空白区。有时，在耐阴树种一段距离之前稍开林窗，会刺激耐阴树种在规整的条带采伐之前就开始更新，甚至整个待更新区域都会这样，以至于在实施带状采伐的时候，更多喜光树种的更新可以快速推进。

带的形状：带状采伐的宽度因具体情况会有所不同。在巴登-符腾堡州的黑森林里，曾经实施下种伐的新的条带宽度约 20~30m，偶尔有更宽的情况；用以更新、从下种阶段到主伐阶段条带的总宽度平均为 75m，实际宽度因更新进度而有变化。

位于平地上的条带（至少是在早期）基本上是直线状的，而且只要地形允许，丘陵坡地上也是这种情况。随着条带作业活动的推进，带状便不是那么规整了，原因是更新在长度方向上并不总是均匀发生的。立地地形和更新区形状有可能要求一些非直线状的条带。为了使前带面加长并加速该区位的更新，有时条带会呈波状、锯齿状、阶梯状等复杂排列形状。

侧风对条带排列的影响：如第 120 页所述，在欧洲采用带状伞伐作业的初衷，是抵御盛行西风的影响，使新近暴露成熟林的边缘始终得到保护。所以，在比较平缓的地面上，条带的排列或多或少与风向垂直并沿着西-西南方向逆风推进。

在丘陵区地带，可通过分析地形和测量托帕克斯值的方法确定当地危险风的方向（见第 28 页），条带沿着等高线或者上下坡方向安排，这样风就不会冲击成熟林分暴露的边缘。经常会在同一区位发现水平和垂直两种条带，都是按照风向来安排的；有时同一坡面会结合两种形式，以加速这立地的更新速度。在 19 世纪，用建立的"采伐密钥"（felling key）引导山区条带的列布及采伐的方向；图 19 展示的是 1885 年巴伐利亚的 Neussing 森林的有关情况。如前所述，可使用地形模型判定危险风为害的位置并对采伐做出相应安排（见第 28 页）。

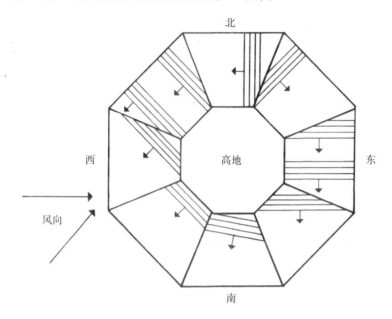

图 19　带状伞伐作业法
1885 年制作的"采伐密钥"显示在防风是主要
考虑的情况下不同坡向的条带布局

侧方庇护对条带布列的影响：带状采伐的安排的决策还需考虑一个问题，即：哪些因素会影响到所更新条带的局部气候。总体说来，带状分为两个部分："内带"（为更新目的而伐除部分林木，有部分上层木保留）和"外带"（所有的上层木被伐除，侧面得到来自"内带"树木部分保护）。内带得到上部和侧面的保护免遭阳光的直射，而外带仅得到侧面的保护。在某些情况下阳光也有负面作用，地表暴晒失水对更新产生影响之大，导致带状采伐方向应从自东向西转变为自北向南进行，这样更新中的条带可以得到由其南面成熟林提供的侧方遮荫，避免太阳过度照射。在同时出现西风危害和侧面照射的情况下，可以采用图 20 所示的梯形编队（eschelon）的防护方法。此方法同样可用于带-群状伞伐作业（见第 126 页）。

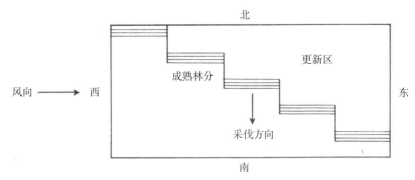

图 20 带状伞伐作业法
梯形编队采伐可抵挡风与阳光的危害。
采伐区段以及运输路线见图

另一方面,即便是在雨量充足、气候凉爽的高海拔地区(以及北纬地区)的挪威云杉林,防止光照为害也是没有必要的,甚至可能是有害的。在气候湿润地区,采伐方向从南向北进行更为适宜,原因是温暖而充足的侧光比防止日灼更为重要。下文将谈到,应始终对立地条件和气候进行认真评价。

采伐区段:由于伞状采伐在一个地块推进的速度主要取决于更新苗萌发建群的速度,因此在不同情况下的差异巨大。欧洲中部的挪威云杉和冷杉林中,每年平均推进 2~10m。在平均推进 2m 的地区,需要 120 年的轮伐期时间实现 240m 长小班的更新,其林木将涵盖平行的 1~120 年的同龄带状林木,从小班的一端到另一端持续规整排列。然而,典型的带状伞伐作业法的目标,是实现同龄林分和相对短的更新期——有时只有 20 年。因此,把更新区划分为若干个采伐区段(见 59 页),每个采伐区段带状采伐从一端到另一端推进的距离在更新期年限内完成。为实现这个目标,需要合理安排更新期,大致估算带状伞伐作业推进的年平均速度。若更新期为 25 年、年平均推进 5m,那么采伐区的长度应为 125m。若更新区的长度达到 500m,则必须将其划分为四个采伐区。采伐区长度越短,伞状采伐推进的速度越快,幼林同龄的机会就越多。推进速度慢与推进速度快相比,幼林剖面轮廓的坡度会更大。

宽的采伐区段(也就是长的采伐条带)有两个优势。首先,作业更为集中,相对于分散的多个短的采运条带,其复杂程度和费用降低;其次,和等面积的窄且不太深的地区相比,更新深度不大的宽采伐区段所需要的时间更短。因此实施更新不能仓促为之,如果想避免实施补植,就要把更新作为一项重要工作完成。

平地上采伐区段的形成,可参见第 60 页图 7。在采伐区段形成的过程中,应避免将未受保护的林分暴露于盛行风的风险。出于这个原因,应使用公路、岔道以及其他永久性的运输线路把采伐区段隔开。在有必要的地方,将森林分成两个或更多的采伐区段实施隔离伐。

优势与劣势

带状伞伐作业法的主要优势包括:

(1)为抵抗风与光照为害提供定向的侧面保护。对于易遭霜冻、干旱的地块而言,侧面保护比上部覆盖保护更为有效。

(2)侧光用于顶部,而在早期阶段上部光照也是可以利用的,原因是敏感树种会因成熟林分提供的侧面保护而可以迅速脱离遮盖。这样的侧面光照还刺激苗木的生长,有利于喜光树种的更新。

(3)由于林木伐倒于成熟林中并从中运出,采运对幼龄林的伤害被降到最低。

(4)易于对营林抚育作业进行指导管理,并轻易地跟踪监测更新的实施进度。

(5)可以结合收获量调控更新进度。当更新速度过快时,通过减少采伐区段的数量或降低条带宽度延缓更新,相反也可以通过增加采伐区的数量或加大带宽使更新速度加快。

(6)进展速度的变化和多样化的林木尺度,造就该作业法的视觉美感。

其劣势包括:

(1)采伐较为分散。但实践中,采伐区集中于条带沿线而条带本身定位容易,这一缺点很难成立。

(2)需要相对专业而严格的布局。要实现森林的视觉美感,需要进行精心设计。

实践运用

带状伞伐作业在 150 多年前由全林伞伐作业法发展而来,已应用于挪威云杉纯林以及喜光和耐阴树种混交林的经营。20 世纪上半叶带状伞伐作业法得到普及,尤其是在德国南部,因更新期短而取代全林作业法。在已建立的较短的采伐区段的地域,该作业法都取得成功。如前文所强调的,采伐方向因地理位置和树种的变化而异。

1898 ~ 1903 年,Wagner(1912;1923)提出伞伐作业(blendundersaumschlag)概念，Troup(1952：88)将其解读为"沿边缘地带、以建立不均一林隙为目标的采伐"。Köstler(1956：284)认为，该作业法的应用死板导致未赢得广泛支持，但 Wagner 的方法基于对影响森林天然更新成败因素深入研究的基础上，因而其观点对欧洲营林作业体系产生了深刻影响。

除此以外，类似的详细的生态分析为解决许多地区出现的天然更新、人工更新的问题提供了手段。Haufe(1952)对巴登－符腾堡 30 年间实施伞伐作业的结果进行了回顾研究。他认为 Wagner 的主要贡献是，加快了纯林作业、皆伐作业淘汰的步伐，推进了以天然更新方式获取喜光和耐阴树种混交林的发展。

带－群状伞伐作业（Strip and group system）

德语 Saumfelschlag；西班牙语 Cortas por fajas y bosquetes

概　述

带－群状伞伐作业由带状伞伐作业法衍生而来。其采伐区段的总体方案与带状伞伐作业法相同，但采伐方法不同。在第一个条带中，下种伐既包括了以通常方法实施的对林冠层的打开，同时也对风雪造就的林隙中的前生林木群团实施解放伐。与此同时，在初始条带前的一段距离内，寻找更多的前生林木群团实施解放伐。如有必要，可以人工创建 30～50m 间距的林隙，诱导更多前生林木群团出现。在群伐作业法下的前生林木群不断扩大，总体上可以占据 20% 的更新面积。同时，带状采伐稳步推进，与前生林木组相衔接，在带状采伐之前的一段距离实施新的清林采伐，直抵采伐区的末端。

图 21 显示了带－群状伞伐作业法的采伐进程。在一些情况下，带－状采伐开始前会对整个采伐区段实施群伐，而带状采伐主要是移除伐(removal felling)性质的。与带状伞伐作业法相比，带—群状作业法的采伐进度和条带形状不甚规律。

带－群状伞伐作业非常适用于对混交林实施调整，在预先为群伐作业标示的线带上进行（见第 110 页）。可以在带状采伐前在小林隙中人工引进耐阴林木；通常都以此方式将山毛榉种植于针叶林中，引进后针叶林通过带状采伐实现更新。喜光树种的母树常在终伐前保留于条带上，以便为空白区下种；这些树种也可以在其被疏开之后由人工引入条带内。

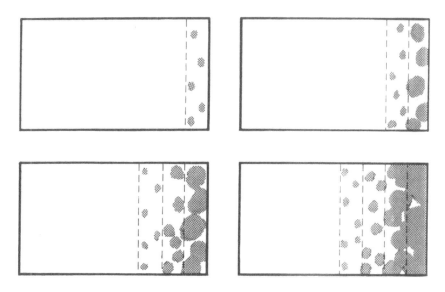

图 21　带－群状伞伐作业法的采伐进程
阴影部分为已更新的区域

带－群状伞伐作业的优势与劣势

其优势包括：

(1) 在带状采伐作业前建立足量前生林木群团，更新的进展将更加快捷；

(2) 异龄幼林起到了减缓风雪的保护作用；

(3) 可以对混交林进行相对简单的调谐；

(4) 森林的外观美学价值高。

主要劣势是采运时尤其是在陡峭山坡上采运时，可能破坏前生林木。

实践运用

带－群状伞伐作业主要由巴伐利亚林务局局长 H. von Huber 在巴伐利亚地区创立，后广泛应用于中欧地区。

楔形伞伐作业（The wedge system）

法语 Régénération par coupes progressives en coin；德语 Keilschirmschlag；西班牙语 Corta de abrigo en cuna

概　述

楔形作业（或称楔形伞伐作业）是带状伞伐作业法的变型，其采伐不是从一个采伐区的一端开始、向另一端推进，而是从采伐区段的中间的一个条带开始，向条带两侧推开（图22）。

在平地或缓坡地段启动楔形采伐，首先沿主风向的东西方向或东北－西南方向设置平行线。这些平行线横穿将要更新的林班，间隔80m。按照2～5m宽的带状实施采伐，形成起始带。采伐带的每一端都保留活立木保护林带。

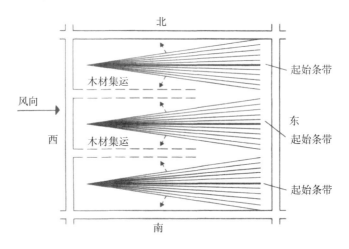

图22　楔形采伐
位于平缓地带，显示原来条带和之后的扩展方式

在起始带中间并与起始带平行，设置集材索道（racks）把林班内的干道连接起来。之后开展的采伐活动拓宽起始带，并以渐次变窄的采伐带形式进行。采伐带不与起始带平行，而是与之有一夹角，与其共指的顶角沿主风向形成逐渐加宽的楔形。同时，这些顶角被前推至更新区的边缘。喜光树种的母树，比如欧洲赤松、欧洲落叶松需保留一段时间，以更新被打开的楔形的空白区域。最终，不同的楔形地块被连接起来，保护林带也以带状伐的方式移除，这样就完成了对整个区域的更新。最后采伐的是集材主干道两侧的林木；也会保留数棵（一般是欧洲赤松）使之继续增加生长量，并作空白区域更新下种之用。楔形采伐各进展阶段见图23和图24。

第十一章 带状伞伐作业法

图 23 楔形作业林分

图中显示的是沿着与楔轴平行方向一个作业道的混交林的林相。

地点：西德 Villingen – Schwenningen 地区黑森林

促进并完成更新的措施面临巨大压力。这些包括了林分生命期内的间伐活动，这些活动在后期的频度逐渐增加，直至耐阴树种开始更新；必要时还需移除土壤的粗腐殖质或实施翻垦刺激天然更新过程；一旦在全地域出现更新幼苗，就要快速移除成年林木。这样来看，楔形采伐主要是对已部分更新的区域的移除伐，而且这些林木移除越快越好。在莱茵河平原上的欧洲赤松与阔叶树的混交林里，林班全部更新需要 6~8 年的时间；黑森林地区优势树种挪威云杉和欧洲冷杉的更新时间一般更长。

据称，楔形采伐有助于减少由风造成的破坏。在平缓地带方案的实施中，风自楔的窄端进入，风力穿过林分时被分散减弱。在西坡也是同样的情况。在东坡和东北坡楔尖端的林分需要打开，以便从坡顶到坡底部形成通道使风力穿过。在北坡和南坡由逐渐加宽的楔形成的风道起到了同样的作用。Philipp(1926)基于对 Baden 黑森林林区 Huchenfeld 的森林不同风位的研究，为楔形作业法构建了一个特殊的采伐密钥。在没有

图 24　楔形采伐
图中显示的是更新的林木和欧洲赤松的保留木。
地点：西德 Villingen – Schwenningen 地区的黑森林

风害的地方，楔形的布列根据地块形状和道路位置确定。

在陡坡地段，作业程序的修改要服务于原木的下坡向集运。起始带沿坡的上下方向采伐，楔形以顶角指向山下的方式外扩。采伐从作业区的东部开始，渐次向西推进，这样可以在尽可能长的时间内保护林地免受西风的破坏。不同的楔形连接之后，一条逐渐加宽的风道就沿着坡上半部的基础形成了。

优势与劣势

楔形伞伐作业法的优势是：

(1) 形成有较长的前置面服务于更新目的，可使成熟林很快伐除。

(2) 木材采伐成本低并可有条理地进行，极少破坏或不破坏幼龄林木。

(3) 可以大幅度减少风造成的破坏。

第十一章 带状伞伐作业法

其劣势是：
（1）应用起来较为复杂。
（2）楔形的北部暴露于阳光下。在干旱情形下可能对天然更新造成不利影响。

实践运用

该作业法起源于20世纪的前25年西德的Baden – Württemburg。Eifert(1903)描述其在黑森林东北部关于风力影响的研究结果时，提议采伐区的形状安排为楔形并指向主风向，这样可以减少采伐造成破坏的风险。Eberhard(1922)在同一地区的Langenbrand将此建议付诸实施，取得了可喜的效果。Philipp(1926)对在Baden黑森林地区Huchenfeld森林实施楔形采伐的方法，进行了细化和体系化，他之后任Baden林业局局长期间推广使用楔形作业法。

Langenbrand和Huchenfeld的森林主要由欧洲冷杉、挪威云杉和欧洲赤松组成，位于丘陵地区，气候偏冷酷。年降雨量在890~1020mm之间，来自西方和西南方向的强风是个常年性的危险因素。起初，楔形采伐的主要目的是减少风的危害。后来，楔形采伐引入莱茵河平原上欧洲赤松和鹅耳枥、山毛榉、栎以及其他阔叶树的混交林中，风暴造成的危害也大为减轻。

Villingen – Schwenningen林区位于Baden – Württemburg黑森林的东部，当地高山森林由挪威云杉(62%)、欧洲冷杉(18%)和欧洲赤松(20%)组成，收获级(yield class)分别为8、10和6。土壤为灰壤，源于二叠纪的砂岩，养分含量较低。每月发生霜害，对树木造成的破坏成了家常便饭。在1950年时放弃了皆伐作业法，代之以楔形作业，以减少风害并保护更新的幼苗。另外，由于欧洲冷杉的根系较深，需要将其比例提高到林木的30%。

更新区的面积是30hm^2，楔形沿南—西方向布列。成熟林不断得到疏伐直至欧洲冷杉出现；之后提高间伐强度以促进挪威云杉，每5年砍开一个新带用于加宽、延长楔形并为欧洲赤松提供上层光照。部分欧洲赤松母树得以保留至下一个轮伐期，为空白区域下种并实现"树干径向受光生长"。

楔形伞伐作业法的应用仅有2万~3万hm^2，其大部分立地为灰壤。即便如此，它仍不失为一个解决温带地区多风气候条件下林业部分问题的一个有效方法。

第十二章
热带伞伐作业法
The tropical shelterwood system

法语 coupes progressives sons les forêts tropiques；德语 Tropisches schirmschlag

与热带湿润林区地块上广泛实施采伐作业的方式相比，大面积集中作业和更新的优势，启示人们尝试以全林伞伐作业法原则为指导发展热带林业，于是产生了热带林伞伐作业法。

概 述

热带伞伐法是全林伞伐作业法针对热带雨林地区的特点作出适应性改变的结果，其下种伐包括了对林冠进行总体疏开的过程，以及通过清除攀缘植物，砍伐、环剥或毒杀非目的林木渐减少中间林层等的措施(Robertson, 1971)。将乡土天然林改造成为更为均一形式的高林的采伐方式主要有以下两种：

——更新伐；

——抚育择伐(selection and improrement felling)，包括疏伐。

严格意义上的全林伞伐作业很难实施更新采伐。在大多情况下，更新伐包括了对业已存在更新苗的解放伐，在必要的情况下辅以人工更新。由此形成的幼林林分是有些不规则的，但也可以是很规则的(Wyatt–Smith, 1987)。有时未受到干扰的热带雨林中包含大量的幼龄林木，这样采伐就包括了后伐之后从上层林冠释放更新幼林的工作。

抚育择伐的目的是最大限度利用成熟木材(因此该作业法也称"拯救伐")，同时伐除有缺陷、干扰优良木的非目的树木。这些采伐措施不针对处于更新准备阶段的森林实施(见第 200 页)。

马来西亚的全林伞伐作业

马来西亚西部地区低地分布有常绿龙脑香科(*Dipterocap*)热带雨林，Whitmore(1984)对其林冠的多层成熟结构作过全面阐述。其中顶生层(emergent layer)由大径级树木构成，树冠开放，位于郁闭的中层林和底层林冠之上，最下层是幼苗、幼木和草本植物。当地森林是由林学特点各异的树种组成的混交林，不同树木木材的商业价值差别巨大。

在20世纪40年代，马来西亚的营林专家开始探索天然更新、简化新造林结构并提高目的树种收获量的方式。全林伞伐作业作为一种天然更新方式似乎有多种优势。已发现(Barnard, 1955)，原始林目的树种的幼苗总能持续保证足够的数量并成功重构立木度。虽然这些幼苗大多受到压制，生长缓慢，但它们会对光照的增加作出即时性反应（见第200页）。也发现原始林的地表状况有利于龙脑香科林木（种子具有不即刻萌发就丧失生命力的特性）的生长，而且很多树种的苗木在受到一段时间压制的情况下仍会继续生长。

下一步是要确保目的树种种苗存活并促进其生长。在自然状况下，喜光乔木树种只有在活立木倒下或死亡、形成林隙的情况下才迅速生长，而通常这种林冠疏开的时间是短暂的。上部光照刺激种幼苗生长的同时，也刺激了林下植物幼苗、干材期林木及林隙周围不同冠层的树木的生长，所以林隙会很快被填充。实现人工林冠疏开的第一步是对树干进行环剥，但其进程缓慢且不稳定。使用除草剂喷洒环剥树皮是个巨大的进展。此后，就能较为准确地预估林冠疏开时间了。

人工大幅度打开林冠后形成林隙的地面，在数年内可以接受阳光直射，然而林冠的其他部分始终处于封闭状态，导致相应位置的天然更新全部停滞。已发现，需要创造有利于目的树种林木高度快速生长的条件，具体做法有两个：一是完全移除现有林冠层，只留下未成熟树木和前生树种，另一个是通过多次毒杀环剥、伐除目的树种及部分次要树种逐渐去除现有林冠。

使光照透入林地表面利于目的树种幼苗的生长，但也促使进次要树种以及杂木、攀缘植物及短期草本的生长，它们在一到两年后会抑制目的树种林木的生长甚至会将其杀死。为解决这一问题，起初是重复进行清林为目的树种树木创造更有利的条件，然而约在1937年(Barnard, 1955)，被用作对照区的部分试验林竟在没有人工辅助的情况下取得生长优势，在其下方形成了新的林层结构。倘若有大量的成熟林木而对生长乱局置之不理，那么攀缘植物狂长也是短暂的，最终还是目的树种赢得生长优势。通过砍除长寿命攀缘植物，选择性环剥毒杀相邻林木，目的树种的幼苗就会从激烈生长竞争中得到解放。已发现，林冠的完全或部分封闭是十分必要的，要阻止去帮助下层林木幼苗生长的冲动。当目的树种的优良木达到每公顷 100 株的密度时，新生林木的价值就得到保证了。接下来的清林工作是按单木进行的，也就是说，在任何目的树种林木更新无法进行的地方，其他树种幼苗按照两米的株间距加以保留。较早形成林冠对于控制攀缘植物数量和保持土壤肥力是必要的。

Wyatt – Smith(1963)将 20 年的试验结果系统化、模式化，提炼出马来西亚伞伐作业法。他十分重视在终伐前对更新情况进行抽样诊断分析，决定是否进行终伐；在更新后，评价进行抚育作业的必要性，以保证更新的数量、树种构成及条件满足经营目标。

该作业法的关键在于当进行森林采伐时，林地有分布良好的目标林木的种苗，特别是皮屑娑罗双(*Shorea leprosula*)和小叶娑罗双(*S. parvifolia*)。这些树种生长快速，可生产浅红美兰地(Meranti)木材。它们属于聚合果，苗木种群每两到三年更新一次。其幼苗的死亡率会逐渐增加，在开始结实之前，苗木密度在数量和分布上可能不足以形成密集的新林分。马来西亚伞伐作业针对喜光树种，不适合于龙脑香科树种，尤其是南洋桐(*Dyera costulata*)、印马黄桐(*Endospermum malaccense*)及五裂漆(*Pentaspadon motleyi*)。采伐过程毁坏了很多幼苗和幼树，但解放了其他林木。

乌干达的应用实践

Budongo 森林

乌干达的热带半落叶林主要包括两处。一处是被称为湖岸森林带，是一条约 50~80km 宽不连续的林带，呈半月状环绕在维诺利亚湖的北岸和西北岸，其中的 South Mengo 森林将在下文介绍；另一处被称为西部森林，规模较大，位于 George 和 Albert 湖区周围裂谷地区的东上游地区，由北部的马辛迪一直延伸到南部的卢旺达，其中包括 Budongo、Bugoma 和 Toro 的森林。

Budongo 森林位于 Bunyoro 境内，海拔 900~1000m，面积约

500km²。该地区降水量 1400~1500mm，每年两个雨季，一个从三月底持续到五月，另一个从八月到十一月。

Budongo 森林拥有发育成熟的多层次结构。林木种类包括白卡雅楝（*Khaya anthothea*）、安哥拉非洲楝（*Entandrophragma angolense*）、筒状非洲楝（*E. cylindricum*）、良木非洲楝（*E. utile*）、虎斑楝（*Lovoa brownii*）和大绿柄桑。楝科的红木（*Meliaceae*）价值特别高，部分在殖民时期引进的林木，如伞树（*Maesopsis eminii*）也具有极高的商业价值。该森林类型正逐遭受乌干达喃果苏木（*Cynometra alexandri*）的侵入。

1933 年，作为林务官和生态学家的 W. J. Eggeling 在 Budongo 森林开展工作。他在认识到的林型内布设了长期试验样地，逐步研发出在保护森林原特有动植物品种的基础上，将其改造成持续生产型经营林的营林作业法。

第一个施业案在 1935~1944 年间实施。以森林永续利用为目标开展开发活动，这个目标在第一次修订后得到加强，修订版在 1945 至 1954 间有效。对森林的采伐作业进行了明确规定，在 40 年内开展主要木材品种大径材生产，这些木材品种在森林转向持续生产模式后不再保留。当拯救伐开始时，只有桃花心木、伞树及少量其他耐用性木材，如麦得木（*Mildbraediodendron excelsum*）和非洲格木（*Erythrophleum suavolens*）有市场销路。桃花心木采伐径级为 80cm，其他树种为 60cm；年产量通过合格原木材积调控。

通过成行补植修剪苗（strapling）充实更新施业区（见第 201 页）。通过伐除激增的攀缘植物和非目标树种林木，为红木科林木提供生长空间。尽管竞争性植被生长迅速，林木受到楝斑螟（*Hypsipyla* sp.）、瘿蜻（*Phytolyma lata*）的侵袭，羚羊啃食、大象的破坏，但由于桃花心木受益于从竞争中解放和上层遮阴，补植通常可以取得成功。

于 1955 年重新修订了施业案。此时在更多的树种有了市场销路的情况下，原预估的收获量上升，拯救伐的强度增加，使得林冠更加破碎。对目标树种林木的更新在几乎所有的林隙内进行，通过天然更新增加立木密度的可能性增加。

为使营林作业得到有效规划、执行和控制，以 300hm² 为单位把森林划分为多个林班。道路系统得到改善，以提供便利的人力、设备及材料运输条件。在拯救伐结束前的两年，通过协商得到特许权修建了通往林班的道路。在接下来的 12 个月中，沿着公路将林班再以 4hm² 为单位进行划分。对必须采伐的有市场销路的林木全部编号。清理攀缘植物、毒杀杂木以及非目标树种。这些步骤完成后，拯救伐采才算完成。

10年后，当先锋树种树冠带动攀缘植物群团的高度上升，便于进入林内时，通过抽样诊断确定实施更新的幅度和条件。如有必要，通过伐除攀缘植物，毒杀未死亡的残余木和抑制已经更新的林木，将幼苗从竞争环境中解放出来。

20世纪50年代中期，Dawkins(1959)开始对砍伐有浓密树冠的大径级林木时对前生木生长所造成的损失担心起来。因此，对此施业案进行的第三次修订（于1965年批准）版中提出，在拯救伐之后，将森林改造为单一采伐更新循环模式。由于在改造时保留了前生木，改造后的森林包含了多径级分布的不同树种。这样的森林会展示出很高的生长速度上的多样性，即便是同一径级和树种也是如此；并且还会包括自然占据林冠的不同层次的天然更新。

此种拯救伐与改造措施在森林的不同林班内同时推进。拯救伐结束40年后进入改造周期。

随着处于"被改进"状态森林面积的增加，在林内觅食的动物种类的数量随之增加。疣猴(*Colobus sp.*)、黑猩猩(*Pan troglodytes*)以及林鹦(*Psittacidae*)、珍珠鸡(*Numida meleagris*)等鸟类以及珍珠鸡等动物，喜欢改善后的森林环境，尤其是在喃果苏木(*Cynometra*)群丛中。然而大象的数量同样也增加了，大象对更新区造成的损失更加严重，这不光是森林经营方式改变的结果，而是多种原因造成的。林内小道保持畅通，保证巡护人员可以进入驱赶象群。到20世纪80年代末期，非法狩猎减少了Budongo森林内大象的数量，导致大象群破坏的问题有所缓解。

在乌干达西部的半落叶混交林内实施天然更新，促进目的树种持续生产已进行了30年以上。如果没有攀缘植物或上木压制新生林木生长的话，都是可以成功的。实现每公顷50棵的密度、平均直径生长量每年0.5cm(Philip，1986)是可行的。

South Mengo 森林

对South Mengo森林实施更新作业取得成功，取决于多个相互关联的因素。乌干达地区的湖岸森林位于城郊地区，而当地对锯材和燃料需求巨大。木材加工业有了新的发展，使很多树种都有了销路。目的树种的天然更新比预期的更为常见；还设计了对速生的伞树(*Maesopsis eminii*)及其他定居建群树种林分进行人工补植的方法。

由其对所有干形良好、有销路的树种进行采伐。林业部门接受过培训的技术人员，之后会选择并标记目的树种的幼树，用以培养下一代林分。他们同时也伐除杂木和有缺陷的直径大于60cm的有销路的树种，以免其对标记树木造成危害。之后会允许烧炭者及薪柴商人进入林内采伐和处理所有未标记林木和采伐剩余物。在一个施业区没有安排妥当之前，不另开辟新的施业区。

在上述准备阶段之后，随即把伞树、科特迪瓦榄仁(*Terminalia ivorensis*)、西非榄仁(*T. superba*)及西印度柏木(*Cedrela odorata*)等树种补植在林隙内，既可以单株种植，也可以双株种植。在杂草灌恢复缓慢的地块，以及受传统木炭窑影响而暂时栽植无效的地方，需要进行补植。

此种营林作业法的优势包括：

(1)生产薪柴和木炭，大幅提高现有森林资源的利用率；
(2)森林总蓄积中目标树种林木的蓄积量增加；
(3)新造林木得到了促进快速生长和成林的环境条件；
(4)更新的总成本降低；
(5)可以见到土地的利用率提高，通过占用森林面积种植农作物的吸引力相应降低。

印度的应用实践

娑罗双是群聚树种，在印度的多种气候、土壤条件下分布，其更新至今仍存在许多没有完全解决的问题。下述内容几乎都是指Utter Pradesh潮湿、高海拔的冲积区森林的情况，该地区的娑罗双木材质地细腻，因此长期以来受到关注。

娑罗双树周期性结实，结实年份产种量大，季风雨来临时种子进入成熟期，在薄而多草、经常性过火的地表层上出现大量幼苗。若降雨来迟，种子会在降雨之前丧失活力；但若降雨提前，伴随而来的大风会将未成熟的种子吹落。这样以来，大量幼苗出现的年份极少，出现年份也没有规律。起初，幼苗很容易死于火烧，但一两年后，枝梢会经受多年的重复火烧但新生梢枝活力渐增并从根桩生长出来。此外，幼苗较为喜光但难以经受生长竞争，要么在与密集草本的争斗中屈服，要么在与未经火烧地带形成的阔叶下木的竞争中屈服。超强度采伐后形造的密集杂草木同样会压制生长活力尚低的幼苗的生长。因此，浓密或者极其开放的林冠均阻碍幼苗的成长。家畜啃食火烧后随即长出嫩枝也是有害的。

常选取现存大量的前生植被生长区作为实施更新的面积轮伐区。对一些地区而言，最好是伐除所有的上木；然而在 Utter pradesh 地区需要留存庇护木，一是使森林免于霜冻灾害，二是遏制比娑罗双树更为喜光的杂草的快速生长。一次采伐完成后，每公顷保留树木 50~70 株，采伐之后、降雨之前实施火烧并驱除大量存在的鹿，以免受害。接下去清除杂草灌是十分必要的，雨季时清除效果要明显优于（干旱）休眠季节，但在雨季有劳动力短缺的困难。5~6 年后开始进行更新疏伐及上木渐伐，完成整个过程需要 10~12 年的时间。

相对于释放现有前生木的生长力而言，建立受抑制前生木蓄积的难度更大，不确定性也更高。林冠与地表覆盖的实际境况显然非常重要。需要适度疏开林冠时，通常会选择开小林隙、保留多个树种和部分中林冠层的做法（这是因为娑罗双在其他树种下比其独自生长成长得要好），还要在生长季节开展一些火烧和清除杂草木的工作，这些做法被认为是最好的作业措施了。关于用火量多少，意见分歧很大，但无疑与立地条件有关。其目的是获得数量上大致相等的草本和大青属（*Clerodendron*）植被的混合覆盖；过度的除杂、烧除或者林冠疏开过大，都会产生过于密集的草垫层，导致幼苗难以成长。松土是有益而可行的。目前的情况表明，建立足量的前生木蓄积需要 6~7 年，但也可能需要 20~30 年的时间。

热带湿润林的疏伐

在全林伞伐作业法下，按照持续产出原则经营林分的生命期分为两个阶段，一个是调整期（更新准备期），另一个是更新期。热带湿润林有其自身特点，在将其转型为持续经营林过程中，还有与其特点相关的问题有待营林专家及森林经营者解决。Philip（1986）指出了热带湿润林如下重要特点（图 25）：

（1）单位面积内树种繁多，生态状况多样化。

（2）森林呈多层结构，每一层都包括了一些树种，这些树种既有成熟时高度有限的树种，也有典型的上层树种。

（3）包括顶生木在内的干形良好、材质优良的林木多分布在森林最上层，部分高达 40~45m。

（4）板根出现的频率影响到森林的计测和抚育。

（5）会出现绞杀榕和附生植物。

（6）草本植物及藤本攀缘或蔓生植物丰富。

(7)复杂的树种空间格局常呈现镶嵌式群丛结构,加上地形和排水状况,形成内涵广泛的模式结构。

图25　热带湿润林开发的简化方案和侧视图
显示有:林层,树冠大、树干高的顶生树,板根生长,木本攀缘植物。
仿 Jones(1948)

以木材生产为目的经营管理的目标之一,是减少森林的复杂性,增加目的树种的比重。该部分的目的是对西非地区热带湿润林的疏伐试验进行描述,以便最终实现成功的森林更新和可持续收获作业。

1976年,林业造林开发公司(Societé pour la development des plantations foresteris,SODEFOR)得到热带森林技术中心(Center Techniques des Forêts Tropiques)的技术援助,在非洲西部象牙海岸的科特迪瓦共和国进行了试验,研究热带森林对不同强度间伐的响应。布设了多个试验点,每个试验点包括了400~900hm^{2}的未受干扰的森林,设于三个生态区,分别为:热带半落叶林(位于la téné)、热带常绿林(位于Irobo)和森林过渡类型带(位于Mopri)。主要树种是粗状阿林山榄(*Aningeria ro-*

busta)、甘比山榄(*Gambeya delevoyi*)、白驼峰楝(*Guarea cedrata*)、白卡雅楝(*Khaya anthotheca*)、罂粟尼索桐(*Nesogordonia papaverifera*)、斯科大风子(*Scottellia sp.*)、非洲银叶树(*Tarrieta utilis*)、硬白桐(*Triplochiton scleroxylon*),正在收集42个主要树种的数据;大部分树种分布在其中两个生态区,少数树种在三个地区均有分布。

该试验的具体目的是,比较两种间伐强度的效果,主要针对次要树种,另一类是控制性采伐利用的目的树种,具体包括:

(1)不同林分各主要树种的生长量和收获量;

(2)林地作为一个整体响应的情况,如:诱发的死亡率、幼林生长状况及攀缘植物和矮林萌条的生长状况;

(3)主要树种天然幼苗和苗木的发生和生长。

La téné 地区未受干扰森林的断面积为每公顷 $27.9m^2$,在 Irobo 地区为 $24.5\ m^2$,在 Mopri 地区每公顷 $22.6\ m^2$。从最大径级次要树种开始的疏伐作业(环剥并毒杀)剔除了百分之三十或四十的断面积。还有一些未经处理的对照区地块。主要树种的利用伐对照布设于 La téné 地区。凡直径超出 80cm(含)的林木均被采运。La Téné 地区未受干扰的活立木平均蓄积量为每公顷 $100\sim150\ m^2$(目的树种)或 $270\ m^2$(所有树种)。采伐量为每公顷 $53\ m^2$。

在每个地块,处理措施覆盖面积为 $16hm^2$;疏伐处理面积为 $9hm^2$;正在以每 $4hm^2$ 为单位面积开展评价工作。对所有直径大于 10cm 的目的树种进行标记,每两年进行一次直径生长量监测,同时监测死亡率的变化。对评价地块内的苗木和幼苗进行计数,以便能跟踪天然更新的进度。

6年后 Maitre(1987)报告了如下试验结果:

(1)环剥并毒杀的林木很快消失,上层木林冠更加开放并由健康林木构成,不存在攀缘植物以及下垂林冠。

(2)各主要和次要树种林木的直径生长对主要的次要树种的移除有响应。

(3)疏伐未明显改变下林层的苗木、幼苗、幼树的构成。攀缘植物和矮林不阻碍更新。

(4)在控制性利用采伐后,幼林实现的直径增长与蓄积量的增加持续低于疏伐后林分的水平。另外,林冠层下也形成非规律性间隔的大林隙。

Maitre(1987)提供了以下主要树种的年平均生长量:

——未采取措施的对照地块：0.5%~2.0%
——疏伐地块：2.5%~3.5%
——控制采伐利用地块：1.5%

当前，热带湿润林的现状及发展前景、与热带湿润林相关的动植物，以及以这些森林为生计来源的土著居民的问题，受到广泛关注。Wyatt-Smith(1987)依据自己丰富的热带湿润林的营林管理经验，提出了如下几条原则建议：

(1) 每一个拥有热带湿润林的国家都必须创建永久性的森林资产，并作为土地利用综合政策的组成部分。

(2) 每个国家建立强有力的林业管理体系，配备专业技术人员并赋之以森林经营的管控权。以明确的森林经营目标指导其工作。

(3) 通过研究热带湿润林多种生态系统积累更多数据，以把适当的营林作业法和管理措施用于木材可持续生产和生态系统保育。

第十三章
择伐作业法
The selection system

法语 Jardinage par pieds d'arbres；德语 Plenterhieb，Plenterung；西班牙语 Corta por entresaca，metodos de selección

概　述

择伐作业法与其他作业法的不同之处在于，其采伐与更新不限于森林局部而是分布在整个森林，伐除的是整个森林范围内选取的单木或小的群团。以此方式进行的采伐作业称作择伐，择伐产生的是异龄林或不规则林，即不同龄级、径级混合分布于林区每个部分的森林。事实上，不管是否采用择伐作业，这种完全由异龄林木构成的森林类型都被称作"择伐林"或"择伐型森林"。

采伐与更新

在择伐作业制度下，常选定并移除分散在整个林区的单木或小的林木群团。当条件有利时，天然更新在择伐产生的林隙内跃然发生。在理想的条件下，这一过程在整个林区内年复一年地进行，被移除的材积量根据经营规范是固定的（见第46页）。其结果是，需要持续保持整个地区林龄混杂的异龄林不规则结构。这种理想的结构和分布状态事实上很难做到，通常不同龄级出现在林隙间更新产生的小群团内。择伐作业的形态，参见图26及图27。

择伐的最早形式是移除所有达到一定径级标准的林木，有时附带有保留母树的要求。这样粗放、不规范的择伐实际上是掠夺性的，几乎不需要什么营林技巧；也无需保证森林的再生及可持续的收获量，因此只会导致严重的森林退化。

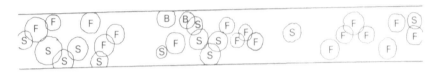

树冠投影

图 26　择伐作业法

侧视图及包括了三个树种的森林类型选择方案

S：云杉，F：冷杉，B：山毛榉

如将择伐上升到营林作业法的高度看待，就不只是个机械地移除有利用价值的林木的问题了。还必要通过对不同龄级林木的间伐提供可持续性的收获量，并保证：

(1) 保持合理的龄级比例；

(2) 在必要时保持适当的树种混交比例；

(3) 将幼苗从抑制中解放出来；

(4) 杆形有缺陷的林木不管其大小都被伐除，无论它们在何处影响其他优良木的生长。

因此，在将实施真正的择伐作业法的地方，要把采伐可利用阶段林木和采伐未成熟幼林结合起来考虑，实施一体化作业。同时，要清理龄级更低的幼林，还会采取一些辅助更新措施，包括：移除粗腐殖质、松土，乃至在间伐等造成的林隙间播种或造林等。

真正的择伐作业一般需要伐除的对象是：

(1) 已死亡及即将死亡的树木；

(2) 生病、畸形或有其他缺陷的树林，缺乏活力的树木或者非目标树木，尤其在它们正对优良木或有发展潜力的幼树群产生影响时；

(3) 到达可利用径级的树木，尤其有缺陷、缺乏生长活力的树木。

图 27　择伐作业法
显示不同树种和龄级融合的林分的内部场景（Ammon，1951）

当今的发展趋势是摈弃移除可利用径级林木的观念,将任何规格的特别充满活力、干形良好的林木保留下来提高生长量。

面积轮伐周期

法语 Rotation；德语 Hiebsumlauf；西班牙语 Rotación periódica

除小面积作业外，每年对整个林区分散树木进行选择和采伐是不现实的，因此这个程序(有时被称作"理想择伐作业")多是对于私有林或社区森林而言的。对于大面积森林，往往采取将其分为若干个大小差不多的伐区的方法，每年对其中一个伐区进行择伐作业，这样一定年限内便会完成对整个林区的择伐，称为面积轮伐周期(felling circle)，其年数(时长)与伐区的数量相同。在这种"周期性"择伐作业制度下，采伐往往更加集中，同一伐区内两次连续的采伐间隔内成熟木的数量会不断累积性增长，因此每公顷的材积量会高于整个林区每年进行采伐实现的单位收获量。

面积轮伐周期是固定不变的，且因个案条件不同而有差异。如果周期很短，伐区面积较大，择伐作业在林地清理及间伐等培育方面的优势就会得到充分发挥，但作业地点分散导致成本增加；如果周期很长，伐区面积较小，特定伐区内的采伐的集约度提高，大量采伐只能在有限空间内完成；这从经济角度来看是个优势，大林隙的创建也有利于喜光树种的更新，但是择伐作业的培育优势很大程度上得不到发挥，同时，大树的聚集会影响径级的合理分布，有悖择伐林的固有特性。

欧洲的面积轮伐周期一般不超过10年，并常有降低的趋势；法国的采伐周期常在5~8年之间，极少超过8年；瑞士大约6~10年。在遭受经常性风折的针叶林区，具体的采伐周期有时是分散的，原因是需要快速移除林区不同区位的风倒木。在这样的情况下，提前设定准确的采伐周期是不明智的。由于密切关注大面积森林单木难以实现，设定准确的面积轮伐周期程序即便有可能也将是困难的。

立木蓄积结构

具有多层混交结构的择伐林的每个部分，存在一个连续的龄级系列，和基于天然更新连续增加的立木蓄积量。树干直径的分布方面，每个径级的株数都低于相邻较小径级的株数，并且任一径级株数与相邻径级株数的比值都是个常数。De Liocourt(1898)首先建立了这样的择伐林分布模型，他建立的负指数模型为：

$$Y = ke^{-aX}$$

式中：Y 代表株数，X 代表树干胸高直径，k 是反映幼苗密度的常数，a 为决定连续径级的相对频率的常数。常数 k 及 a 因树种及立地而改变，其在每一片择伐林的值可由立木蓄积清查数据计算得出。

上述负指数模型用于估算择伐林径级的正态分布状况，这样择伐就可以朝着逐渐接近森林法正状态实施。把实际径级分布与正态分布比较指导采伐作业，即采伐仅限于超过理想值径级的那一部分（图28）。

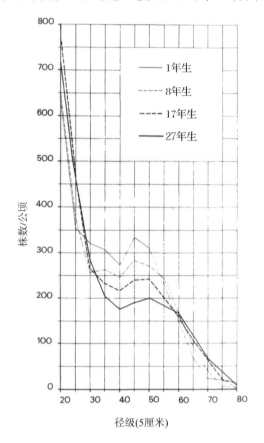

图28 择伐作业法
27年间择伐林经营密度的变化。
参见 Knüchel（1953：82）

收获量调控

瑞士对择伐林木材收获量的调控是按照 Biolley（1920）设计的检查法（méthode du controle）执行的。他以从最小可能的立木蓄积中获取最大生长量为原则，通过保持径级的固定分布建立法正林保证持续收获。

Biolley 将森林划分为林班,并且按三个径级(大、中、小)每隔数年(常6~10年)实施周期性的立木蓄积清查,决定增长量与生长蓄积量之间的关系,调整下一期的收获量,并为实现林木径级的正态分布进行采伐规划。Knüchel(1953)对该检查法有详细描述,Osmaston(1968)对检查法做过概述。

优势与劣势

如果把"择伐作业法"理解为通过择伐来改善林分结构、提高林木品质,进而提高林木的多种价值的营林作业法;而不是理解为机械地移除达到一定径级的林木的作业法,那么,就可对"择伐作业法"的优势与缺点作如下陈述。

优势体现在:

(1)通过保持稳定的森林覆盖减少土壤暴露,从而有效防止侵蚀、塌方和雪崩。

(2)最大程度上减小风雪造成的损害与混乱。

(3)所有种子年都可用于森林更新,苗木也得到有效保护。

(4)使用非常灵活而集约,将立地各部分的使用效率最大化,土地生产力得到保护。

(5)与按照各龄级平均分配面积的一般方法相比,无需保持高比例的幼林生长至成熟。因此在择伐林中,大部分生长蓄积以及收获来自大径级高价值林木。

(6)有可能促进干形和分枝表现良好的单木的培育,并在其增值生长的前提下将其保留。单木并不因达到某一特定龄级就必须采伐。由于优势木树冠发育良好而且相对孤立,它们在到达更高树龄之前不会停止生长。

(7)大径林木主干的下部的木材质量更高。树干上部承受大枝的重量,产生的结疤多,削度大。

(8)从美学角度看,一般认为择伐林具有吸引力,从而为林主、林区以及公众带来利益。

其劣势表现在:

(1)对采伐木进行标记对营林技术的要求较高,择伐作业属于最为集约的营林作业法之一。

(2)采伐与运输需要技巧并谨慎进行。

(3) 主要适用于耐阴树种，喜光树种多使用群团择伐作业法（见第十四章）。

择伐作业法的一些方面长期以来备受争议。其中一个经常性的说法是，采伐以及更新分散导致高劳动成本和作业监管困难，然而这种说法实际上忽略了分散作业的原本目的以及由此产生的森林结构带来的效益和价值。在选择营林作业法的时候，需要同时考虑可能的成本花费与预期效益。

由于幼林位于成林下方，林分内各层均有根、叶分布，土壤、光照、水分以及营养得到充分利用。关于与同一立地上一般类型的森林相比，择伐林是否具有更高的生物质产量的问题，仍未有确切的答案，但Assmann(1970)的研究表明，二者差异不大（见第14页）。

常有人持这样的观点，火灾会只杀死择伐林中的幼林而不是成熟林，存活下来的成熟林木可发挥更新林地的作用，火灾对择伐林的破坏性要小于同龄林；火对择伐林管理的干扰破坏较少。然而，可以讨论的一些观点包括：蔓延到择伐林树冠层的火的危险性更大；对于规则林分来说，可以将保护措施集中在火险较大的幼林上。到底哪种说法更有依据，取决于具体情况。中欧地区务林人所熟悉的耐阴的择伐林多出现在火险极小的气候条件下（密集的幼龄同龄林除外）。

有时对于择伐林是最为"近自然"的营林作业法的优势有争议，赞同这一观点的人认为择伐这一作业类型采取了最贴近乡土天然林的做法，但这一假设毫无正确性。因为在温带以及热带的原始森林中，由合理分布的不同龄级、径级的林木构成的真正意义上的"择伐林"是很特殊的情况，而且需要谨慎的人工干预措施才能维持。

实践运用

欧洲最重要的森林类型是针阔混交林，分布在Vosges、Jura、Alps及Carpathians等山区。主要树种为挪威云杉、欧洲冷杉、山毛榉等，以及欧亚槭、花楸等。混交林有多种不同形态，大多分布在山区，局限于丘陵地带以及中坡位，最高海拔可至1500m。

气候的主要特点之一是冬季漫长酷寒，降雪在四个月以上。从冬季到夏季、再从夏季到冬季的过渡急促，春季只有数天，而作为生长季的秋季长达200多天并随海拔的升高而减少。包括降雪在内的雨量充足而且分布均匀，夏季暴雨多，降水量1000~2000mm，降水期超过百天。

第十三章 择伐作业法

地质总体上属于上侏罗岩系和白垩岩系，所有森林都位于同样的开裂程度不一、具有渗透性的钙质心土层上。在 Jura 山区，森林生长在相当肥沃的花岗岩性的土壤上。偶尔会出现冰积土覆盖于母岩之上的情况，如在冰积土很厚的侏罗山脉地区，阔叶林的比例更高。一般来说，雨雪以及来自高坡的水流可以保持土壤常年湿润。

不同地块树种的比例不尽相同，总体上说，阳面或南坡面上的山毛榉比阴面和北坡面更多。森林大多具层状结构，针叶树位于上层，阔叶树位于下层，林木的径级差别极大，林隙内长满更新的幼木。幼木树群的数量因逐渐稀疏化而减少，甚至出现仅存单木的情况，或者是没有树木能到达林冠层上部的情况。针叶林的树冠很深，下部的幼树向上生长，形成开放型的上冠层。与较高林木相依的矮树的生长对较高树木的树冠起到限制作用，而当大径树木被砍伐后，较矮的树木就会替代并占据这些大树的位置。这样，在所有林层都有树叶，阳光可以得到最大程度的利用(Ammon，1951)。

气候和土壤条件适宜挪威云杉(为主要树种)的生长，挪威云杉根系浅薄，因此位于穿透性差的硬岩土壤层上面的林木，容易遭受强风的破坏。相比较而言，欧洲冷杉扎根更深，其巨大的根系结构具有穿透性，形成多孔性的土壤(Anderson，1960)。由于欧洲冷杉树干高，和山毛榉和欧亚槭相比，更易遭风折，山毛榉和欧亚槭会因此形成稳定中心区，尤其当其位于山脊时。此两树种会占整个林分面积的 10%~20%，蓄积量占 5%~10%。它们的大量落叶与针叶林的松针混合在一起，形成松软的枯落物层。

挪威云杉不能在云杉林下直接更新，其更新出现在欧洲冷杉基部以及其树桩周围(Ammon，1951)；因此可以认为，一定比例的欧洲冷杉的存在是挪威云杉更新的基础条件。与之相反的是，欧洲冷杉的更新直接发生云杉之下。山毛榉及欧亚槭的种子可以轻易地混合在一起萌发，幼苗只要有光照条件便可生长。花楸可以轻易侵入林地，甚至会从远距离由鸟类协助侵入。若天然更新不充分，可以进行人工种植，以保持期望的树种多样性。

如上所述，林地会遭受风力的破坏；通常情况下，年龄和高度最大的树木易受到风力影响，被吹倒的可能性也最大。这些林木受到破坏不至于全部毁坏整个森林，随着幼树及中龄林木继续生长且免受破坏，整个森林几乎安然无恙。挪威云杉与其他树种尤其是欧洲冷杉相比，不易遭受鹿类的啃食。挪威云杉容易感染针叶树心腐病多年异担子菌，而欧洲冷杉对此抵抗力较强，但如有作为次林层的阔叶树的存在，心腐病的感染率也会降低。

在条件适宜的地块，主要由挪威云杉、欧洲冷杉以及部分山毛榉构成的择伐林，年平均生长量能够达到每公顷 $10 \sim 11 m^3$，胸高直径超过 50cm 的单木的比例也极大。因此，不规则的云杉、冷杉及山毛榉林混交林属于稳定、高产、持久的森林类型。在海拔较高的地区以及被当作防护林的地区，这种混交林常与单一树种择伐林作业措施相同。在低海拔地区以及相对荫蔽的地区，如法国的 Vogges 山脉和 Jura 山脉，林分按照全林法管理，实行浮动周期作业区制度（见第 96 页）。

择伐作业法同样应用于美国，尤其是其北部硬木群丛林（Tubbs 等，1983）。在城镇、住宅周边保持择伐林，常常是为了美化环境和娱乐休闲。如择伐林用于防护林，通常是因为天然下种稀少或间断，因此往往难以实现任何程度上的林木更新。与之类似，择伐林对于不可能实现连续更新的破碎地、多岩石地和陡峭地带具有使用价值，在这些地带需要发挥在有充足土壤支持树木生长的地块进行分散更新的优势。

现代意义上的择伐作业法出现于 $1880 \sim 1920$ 年，在此期间内相继发生以下事件。在 18 世纪时，瑞士的森林资源因挥霍性采伐近乎枯竭。以往的不规范的择伐方法导致森林状况恶化。19 世纪初，认识到需要采取措施来改善这一局面。此时德国在皆伐后通过人工种植建立密集型同龄林分的作业法方面取得巨大进步。1920 年以后的一段时期内，瑞士内几乎全部的务林人都到德国进行了相关培训，受到德国新理念与方法的影响并将其带回国内。几乎整个 19 世纪时期的瑞士林业，都按照国外老师传授的模型和方式进行。由于瑞士务林人不加批判地从德国进行借鉴而两国的气候、地形以及土地权不同，导致了很多问题的发生（Knüchel，1953）。此后 Karl Gayer（1880）声讨大规模挪威云杉种植，倡导采取更为自然化的作业法，在瑞士得到很多认可。联邦森林研究院院长 Arnold Engler（$1858 \sim 1923$）响应 Gayer 的学说，追求业已存在的异龄林业趋势。之后 Henri Biolley（$1858 \sim 1939$）发展了法国林务官 Adolphe Gurnaud（$1825 \sim 1898$）提出的估算森林生长量以及控制采伐的方法，这个方法在过去 50 年内用于整个 Couvert 市的森林地区以及其他 Val De Travers 地区内的森林。

Walter Ammon（$1878 \sim 1956$）是择伐作业法理论的主要奠基人之一，在 Arnold Engler 时期时他就读于技术学校并于 1902 年毕业。1912 年时他迁居 Thun 地区，而那里就包括了 Emmenta 择伐作业林。《营林的单株采伐原则》(Das Plenterprinzip in der Waldwirtschaft)首次发行于1927年,随后衍生出三个版本。在这本书中 Ammon 描述了经营了的择伐林的理想结构及其营林作业措施的细节。

对于"自然式"营林作业法的持续关注(见第8页)的一个注定的结果是,在任何气候、地形以及树种方面与瑞士相似的地区,都将最终采用择伐作业法或其修改版本。

第十四章
群团状择伐作业法
The group selection system

法语 Jardinage par bouquets；德语 Horstweiser plenterhieb；西班牙语 Metodos de entresaca por bosquetes

概 述

实施单木伐除的择伐作业法的典型形式，更适合于耐阴树种而非喜光树种，原因是单木采伐形成的林隙过于窄小，难以促成喜光树种的更新，也难以使小树逃脱周围大树的压制。因此，如择伐方法用于喜光树种，就应以群组方式采伐，以便创造足够大的林隙实现林木更新。这种采伐方式称为群团状采伐，加上选择方式的修改，作业法类型就称群团状择伐作业法。

实践运用

在没有矮槲寄生（*Arceuthobium* sp.）和松心腐菌的流行地带，对于美国西南部景观意义重要的美国黄松森林类型（Barret 等，1983），北美黄松、落基山花旗松森林群丛（Ryker 和 Losensky，1983），以及西南部的美国黄松森林群丛（Ronco 和 Ready，1983）都采用了群团状择伐作业法。在 Sierra Nevanda 山区生长的北美黄松与加州白冷杉、糖松、海岸花旗松、翠柏（*Libocedrus decurrens*）、加州黑栎（Laacke 和 Fiske，1983）的混交林，采用群团状择伐作业法也发挥了有益的作用。矮槲寄生和多年异担子菌多发区不宜使用该作业法，是因为该作业法会保留这些破坏性的因素。

规则高林改造为不规则高林

改造意味着营林作业法从一种营林作业法向另一种的变化(见第197页)。已设计多种方法把皆伐体系的规则林分结构,改造为不规则结构,其中群团状择伐方法一直受到欢迎。本部分内容的目的是描述一些案例,说明改造是如何完成的。

在比利时 Ardennes 林区,由以皆伐方式经营的挪威云杉和花旗松等针叶树组成的小面积森林,转而实施群团状择伐作业,使用的是 Turner 在1959年设计的营林作业体系。其目标是,通过引入山毛榉、冷杉和其他树种发展不规则结构,实现均一林分的多样化(Anderson,1949;Penistan, 1960)。挪威云杉生长、更新良好,但需要降低它们在新建林分中的比例。

Turner 引进并发展了这一作业法,他在1933年担任 Vielsalm 附近 Grand Bois 国有林区的林务官。High Ardennes 的云杉林,位于海拔450~550m、棕色森林土的立地上,土层厚度中等、排水良好。地形平坦或稍有起伏。该地区原有的山毛榉林曾遭过度开发利用,在1850~1860年间引进了挪威云杉等针叶树。

在 Vielsalm 地区,改造的过程一般是从树木第60年生时开始的,此时树木已达到其高生长极限。由于从25年生以来定期实施上层疏伐,优势木树冠生长良好。通过实施预备伐,使最优单木独立出来。此时,更新的挪威云杉及部分花楸、桦树常见于林分中。

六年以后,在待改造林分内,每 $1hm^2$ 并列设置两个直径36m、面积10公亩(近期实施的样地改为20公亩)的圆形样地,按南–西南至北–东北方向设置。在每个样地内,对位于中心部位宽度超过10m、与西南主风向成直角的的方向的树木,实施强度间伐,使光照可以从南部进入。本区域内保留干材优良木4~5株。对于受到压制的树木,如位于北面则保留,在南面的则被移除(图29)。

在其后的一年里,按高密度线状配置栽植山毛榉或欧洲冷杉。挪威云杉(以及花旗松,如现有林中有的话)的天然更新会在地块中间发展。当这些天然更新苗和种植的山毛榉、欧洲冷杉成林时,多次间伐使群团向北扩展,并使优势木独立出来。位于更新林木东面的受压抑林木被伐除,使林中进入更多的光线;随着林冠的打开,可以种植花旗松。在整个林分内,使更新群团成林、延伸并最终合拢。

图 29　规则高林改造为不规则高林
对挪威云杉规则纯林的清林包括幼龄山毛榉。照片从西南方向拍摄。
地点：比利时 Vielsalm 的 Foret de Grand Bois

Vielsalm 目前的主要目标是建立挪威云杉（高达 80%）、山毛榉（约 10%）、欧洲冷杉（约 10%）和花旗松混交林。在 Rochefort 附近的 Tellin 公有林中，改造进展良好时引入日本落叶松，在成熟林木采伐后栽植（Roisin，1959）。

轮伐期一般 90~100 年，作业目标是在约 30 年内完成改造工作。为组织管理好这项工作，把森林分为三个林班，每个林班包括四个小班；采伐周期 12 年。Grand Bois 的林道网很好。用马匹实施集材对幼树破坏极少。虽然报告显示过去 Ardennes 地区马鹿和狍子的数量较多，但是现在显然不需要用栅栏保护更新苗木了。

从皆伐到群团状择伐转化改造的另外一个案例，来自英格兰西南部 Tavistock 林地。所采用的方法把规则针叶林系统划分为面积类似的独立的小单元，以便各林分的所有部分可以同时实施改造。这些全部林分内的更新单元按照固定间隔在地上作标注。每个单元的面积取决于林木成功培育成为指定的最小径级所需生长空间的大小（Hutt 和 Watkins，1971；Bracifora，1981）。

第十四章 群团状择伐作业法

英格兰西南半岛温暖潮湿的气候和总体肥沃的土壤，有利于花旗松、铅笔柏、加州铁杉、红杉(coastal redwood)，挪威云杉和部分阔叶树(如，智利假山毛榉 *Nothofagus procera*)的快速生长。不同树种的高生长模式不同，但对该地区针叶树直径生长的测量表明：不同地块生产力有差异，50~60年生树木培育径级可达60cm。达到该径级优势木的树冠投影面积为36m²。

从规则结构向不规则结构的改造分为九个阶段进行，采伐周期6年，每个独立更新单元包括9个6m×6m的地块，总面积18m×18m即3公亩。每公顷包括30个这样的单元。单元按行排列，与主集材道成直角，间伐、采伐获得的木材，通过拖拉机沿行间小道集运。

改造过程从已经达到或接近首次疏伐阶段的规则林分开始。对所有更新单元中部地块的树木进行采伐，移除采伐剩余物，任何不需要的矮林萌条或幼树都要伐除。然后，在每个36 m²的清林地块，栽植9棵同一树种的移植苗，对其他8个地块实施疏伐，释放所选择树木的树冠，使幼树得到光照，促进上层树木的直径增长。需要保证拖曳原木的拖拉机通往主集材道的路线不受阻碍。

在第6年时，对更新单元的第二批地块实施采伐，并使用同一或不同树种(如需要混交的话)恢复其立木度。对余下的7个地块按所期望的断面积或材积进行采伐。按此顺序推进，至第54年时，每个单元将包含：

(1) 4棵选取的36~54年生的树形成上层林冠，将对其进行高修枝；

(2) 3组18~30年生的树木正在间伐之中(在最好的地方，可以有4组准备在第12年生时采伐)；

(3) 1组6年生的树木。

在疏伐株之中，干形直、分支小、直径增长迅速的树木选作高修枝使用，这一工作在树木达到7.5m高度、断面原木达到标准的6m长、且无节材比重较大的时进行。

新林木成活并良好生长的一个重要前提，是对兔(*Oryctolagus cuniculus*)和鹿类进行控制。如果一些阔叶矮林萌条有幼树被保持在现有林的较低层，狍会啃食损毁它们而不去破坏那些针叶树。

Tavistock地区从规则林到不规则林的改造始于1961年，目前任务完成近半。当对每个更新单元的第一、二个地块进行采伐时，发现它们仅合适于耐阴的铅笔柏和加州铁杉；但当完成第三批地块采伐并对其他三个地块实施间伐期间,更多侧光、直射光到达幼龄树,可栽植的树种更多了,特别是花旗松,智利假山毛榉和多氏假山毛榉(*N. dombeyi*)。

该改造方法的优势是:

(1)每公顷造林的株数比皆伐地区要少。由于有上层保护,可使林分免于遭受晚春霜害的破坏,其成活率更高;种植季节可以延长,以避免春旱造成的损失。与皆伐施业区的林分相比,除杂的工作量和强度降低。当事人都认为造林成本对本地区来说处于正常水平。

(2)在整个改造过程中能不断得到经济回报,而现有蓄积生长在径级、品质和价值方面均有改进。

(3)林木更为开放的树冠和高度变化,平添了正在接受转化林分的美学价值。鸟的种群数量增加。

不利的方面包括:

(1)对造林、收获量控制和产品销售等实施的要求高。不规则林木的价值取决于可以营建的花旗松林木的比例,但只能到第三个采伐周期时引进。

(2)必须对林业工人进行集约方法培训,但劳力需求是稳定的,因此可以建立训练有素人员队伍。

(3)未证实该方法适于对山毛榉、西加云杉规则林分的改造,花旗松、加州铁杉规则林由于发枝持久而难以应用。在英格兰西南部有利的生长条件下,需要每3年实施一次间伐。

上述比利时和英国的案例中,对规则林到不规则林的改造采取了正式化的步骤。在苏格兰中南部林业委员会的 Glentress 森林里,开展了从皆伐到群团状择伐的改造试验,其步骤首先是尝试在指定距离间隔的群团清林土地上营造新林分;但之后就放松了这一做法,采用更灵活性的措施和更大面积的清林。

在 Glentress 森林开展的试验始于1952年,在半迎风面的山地上进行(Blyth,1986)。其目标是营建能够抵挡风雪、保护土壤并生产优质高价木材的针阔混交不规则林。试验地长240~560m,大部分在380m左右。主要是棕色森林土壤,年降雨量约1100mm。原有的森林可能是阔叶林,但现有林为花旗松、日本落叶松和欧洲落叶松、挪威云杉、欧洲赤松,林龄60~85年不等。一片近熟的西加云杉林与试验区的一部分接壤。

117hm^2 的总面积被分为6个经营区(block),每个经营区包括3个林班,采伐周期为6年。挪威云杉、西加云杉为新林木的主要树种,落叶松、加州铁杉处在海拔较高位置，大冷杉和花旗松在低海拔位置。山毛榉、欧亚槭和其他阔叶树全面种植。计划在 60 年内完成向非规则林结构的转化。

首先，清林实施的面积在高海拔地块为 2 公亩，低海拔地带 20 公亩，但之后证实这样的规模过小，于是转为 $0.1 \sim 0.25 hm^2$，边长或半径为周边林木高度（$18 \sim 30m$）的 2 倍。在 1987 年，完成了 10 个采伐周期中的 5 个，局部产生了大量欧亚槭的天然更新苗，一些地带西加云杉的天然更新也足以形成可以接受的新林木。家兔、野兔（*Lepus* sp.）和狍对山毛榉和欧洲冷杉造成损害，加州铁杉受到鹿和雪灾的破坏。

在苏格兰的同一地区，还有另外两个实施规则林向非规则林改造的例子。在 Selkirk 的 Bowhill 和 Melrose 的 Eildon，对围绕民居周边林分的改造自 1926 年起就开始了。从 1956 年以来，一直坚持在 6 年采伐周期基础上形成的不同规格清林地上，以群团状营造针、阔叶树。上层林木群的保留着重于建立群团状择伐结构，这种结构林分的面积目前已超过 $300hm^2$，在全英国居第一位。

未经营林的群团状择伐改造

英国的低地区域（特别是英格兰和威尔士）分布有大面积的未经营林和退化林，其形成来源于两次世界大战期间实施的采伐，以及其间的疏于管理。20 世纪 50 年代以来，设计了多种作业法将其恢复为生产性森林（见第 197 页），其中的一个作业法是实施群团状择伐改造。

概　述

这一作业法的目的是把未经营的小面积阔叶林改造为生产性森林，从而保持包括部分同龄林组的非规则林的永久覆盖（Garfitt，1984）。现有森林既包括了源自大树冠过熟保留木的年龄和品质不同的未疏伐乔林，也包括了源自天然更新的茂密的灌木丛林。最常见的树种是栎、山毛榉、白蜡、桦、欧亚槭，还有一些欧洲赤松、欧洲落叶松和花旗松。保留的现有林的数量，需要考虑将要留作森林永久组分的阔叶树的比例。这因个案情况有差异，小到面积的三分之一（在财务回报重要的情况下），大到整个森林的面积（只考虑环境美化的情况下）。

第一步是检查现有立木生长情况，确定那些在采取疏伐措施的情况下品质可望提高的树木群团的位置。这些树木群团的面积通常较小，为

$0.2 \sim 0.3 hm^2$，也有面积更大的情况。除所选取的群团之外的森林全部皆伐，以群团方式恢复立木度，其面积约与所选群团相当。用于栽植的清林空地的合适直径为 $18 \sim 20m$，可以满足 2m 间距种植 70 株的要求。对于达 $0.6 hm^2$ 的更大面积的清林空地，造林按多个群组安排，每个群组常包括一个树种。

所有这些林分现在都实施抚育间伐。Garfitt（1979；1980）强调了清理天然更新的灌木丛林的重要性，其解除潜在林木受到抑制并采伐干形差的林木的措施，根据最终林木接近可利用径级生长过程所需的空间确定。因此，如果成熟林木的平均冠幅宽为 $9 \sim 10m$，那么当树木达到 $2 \sim 3m$ 高时，应每 $9 \sim 10m$ 解除对 2 株干直、枝小的林木的抑制（见第 155 页）。Jobbing 和 Pearce（1977）提出了不同年龄栎树直径快速增长要求的空间尺度。低修枝对于户外运动尤其是雉类狩猎的私有林地来说，是一个必要的考虑因素。

当森林的立木度得到满意恢复时，向群团状择伐的改造工作就开始了。在 1 年内采伐和更新的面积，取决于不同树种到达可利用径级的时间及对同一群团接连造访间隔的年份——该间隔时间被称为"作业周期（treatment cycle）"，以与严格的轮伐周期（见第 145 页）相区别。为避免采伐和栽植面积规模过小，作业周期应在 $5 \sim 10$ 年之间。这样以来，主要由白蜡、欧亚槭、野黑樱桃和小叶椴组成的阔叶林施业的轮伐期将为 60 年，作业周期为 10 年，每 10 年对总面积的六分之一实施采伐和更新造林，该面积将包括大量的群团。改造为不规则林分的过程中，首次采伐和更新造林在改造开始后的第 10 年开始，并选择生长最快的林木。到第 17 年时，形成 $1 \sim 10$ 年和 $51 \sim 60$ 年龄级系列完整的林分。在完成转化时常有一些超龄林木群团，较早保留其中一些极其优秀的林木用以增加生长量和价值，就变成了有利因素。

采伐以群团为单位按面积控制。这样做的优势是：地面上的采伐显而易见，不会造成超额采伐。如需要，也可利用永久样地进行重复调查对立木蓄积增长实施评价。由于采伐限量相当于皆伐，采运过程中对幼龄树木造成的破坏是可控的。集材局限于直通主集材道的拖拉机道上。

群团状择伐的优势与劣势

其优势包括如下方面：

（1）非常灵活，尤其适合于集约作业和严格监管下的小片森林。

（2）允许使用大量不同树种，适于喜光树种、半耐阴树种、耐阴树种等。不同立地与不同树种匹配。如果把部分树种置于相邻群组可获得优势。

（3）落实选择并注重最佳树木、提高蓄积生长的原则，可以提高木材产出的品质和价值。可以便捷地引入新的树种、更好的种源和改良的栽培种。

（4）生产多样化的林副产品，包括圣诞树和有美化装饰特性叶子的树种。

（5）地表和林冠的不同高度提供了多样化的栖息地，有利于植物、鸟类和哺乳类动物的生息。对树木群组实施适当布局，供开展鸟类狩猎和户外运动。

（6）开放的林间空地、灌丛地和巨树对步行者和骑乘者游憩形成吸引力。实施群团状择伐的林地在外表看变化不大，因此为城镇、历史建筑、公共风景区创造持久的优美背景。

其劣势是：

（1）在现有林中实施选择和保留需要一定的营林技巧，在引进有多个新的树种的地域，对每次实施清林的合适面积、位置的决策也需要技巧。

（2）采伐、集运、造林和抚育工作规模小而分散，须在一定的知识和经验的指导下进行。其成本可能高于同类地区规则林（请同时参见第147页）。

（3）控制虫害比在规则林内更加困难，虫害造成的损失也可能更大。

关于风灾而造成破坏的可能性，Garfitt（1984）认为，由于群团状择伐林经常暴露于风面上，因此会保持稳定，造成的损失就会降低。

第十五章
双层高林作业法
Accessory systems

双层高林作业包括冠下造林作业、保残高林作业等多种形式（Troup，1952：133），它们源自其他作业法且不只依赖于某一个更新形式。

冠下造林作业

法语 Futaie à double étage；德语 Zweihiebiger hochwald；西班牙语 Monte alto de dos pisos

概　述

林冠下造林可形成由一个上林木层和一个下林木层组成的林分，二者的林木均为实生苗来源并在同一立地融合生长。多数情况下涉及两个树种，上层是喜光树种，下层是耐阴树种，耐阴树种在后期引入但其生长并不受到抑制。

上层林木由天然更新或人工栽植形成。在到达中龄林实施强度疏伐之前，其立木度的保持和疏伐按同龄林方式对待。到达中龄林阶段时的另一项工作，是在其下栽植第二个树种形成下层林，栽植树种为耐阴树种。有时下层林木在强度间伐之前（或之后初期）通过天然更新形成，一些情况下也采取直接对疏伐地块直接播种的方法。虽然需要保持两个林层的生长，但之后的疏伐针对下层林进行。也可对两个林层一起采伐；或通过一次或多次采伐去除上层林，使下层林以同龄林形式生长至成熟阶段。冠下造林常只进行一个轮伐期的经营，原因是在原有的耐阴林层下难以再形成下林层。

欧洲采用冠下造林方法的最常见的原因是需要促进所选取的上层林

木直径的生长，同时保护下林层土壤。早在 1830 年，Hanoverian 林务官 von Seebach 就通过移除 70~80 年生林分 50%~60% 蓄积生长量的办法，实现了山毛榉的树干径向受光生长(德语 Lichtwuchsbetrieb)，以生产急需但现有的病态生长蓄积却难以生产的大径级木材(Köstler，1956：325)。现今欧洲对这样的经营目标，常依靠在下林层种植欧洲赤松，或直播欧洲冷杉，或赤松、栎树、山毛榉混交造林等方法实现。

Hiley(1959) 曾在英格兰西南部的 Dartington 林地开展冠下造林作业法试验。他希望培育大径材的日本落叶松，但发现在立木度高的林分里现有的年直径生长量会很快达到最大值。为保持直径快速生长，林木需要大的树冠，而这需要在早期就孤立生长。Hiley 相信，实施耐阴树种的下木种植可以在更充分利用立地的同时，保持日本落叶松的快速生长。他还希望通过上层木强度间伐促进当地矿柱材市场，避免后期间伐材无利可图，把不规则林的经营优势和皆伐作业法的经济特性结合起来。立地保护和杂草控制，通过以同龄林方式对下层耐阴树种林木实施间伐实现。

1955 年，日本落叶松小班被疏伐到 120 株/hm^2 并在下层种植了加州铁杉、铅笔柏和花旗松。落叶松 25 年生时经历了 4 次间伐(Hilley，1959)，最后一次间伐的目标是促进根系生长并抵抗风灾。Howell 等(1983)对试验结果进行了总结。落叶松在 48 年生时实施了皆伐，此前树冠充分郁闭，平均胸高直径达 47cm，三分之一的树木适于作造船材。在花旗松作为下层林木的地方，其生长受到抑制，但加州铁杉和铅笔柏生长茂盛。当地的土壤肥沃；在其他较贫瘠的土地上，在同一时间作为下层林种植的日本落叶松，典型的树干直径为 33~36cm。这些小班的间伐进行得不够仔细，下层木种植被推迟到上层木 30 年生的时候才开始。Hiley 在最好的冠下造林林分中实现了他的营林目标和市场目标，他的财务预测被证实是令人满意的。

Hiley(1969) 注意到了冠下造林的另外一个效益，即这一方法允许经营者调整一片森林的龄级分布。在幼龄龄级过大的情况下，上层林木的早期成熟提供了比均一林分经营更早的终伐收获。另外，下层林帮助填补了可能由无地造林引起的径级分布的差距。

人们长期以来认为，一些树种"不利于保持土壤肥力"，而在林下栽植另一个树种(一般是阔叶树)有助于保护土壤，防止土壤退化(见第 12 页)。据报道，在德国的 Sauen 地区欧洲赤松林下种植山毛榉和刺槐(Flöhr，1969)后，立地质量改善。报道称，在较好的土壤条件下，13

年内林下种植松树的材积生长量高出松树纯林的 79%。然而，正如 Hiley 在 Dartington 的经验那样，较贫瘠土地的增益极低，不具备实施下层林营造的合理性。

已提议，应通过同时种植两种不同树种增加总收获量。它们对土壤有不同要求，林冠结构促进光合作用叶面积的增加。另外，与皆伐作业法的情况相同，立地在任何时间都得到了利用。可以增加产出，但在土壤湿度有限或土壤肥力一般的情况下，两个树种都有可能生长不良而使总产量下降。Zundel(1960)发现，林下欧洲赤松和欧洲云杉混交造林的材积生长量，处于欧洲赤松纯林和欧洲云杉纯林之间。

优势和劣势

冠下造林作业的优势包括如下方面：

(1)下层林起到保护土壤的作用，并便于上层强度疏伐的实施，这促进了最好的单株的"树干径向受光生长"。这种快速增长在缩短轮伐期的同时可以生产优质"成熟材"，获得双重财务收益。

(2)上层林提供的保护覆盖便于营造易受霜灾破坏的耐阴树种。

(3)在有必要实施混交林但树种的生长率不同的情况下，该作业法可使慢生树种较早开始生长。

(4)强度采伐可以在立木径级较小时产生早期收入。

(5)可用于实现下层林木树种及产品的逐渐转变。

(6)早期阶段的林相优美动人。

其劣势是：

(1)在多风气候下，强度间伐使上层林骤然暴露可能导致风折。为此，要在数年前就对需要保留的树木做防风准备工作，使其树干尖削粗壮、根系发达。这意味着要较早致力于营造下层林木，而不是依赖该作业法解决后期生长遇到的营林管理方面的困难。

(2)当上层林木到达采伐年龄时，如不采取谨慎措施，下层林木将遭受破坏。对下层林木实施疏伐，使伐倒木落入事先预备的林隙中(Howell 等, 1983)。

(3)冠下造林形成的两层高林比规则林更难以经营，这不仅表现在平衡两层林木的生长方面，还表现在实施更新和抚育作业方面。然而，其经营在保持择伐作业法在充分利用立地、保护土壤、抑制杂草、视觉吸引力等方面优势的同时，仍然比择伐作业法简单很多。

实践运用

冠下造林作业法用于巴基斯坦 Punjab 地区 Changa Manga 的印度黄檀(*Dalbergia sissoo*)和黑桑(*Morus nigra*)灌溉林(Champion 等, 1973; Khattak, 1976)。印度黄檀是公认的喜光树种, 而黑桑则为耐阴树种。下层林木是印度黄檀和黑桑混交林, 轮伐期 15~22 年。上层印度黄檀林保留时间是 3 个下层林轮伐期, 上层林占生长蓄积量的 60%。

直至 1927 年, 印度黄檀的更新仍然依靠直接播种, 但此后开始使用根株苗, 通过对根系和萌条的修剪, 为恢复林木立木度提供了更为可靠的途径。如在第 71 页所讨论的, 黑桑的实生苗来自粉红椋鸟(*Sturnus roseus*)对于种子的传播, 根桩萌发苗也用以补充和确保立木度。原来所有灌溉林分都是为了提供薪柴, 但通过冠下造林方法的使用, 在较好立地条件下, 就有可能生产锯材了。

Miegroet(1962)研究了比利时小林业资产的状况, 计算了林分实施更新、抚育和经济管理的最小面积。他认为, 对于 5hm^2 或更小的林地面积来说, 冠下造林是一个有发展前途的作业法, 使用速生短轮伐期喜光树种, 如白蜡、欧亚槭、野樱桃甚至乔柳作为上层林木; 而花旗松、加州铁杉和大冷杉作为下层木。James(1982)将栎树、白蜡和落叶松作为英国合适的上层木树种选择, 而山毛榉、加州铁杉和大冷杉作为下层木。

这一作业法的运用限于土壤肥力较好、水源供应充足的地带。缺乏这些保障, 总产出可能低于单独作为同龄纯林经营情况下最具生产力树种的收获量。近来似乎已有可能(但仍不能确信)的是, 冠下造林通过为欧洲冷杉等敏感树种提供上层截留保护的办法, 用于受污染的地区的环境治理。

保残高林作业

概 述

保残高林作业(high forest with reserves, 法语 Réserve; 德语 Überhlter; 西班牙语 Arboles reservados)的产生是, 在成熟林中选留树木, 同时通过保留树木的更新功能建立幼龄林。这些保留的树木以孤立木或小群团方式分散分布, 称为"保留木(reserve)""标准木(standard)",是下一轮伐期林分的全部或组成部分。冠下造林形成的高林中,第二个树种引种于已有树种之下,这一特点将这两种作业法区别开来。

该作业法的主要目标是,将所选择的树木保留下来,实现"树干径向受光生长",以生产造船、建筑、修复有特殊意义建筑物需要的大径材,以及公私建筑物内部装修使用的单板和板材等。据此,保留木一般选择欧洲赤松、欧洲落叶松、栎树、山毛榉等树种。

保留木还可以用作母树恢复幼龄林林隙的立木度,同时起到保护幼龄林免受火灾破坏的作用。留存保留木的另一个重要原因是创造有天然林相特征的林分美化环境。在这种情况下,保留木常位于林道、岔道沿线,以方便步行者或骑乘者观赏。

对保留木的选择必须审慎。大树被骤然孤立易遭受风折,一些情况下会呈病态甚至死亡。保留木除具备树冠强盛、根系发达的条件外,还应为抗风折树种,削度良好。在一些情况下的习惯性做法是为树木成为孤立木早作准备,即:在数年之前就选择潜在的保留木,在间伐时作特别对待。为防止幼龄木受到抑制,保留木应树干修长,树冠高居,同时树冠不可过大或过于伸展。

栎树常作为高林保留木,但容易枯梢,一旦成为孤立木就会产生徒长枝。在西德的 Spessart 高原,常在全林作业更新的栎树和山毛榉林混交林中每公顷保留 25 株栎树(见第 101 页)。在任何可能的情况下,这些保留木应有山毛榉围绕,造成的荫蔽可以防止徒长枝的产生。这些成熟栎树用以生产优质单板原木。

一般情况下,山毛榉不是合适的保留木,原因是它的树冠太大,在骤然孤立时易受日灼。然而,在瑞士,树冠高生长良好的山毛榉被保留于不规则伞伐作业更新的混交林中,幼龄木起到保护山毛榉树干免受日灼的作用。在丹麦 Soro 研究院的森林里,所选择的山毛榉母树成为保留木,生长于全林作业更新的幼龄之中。这些大树在冬天采伐,倒向处于郁闭幼林阶段的林木,而对幼树造成的破坏相当有限。

欧洲赤松保留木如果树干高大、树冠丰满,也可作为第二个轮伐期的保留木,生产大径级良材。保留木的密度 20~40/hm^2 不等,保留期 160~200 年(Köstler,1956:323)。由于树冠常常高居于地面,对幼林木的干扰要比想象的少。

欧洲落叶松在立地条件良好的地带可以成为很好的保留木。一般来说,在中欧的针叶混交林中,习惯于在天然更新的混交林中留存欧洲落叶松和欧洲赤松作为保留木,用于第二个轮伐期的全部或部分。举例来说，在西德的 Villingen – Schwenningen，欧洲赤松保留木就保留于按楔形伞伐作业法更新的欧洲冷杉、挪威云杉、欧洲赤松混交林里（见第130页）。

欧洲冷杉和挪威云杉一般不适合用作保留木，但常出于美化环境的目的而被保留，尤其是在岔道和道路附近。

优势和劣势

这些和冠下造林的情况类似。关于风折的风险，据案例记载，欧洲赤松保留木的损失率高达90%（Troup，1952：125）。风折对其它树木也造成破坏。对目标树种的抑制也是个潜在危险，尤其是在保留木的树冠较低并伸展时。如果不期望保留木留存至轮伐期末，它们应集中于集运道路附近，以便随时采伐。

实践运用

过去20年中，欧洲对于双层高林作业法的使用似乎在减少。法国已不再使用这一方法，而在东德和西德仍大量使用。在英国，如果需要一定比例的大径材，会安排单独的小班，小班内所有的树木在下一个轮伐期的全部或部分时间内独立生长，有必要的话也会安排下层林木帮助保护立地土壤。会实施适当的疏伐活动，以确保"树干径向受光生长（light increment）"。苏格兰北部 Inverness 附近的 Reelig Glen，可以见到一个很好的实例。生长于肥沃、湿润并有庇护的花旗松是混交不规则林分的主要组成树种。这一按保留木经营的林分因拥有多样化的栖息地和鸟类而深受公众欢迎。

第十六章
矮林作业法
The coppice system

法语 Taillis, taillis simple；德语 Niederwald；西班牙语 Tratamiento de monte bajo

概　　述

本章讨论的作业法有时被称为"单一矮林（simple coppice）作业法"，以区别于"中林作业法"；同时本章也介绍矮林作业的变型，譬如头木作业。

萌条的生长

矮林作业法涉及根蘖（stool shoot）或根出条（sucker）的繁殖更新。当在接近地表位置实施采伐时，大多数阔叶树种到了一定年龄会通过桩根发出的蘖条繁殖。这些蘖条称根蘖或矮林萌条，有的源于位于桩根侧部或近地表的休眠芽，有的源于切割面周边形成层的不定芽。前者位于根桩上较为牢固，因此对于实现更新目标更为重要。一般情况下，一个根桩会有很多根蘖，但每年都会有一些小根蘖死去，最后只有 2–15 个留下来，其结果，矮林会呈现集群分布的林相特征。

一般情况下，针叶树不萌发矮林根蘖，但有一些树种例外，这包括杉木（Lin, 1956）、北美红杉、山达脂柏（*Tetraclinis articulata*；Stewart, 1980）、加那利松（*Pinus canariensis*）和卵果松（*P. oocarpa*）（Matte, 1965）等。阔叶树根蘖的桩根的最大年龄、根蘖的数量和活力、根桩的生命力差异很大。

对多数树种来说，大的根桩萌条力不旺盛，因此，实施根桩萌条的生产，常常有必要在 40 年生之前砍伐树木，一些情况下还要更早；另一方面,甜栗(Sweet chestnut)和椴树矮林生产年龄达100年。欧洲能大量萌条的树种包括:白蜡、栎树、鹅耳枥、欧亚槭、椴树、桤木、榛桃和甜栗。桦树和山毛榉的萌条力稍逊。山杨和鹅耳枥可以长期保持其根桩的生命力,满足很多次连续的采伐;而白蜡、桦树、欧亚槭和山毛榉的持久力居其次。柳树的很多品种和栽培种实施短轮伐期矮林经营,对上述作业措施的响应良好。

北美大量萌生蘖条的树种包括:红桤、美国梧桐、毛果杨、北美枫香和鹅掌楸。很多热带和亚热带树种萌生蘖条的能力旺盛,这包括桃金娘科(Myrtaceae)的蒲桃(Eugenia jambos)等,还有一些桉树品种显示了异常显著的萌条能力,赤桉(E. camaldulensis)的部分种源萌生蘖条的能力好,可以满足6次以上的连续采伐。小套桉(E. microtheca)和棒头桉(E. Gomphocephala)在干旱和半干旱地区的萌生蘖条的表现好。桃金娘科的印楝(Azadirachta indica),在干旱地区萌生蘖条的能力强。柽柳和多个豆科树种、灌木的萌生蘖条的活力旺盛。譬如,豆科含羞草亚科(Mimosoideae)中的阿拉伯胶树(Acacia senegal)、牧豆树(Prosopis juliflora),在热带湿润地区的危地马拉朱缨花(Calliandra calothyrsus)和银合欢(Leucaena leucocephala)。铁刀木(Cassia siamea)是豆科苏木亚科(Caesalpinioideae)的一个种,在历经4～5次连续的萌条采伐后仍产出良好。相比之下,柚木萌生蘖条的活力稍差。

一些树种可以产生大量的根出条。这类树种在欧洲的例子包括:白杨、灰杨、山杨、野黑樱桃、英国榆、灰桤木;在地中海地区为圣栎(Holem oak);在北美地区为大齿杨、响杨(Quaking aspen)和刺槐。根出条的产量不仅受到母树采伐的影响,还受到地表根的暴露和创伤或者掘根情况的影响(Banti,1948)。还有很多树种在产生根出条的同时还产生蘖条,特别是金环相思(Acacia saligna)、臭椿(Ailanthus altissima)、印度枣(Ziziphus mauritania)和刺槐。

采伐方法

矮林常常是在贴近地面的部位砍伐,在桩根上形成一个斜面,再用链锯、弓锯或斧头修整平滑以防水分驻留。低伐的目的是使蘖条从地平面上长出,从而形成独立的根系。在地中海地区的干热地带,石栎有时是在地表之下砍伐,桩根覆盖土壤。在易遭受洪灾的土地上,矮林一般在地表上数厘米处砍伐,这是河滩地柳树、泥沼地桤木的常见做法。在印度北部的一些娑罗双林里,尤其是干旱地带或是在干旱季节,在贴近地面的部位砍伐会造成完全失败，而在地上数厘米处砍伐可使矮林蘖条成功再生。究其原因，根桩会在砍切面以下数厘米处干枯，这样，在贴近地面的部位砍伐，根桩的休眠芽被全部杀死；而如果切口再高出数公分，那么根桩向下干枯的长度就影响不到根桩基部周围的幼芽。

采伐季节

一般在休眠季节进行。在温带地区，芽开始膨大之前的早春是最佳采伐时间。如在初冬进行砍伐，根桩外皮和木质就会有分离的风险。在实践中，采伐季节的决定也受到是否有劳力的制约。栎树剥皮林（oak-tan bark coppice）在五月和六月初采伐，此时生长季节已经开始，不仅树皮可以轻易脱去，而且其单宁含量高于休眠季节。相反，如果采伐时间推延过长到了秋天，由于蘖条的持续生长和休眠的延迟，树木将会受到晚霜的破坏。泥沼地桤木矮林的最佳采伐时间是天寒地冻的冬天。在坦桑尼亚对铁刀木的试验表明，最有利的采伐时间是五月份（Anon，1948），而在平均年降雨量不到300毫米的非洲Sahel地区，便于对黑檀（*Diospyros meespiliformis*）矮林实施采伐的时间是在雨季到来之前（Anon，1950）。

轮伐期和产品

矮林作业的基本目的是生产薪柴，可达到中小径级干材水平，不能生产大径材。根桩的轮伐期和数量，蒿柳从1年40000个/hm^{2}到30~40年200~500个/hm^{2}不等，产出桩柱材、干材和大规格薪柴。薪柴有不同规格，家用的小柴棒，大的坯料，根据所采用轮伐周期的不同，矮林还产出用于筐篮编织、豌豆或豇豆架、环箍、横栏、护堤柴笼、篱笆、葡萄或啤酒花种植支架、器具把手、矿柱材、纸浆材，还用于电话、输电线杆，脚手架和大量其他的目的。在英国的案例中，甜栗（12~16年轮伐期，每公顷800~1000个根桩）实施矮林经营的产出，用于啤酒花支杆、隔离栅栏、纸浆材和薪柴（Crowther and Evans 1984；Rollison and Evans，1987）。小套桉是生长于苏丹Gezira的灌溉矮林，主产薪柴和干材，8~9年轮伐期，根桩密度1600~1800个/hm^2。在巴西，桉树矮林按照7~8年周期经营，用于生产纸浆和钢铁冶炼用炭，也用于纤维板和刨花板的生产（Jacobs，1980）。Ghosh（Spears，1983）的研究表明，按1.0m×0.5m造林的银合欢（*Leucaena*）的20m^{2}的林分，每两年采伐一次，可以满足一家人的薪柴和饲料的需求。栎树矮林曾在欧洲广泛种植，剥皮用于鞣制皮革，大部分地区的轮伐期为 15~20 年。但这种做法已经停止，对于栎树矮林的改造一直在进行之中（见第 206 页）。

矮林作业

矮林通常按照基于面积的年度施业区方法经营。轮伐期基本上取决于产出材料的规格。这样，经营区域就分为与轮伐期年数相等的年度施业区，每个施业区每年进行一次矮林采伐。在既定森林面积的最大年产量有明确用途（譬如薪柴生产）的情况下，应确定最大年生长量或鲜重的轮伐期。Rollinson and Evans（1987）描述了构建英格兰南部甜栗矮林简单的生长模型或收获表的程序。这样可以得出不同幅度年龄、平均直径的木材材积和鲜重的结果。通过确定整个森林最大平均年材积或重量的轮伐期，每年达到既定薪柴产量目标所需要的总面积就会被降至最低水平。

矮林施业区的布局安排，应使从新近采伐的施业区运出产品时，不经过也不破坏其他施业区。这需要建设良好的道路和岔道体系。为使林道经济高效，常形成长而窄的施业区并使道路连接施业区的末端；在陡坡地带，同样长而窄的施业区沿垂直方向上下安排，这样采伐材就可通过皆伐施业区运至坡下。在漫灌开始之前应运出所有的材料，以免对幼龄萌条造成破坏。

在重复采伐之后，部分矮林根桩会在集材或烧除采伐剩余物过程中受破坏而死亡。由此造成的空地由发根的插条或采伐时播种形成的实生苗填补。这些植株高 0.5~1.0m，根系极其发达。在非洲热带稀树草原，印楝和铁刀木的补植常使用根桩苗，即，对健壮苗圃苗在贴近地表处砍去树干并对树根实施修剪的苗木。根桩苗一般 25cm 高，根颈以下 22.5cm，桩直径应为 1.5~2.5cm。在英格兰南部各地对无性繁殖力强的品种的另外一种培植方法，称为"压条繁殖法（plashing）"，用于填补由椴类、白蜡和甜栗根桩死亡后形成的空缺。在矮林采伐时，对于部分较小的蘖条在地面高度以上的半处砍伐，弯折向下埋入土中，覆以土壤和草皮。由扭缠伤口等造成的皮部间断性纵向切口，会刺激根系和萌条的产生。如果根系和萌条成功产生，2~3 年后可把被压蘖条从根桩割离。"压条繁殖"应在休眠季节进行。

矮林的疏伐

如果实施矮林集约经营,那么疏伐就是一项重要的工作了。实施疏伐的次数主要取决于轮伐期的长度、蘖条间的竞争和疏伐产品的市场行情。虽然有时实施清林移除一些非目的树种,但按短轮伐期经营的矮林里常不实施疏伐。通过疏伐,移除拥挤或有缺陷的蘖条,实现改善最终产出的品质的目的;疏伐还可以诱使保留的蘖条加速生长。另外,疏伐使产品规格多样化,提高财务回报。

可能的情况是,每个根桩可生产的矮林蘖条是固定的,材积收益和最大产出也是固定的;但不同情况下的产出数量因树种和立地条件不同有差异。Howland(1969)通过对肯尼亚 Muguga 地区桉树矮林用作薪柴生产的情况进行计测后发现,在第 18 个月每个根桩的采伐只留下 2~3 个蘖条,可以实现最高材积产量,而实现最大价值是在第 8 年。在其他案例中,疏伐的效益未如此显著,Edie(1916)在印度 Maharashtra 省柚木矮林的研究表明,疏伐对矮林下茬生长的影响极小。

矮林的特殊形式

矮林还包括了一些值得注意的类型和变型,其中最为重要的是:
——筐篮柳条矮林;
——短轮伐期能源矮林;
——混农矮林;
——桉树矮林;
——头木作业。

筐篮柳条矮林(Basket willow coppice)

用于筐篮编织的柳条的种植是短轮伐期矮林作业的典型例证。欧洲、北美、南美等对柳林(osier bed)或林丘(holts)的开发在河谷地和冲积平原上进行。

最常栽植的品种是三蕊柳(*Salix triandra*)、杞柳(*S. purpurea*)、蒿柳(*S. viminalis*),此外还有白柳(*S. alba*),以及乌柳(*S. rigida*)和红皮柳(*S. gracilis*)的杂交种美洲柳(*Salix americana*)。品质最好的篮筐要用去皮的 1 年生蘖条制成。外皮在春天剥去,留下偏白色的棒条。如果用水煮法软化去皮,树皮的分解物会把棒条染成粉红或浅黄色。"浅黄"

条的价格较低,属于一般用途。树皮仍保留完整的棒条称为"褐条"。三蕊柳是最适于高品质篮筐编织的品种,可以长出尺寸符合要求而又非常柔顺的棒条,加工成高品质的"白条"或"浅黄条"。'黑槌''冠军''新善'是英国喜爱的栽培种。

杞柳长出相当柔软纤巧的棒条,但难以加工成为好的"浅黄条"。这一树种的栽培种过去常用于制作诸如"雄风兰开夏""雄风莱斯特郡""牧场雄风"之类格调新奇的篮子品牌。做工粗糙的农用、渔用篮是用未剥皮的"浅黄条"制成的。生命力旺盛的蒿柳林在欧洲种植广泛。它生产的料条的品质适于制作农用、渔用篮,还有一些渔民更喜欢由更具活力的三蕊柳的栽培种"黑色西班牙"生产的"浅黄条",特别是诱捕龙虾用的笼。对于那些最显粗糙的工作,常常采用白柳的杆色橘黄的栽培种,包括黄茎白柳($S.\ alba\ vitellina$)。美洲柳可在德国、波兰、美国和南美栽植。

篮筐柳的开发与其说是一项林产业活动,还不如说是农产业活动。其培育生长所需的土壤从沙壤土到黏土不同,较湿润、黏重的土壤比轻质土壤生产的料条的品质更好。排水不良、易涝土壤不适于生产作业。整地方法是,秋天对草地实施深度不超过 25cm 的松土,休耕至次年夏季,当年秋季犁耕,待开春后在没有杂草干扰的立地上实施插条栽植。排水通过开沟壕进行,一般是 60cm 宽、45cm 深,沟壕间距因土壤质地和排水要求不同而有差异。

从选取的 1 年生棒条的大端开始截取 23~38cm 长的插条,每根棒条截取 2~4 个插条。土壤稳固是重要的,虽然 23~30cm 长的插条足以在黏土中生长,但在较软的泥炭土壤上还是需要更长的插条。插条用手工或机械推入土壤,地下高度占条高的三分之二,剩下的 7cm 至少应有 2 个芽,留在地上。在英格兰南部,耕地在秋天进行,来年 3 月或四月初栽植。

一般要进行密植,这样才能生产直而修长的棒条,减少边蘖生长并抑制杂草木的滋生。实际采用的间距取决于耕作、喷施除草剂等化学品以及收获所使用的机器。在英格兰(E. M Liddon 和 N Hector,个人通讯)的密度是行间距是 60cm,株距是 13~15cm;在匈牙利(Tompa 1963),行间距是 70cm,株距是 15~30cm,还因所要求棒条的类型而有差异。

在造林之后的前两个季节里,需要对篮筐林床经常除草,并按照计划的顺序安排使用机械耕作,施用除草剂。这样一来,除草的频度降低了，但对于最适合于篮筐柳种植的肥沃的冲积土壤，如不加控制，杂草、草本，例如酸模(*Rumex* sp.)、异株荨麻(*Urtica dioica*)和田蓟(*Cirsium arvense*)会迅速形成稠密的植被覆盖。小旋花(*Convolvulus arvensis*)生长中会从一个条枝跳跃到另一个条枝上，可能是最麻烦的了。施肥对于一些土壤来说有利于提高条料的产量。Tompa(1963)对匈牙利矿质和泥炭土提出了氮、磷、钾施肥配方。

保护生长中的蘖条末梢使之免受病虫破坏是一个基础要求，原因是任何顶梢的停滞或枯死都会减少萌条的长度，并刺激边蘖发展导致条料不能用于篮筐制作。萌条受损会在去皮后的条料上出现破坏相貌的斑点，降低棒条的价值。生长中的顶梢、幼叶十分柔弱，容易受到霜、风和雹的破坏。

黑水病[*Physalospora* (*glomerella*) *miyabeana*]是最常见的对篮筐柳棒条造成破坏的真菌。其在英国(Peace,1962)常常到5月底就可以观察到初期症状，感染从叶部开始，蔓延至蘖条造成小伤痕并最终发展成为溃疡。该病害对于三蕊柳、黄茎白柳(*S. alba vitellina*)和美洲柳(*S. × americana*)尤其严重。柳痂[*Fusicladium* (*Pollaccia*) *saliciperdum*]攻击干和叶造成小伤痕，可以造成大量叶子损失并使棒条枯死。白柳和黄茎白柳易遭此病。对于黑溃疡和柳痂的防控，需要每2-3周喷施杀菌剂，在对根桩进行漫灌之前进行。另外，要降低对根桩的采伐高度，使真菌不能在根株上越冬。不能将废弃的棒条留于柳床附近，以免其成为感染源(Peace,1962)。

三蕊柳栅锈菌(*Melampsora amygdalinae*)和白柳栅锈菌(*M. Mallii-salicis-albae*)可以造成大量落叶，还会攻击嫩蘖条产生小的黑水病。伤口不仅降低了蘖条的生长量，还会在之后去皮的棒条上形成疤痕，使之不能用于篮筐制作。在春天实施棒条晚采或在首茬棒条数厘米高时伐除，可以一定程度上控制这种锈病的感染；实际运用中，可以通过在柳床上放牛的方法实施控制(Scott,1956;Peace,1962)。

一个较麻烦的虫害是柳褐守瓜(*Galerucella lineola*)。其成虫在7月初蚕食棒条的顶梢，幼虫会吃光叶子(Bevan,1987:45)。二者的破坏刺激边蘖的形成，形成对条料的破坏。另外一种食叶害虫是粉边青豆蛾(*Earis chlorana*)，常见于北非和欧洲。其幼虫寄居叶内，并用柔滑丝线把叶子卷成筒状，降低蘖条产量并造成侧枝发展。杨干象(*Cryptorhynchus lapathi*)将喙插入发育中的棒条中，减弱其长势，并使之在穿刺处折断。伤口周围还会形成外皮，棒条去皮形成的疤痕影响条料的外观。

幼虫在根桩内进食，常常是篮筐柳床退化的主要导因(Stott，1956)。控制措施是喷施杀虫剂(FAO，1980)并谨慎伐除棒条和根桩。柳梢瘿蚊蠓(*Rhabdophaga heterobia*)将卵产在条料的末端，幼虫在进食时，会使叶子呈玫瑰花结状不再继续生长(Stott，1956)；侧蘖生长导致棒条废弃。吸食性的柳蚜(*Aphis farinose*)和柳双尾蚜(*Cavariella pastinaceae*)在蘖条梢头进食，部分时节全英国的每个柳床都遭感染。

柳林成林后第1年应实施矮林采伐，此时的收获几乎没什么价值，蘖条常常多枝而弯曲。之后每年都进行采伐。首茬适销产出从第三个生长季开始后，品质和价值之后逐年提高，至第7年实现最高产量。"浅黄条"或"褐条"条料的采伐时节，在整个冬季到初春时节。如果需要"白条"，可将采伐推迟到3月份即将发叶时，在一般情况下，可将分级打捆后的条料置于大约15cm深的水中，挖水沟或用水泥池均可。当叶子出现时，可以很容易地剥掉。在英格兰，采伐曾使用人工进行，但目前已改用机器了。

虽然矮林每年采伐是个规则，但一些经营者仍然隔几年休耕一次。在波兰，Jazewski(1959)报道，每6年休耕一次可以获得更重的根系生长、更好的根系发育以及更高的条料产量。譬如说，如果作业面积被分成5个均等的作业区，每个作业区可以轮流休耕，这样，每年的实际采伐面积将是总面积的五分之四，五分之三的面积包括了1年生的蘖条，五分之一的蘖条为2年生。2年生的蘖条对于一般的篮筐来说太大，但可用于篮框、带盖的大篮和栏架。

篮筐柳林地在抚育良好的情况下可以持续20年；已有很多实施了50年的经营的案例，少数高达70年之久。从第3年开始的年产量根据立地、品种、管理的不同，从$10\sim20t/hm^2$不等，产量好的达到15t。对失去收益的林床，要掘除根桩，使之生草数年。

柳林种植有悠久的历史。尚留存书作的罗马第一位农业作家Cato(公元前234~149年)，按照盈利水平列举不同作物(Meiggs，1982)。他把柳床经营列为第三位(仅次于葡萄和灌溉园艺)，把矮林经营列为第7位，高于果园和桅杆树种植。在罗马入侵时，英国是篮筐制造大国，采用柳枝编制工艺品盾牌、渔筏和轻舟。19世纪的英国需要大量盛器，于是种柳业繁盛，但在过去60年间，篮筐柳林作业面积下降。柳林床目前集中在英格兰南部Langport的Somerset levels一带。欧洲大陆的主要种植区是南斯拉夫、匈牙利、罗马尼亚的多瑙河及其支流的河漫滩地。在东欧，有可能有10万hm^2的柳林地(FAO，1980)。另外一个种柳区是阿根廷的 Parana 河三角洲。

短轮伐期能源矮林

在过去 20 年中，由于全球石油和天然气的可采存量的不确定性，矮林作业被视为生物质能源的可能途径。在种植的矮林试验地中应用了生态、遗传、生理和林学的研究成果，在 4~5 年内的干燥的带皮茎、枝的平均年生长量，达到了 $10~12t/hm^2$（Cannell，1980）。

产品的采伐部分或全部使用机械方法进行，产品直接用作燃料，或用作原料把纤维素加工转化为液体或气体燃料。迄今为止，几乎没有实施大面积短周期生物质能源矮林的种植和生产，但这种作业法已得到了持续的关注。很多国家正在研发实施生物质能源林的合适的生产方法（Mitchell 和 Puccioni – Agnoletti，1983）。对于立地及其处理、树木及其处理、产品收获及之后的能源转换等，得到国际能源机构（International Energy Agency）的资助和协调。由于最终产品是能源，一些经营者认为，在判断矮林作业法的可行性时，应用整个生产过程中消费的能源抵消最终的能源产出。

在欧洲和北美对多个温带阔叶树种进行了测试。所追求的特性包括：幼龄阶段生长迅速，单位土地面积、水和养分条件下干物质产量高，以及生长习性合适。生长习性一般认为是干茎竖直而树冠紧凑。对破坏性病虫害、霜灾、旱灾的抗性也是基础要求。用于能源的材性方面，要求比重大、水分含量低、树皮薄。满足这些标准的树种还必须易于使用种子或插条栽植，栽植之后可以迅速成林，并且具有较高的蘖条萌生或根部发条能力。

迄今为止，桤木属（*Alnus*）、悬铃木属（*Platanus*）、杨属（*Populus*）、柳属（*Salix*）等的树种似乎是最有前途的树种了，同时，槭属（*Acer*）、假山毛榉属（*Nothofagus*）、桦木属（*Betula*）、梣属（*Fraxinus*）以及北美枫香、鹅掌楸、刺槐也有可能成为合适的短周期能源矮林树种。大部分成功的树种是生态演替中早期出现的先锋树种。它们一般叶子较大，光合效率高，叶面积指数高。这些树种间的遗传差异较大，已经采用选择、子代测试、无性繁殖手段，生产可以响应集约作业应用措施的栽培种。

由于轮伐期短，进行矮林作业的首茬林分必须迅速成林。在造林前对立地实施全垦、圆盘耙反复耙地并施用除草剂后休耕一段时间，有利于树木的生长。种植材料包括仔细分级的实生苗或扦插条，裸根苗或容器苗均可。通常使用机器进行短间距种植，实际间距取决于目标产品的规格及与此相关的采伐、加工方法。在使用小型采收机械的情况下，常要求是小径级的根棒条或杆材；如果使用链锯进行采伐，最好是在径级稍大而蘖条较少时进行。虽然已经试验了 0.3~1.5m 的初始间距，现在越来越多地采用 1.2m×0.8m，1.2m×1.0m 和 1.2m×1.2m 的间距，在此范围内在第 4、5 年的最终产出不受初始间距的影响。造林密度在每公顷 7000~11000 株之间。

在造林后至树木产生完整树冠的前几年内，由于林木自养能力不能满足生长需求，加上来自杂草木的竞争激烈，树木生长依赖于土壤提供的养分。这样一来，造林后前两年对杂草木实施全面控制是个基础要求。控制杂草可以通过手工工具、机械或化学除草剂完成，目前正对这些方法的各种组合运用进行测试。Miller(1983)制订了不同土壤类型施用除草剂、氮、磷、钾的时间表，他还建议对养分含量实施经常性的监测，认为这是施肥的基础措施。

对短周期能源矮林实施灌溉，适于生长季内降雨量 200~300mm 以上的地域。目前正在测试的灌溉方法包括：漫灌，输水至林木行间的犁沟，通过移动喷灌系统在树冠上洒水，使用在土壤表面的滴灌线路。杨树栽培种对于水的敏感度高于其他阔叶树，保持其高速生长需要较高的土壤湿度。

Zavitkowski(1979)估算了产出转化为热值所需使用的能量的总投入，即：在采伐开始前为 1:14；采伐并切片后为 1:9；木片干燥后为 1:4。

就目前来看，短轮伐期矮林用于能源生产既有优势，也有劣势。其优势为：

(1)操作简单。即可用于小面积未充分利用的土地，也可用于大面积土地。

(2)灵活性高。如果出现了在产品健康、产量更先进的树种或品种，可以更换。改进的培育技术可以得到快速引进，产品的规格可所有限调整，以适应采伐加工的需求。

(3)由于轮伐周期短，蓄积生长经营占用资金不多，还可以得到较早回报。

其劣势为：

(1)财务上的成功取决于单位能源的成本低于来源于煤炭、天然气、石油能源或核能、风能等的成本。产品可替代的市场为纸浆、板材、动物饲料等需要大量低成本提供原料的产品。

(2) 非常快速的生长一般只能出现在肥力好、生长季节有充足的水源供应的土地上。大多数立地来需要增加养分，部分立地需要灌溉条件。

(3) 为保护矮林幼萌条免遭野生动物和家畜的啃食，需要安装围篱。病虫害会对快速生长的萌条和叶子造成破坏，应采取保护防控措施，防止因此造成的产量降低。

(4) 培育作业和采伐全部实现机械化，要求地势平坦、土壤牢固紧实。

由此可见，用于能源生产的矮林作业法，从立地需求、集约培育大量植株方面讲，是一种类似农作的作业法。它有可能最适用于土地和劳力未得到充分应用、其他能源形式昂贵的区域。如第 184 页所讨论的，非洲、亚洲、中美洲和南美洲几乎全部依赖于木质材料满足薪柴和其他目的的需求。

矮林与农作物混作

法语：Sartage, taillis sorté；德语 Hackwald

矮林与农作物短期混作，是在欧洲部分地区尤其是德国历史上广泛采用的作业实践。在此对其进行描述，是考虑到它与在很多热带国家的混农林业相似，在这些国家里，土地在一段时间内承担着林木和农作物生长的双重任务（第 211 页）。

从经济上讲这也是一个很有意义的作业方法。在德国的应用局限于 Hessen 的 Odenwald 等位置较偏远、气候和土壤条件差的山地。受条件所限，缺少森林的辅助作用农业活动将难以开展。作为补充林地多而农地少的偏远地区食物短缺的一个手段，开展矮林与农作物混作经营（hackwald）为当地人口带来了巨大利益。

一般使用栎树矮林从事鞣料生产，偶尔也使用其他树种，如白蜡、槭树、榛子、鹅耳枥、桦树等。最常使用的农作物是黑麦，有时也有小麦、燕麦和土豆。具体的作业程序差异较大。在 Odenwald，使用栎树作业的轮伐期为 15～20 年。矮林在 5 月份采伐，采伐后不久即可轻易剥皮。在可利用的原料全部移出并码堆之后，采伐剩余物被平铺于施业区上并在足够干燥的情况下充分烧除。之后用锄头实施全垦，在次年十月再次锄头全垦后播种粮食作物。作物在次年的 6～8 月份成熟后用镰刀收获，收获完毕实施停止农作，使矮林重新生长。如果种植土豆，一般是只连续种两年后。可以看出，手工锄地、收割相当费力辛苦，只是在当地人口迫于生计压力而不得已采取的办法。对有机物进行火烧为土壤提供了灰分肥料，虽然不对根桩产生什么大的破坏，但会产生降低根桩萌发位置的不良后果。根桩可以持续生长很多个轮伐期，之后使用从贴近地表面的树桩根处伐取的幼龄枝条进行更新。

在 Odenwald 林区，有证据表明，矮林与农作物混作方法，不仅不会耗尽土壤地力，相反还会给起到创造有利的土壤条件的作用。值得注意的是，在周期性地实施立地烧除和土壤垦复之后，立地上的金雀花和帚石楠少见或消失了；而在不实施间歇性烧除和垦复的矮林立地表面会有石楠覆盖，表明土壤处于酸性状态。

在乌干达，桉树矮林与农作物的混作经营取得成功。所种植的农作物包括谷物类、蔬菜和水果。如第二十章所述，将林木与农作物种植、动物饲养结合的可能性，在世界混农林业中心（ICRAF）的支持下，得到了全面的开发。

桉树矮林

据报道，全球 400 万 hm^2 桉树的大部分是按照矮林方式经营的。Métro（1955）、Jocobs（1980）、Evans（1982）就这类作物的经营方式做过综述。

桉树矮林的萌条，既可以发自位于内侧和活树皮的休眠芽，也可以发自位于根和树干连接处附近的木茎块芽。木质茎块芽出现于实生苗，是子叶叶腋上、有时是首对叶片上的小凸起。它们聚合于树干周边，向下围绕干和根的结合处，因此也全部或部分埋于土壤上层之中。木茎块属于贮藏器官，其潜在功能是在树木的地上部分被破坏后，大量产生带叶萌条。王桉、巨桉（*E. grandis*）、棒头桉（*E. gomphocephala*）及南温带型的赤桉（*E. camaldulensis*）等多个树种，不形成木质茎块；它们在根干连接处形成形如胡萝卜的膨厚区作为贮藏器官。如果树干或树冠被破坏，会有新的萌条从膨厚区顶部长出。

一般情况下，矮林桉树实施采伐的最大高度为 12cm，把根桩留成斜面以防水分驻留。使用链锯或者弓锯采伐，形成的切割面越平滑越好。不建议使用斧头采伐，原因是这样会增加根桩上树皮松动的可能性。必须对施业工人严格指导，确保采伐高度一直保持低位，以达到产生稳定的矮林萌条的目的。这是因为桉树的树干的每一厘米都携带大量休眠芽，树木砍伐之后所有这些休眠芽均会长出萌条。位置较高的萌条往往比位置较低的萌条成长速度快，因此会很快压制位置较低的萌条；

但随着愈伤组织在低位切口长成，发展于树干 12cm 以上高度的愈伤组织生活力降低而难以有力支撑新生树干，导致位置较高萌条的稳定性下降。

如果矮林作业区的产品必须剥皮，剥皮过程在常在萌桩木或萌条采伐之前完成。围绕每个树干 25cm 的高度实施浅切，就可以自切口开始往上去皮，这种方法有时可以把高达 20m 的树皮去掉！之后对首茬萌株或萌条在 12cm 的最大高度进行砍伐。

砍伐后，把采伐剩余物从根桩移走，以便使矮林萌条生长不受干扰。起初会有大量的萌条从根桩上长出，但会逐渐自疏。然而，可以持续生长的萌条并不一定是那些有活力的萌条。这些萌条会拥挤在一起形成"徒长球"（Jacobs，1980），其中较大的萌条经常下垂并被风吹散。在活力旺盛的矮林里，这一过程数周之内可以发生 2～3 次，最后只有 2～4 个萌条存留下来并稳固生长于根桩之上。这些留存萌条是下一茬矮林萌条的来源。

值得庆幸的是，桉属的多数品种在采伐季节的响应方面，适应性强且产出丰富，但在非常干旱的时段或者严重的霜害会造成采伐后树皮松弛，导致皮层与木质部分分离。这样一来，在有旱季的气候条件下，矮林最好在雨季开始之前至雨季中期之间采伐。在生长季早期起霜的地域，矮林的采伐一般在重霜消退后实施，但又不能太晚，否则会降低对到来的下个寒冬的抵抗作用。

从桉树矮林可以获得各种不同产品，其中最常见的产品是用于纸浆、造纸、纸板和纤维板、深矿坑木、不同类型柱杆、家用或工业用燃料，在巴西熔炼钢铁使用桉树炭。

在多数桉树矮林里，首茬萌株在第 7～10 年间采伐。在 22 年间四茬的一般顺序为第 7、12、17 和 22 年，但一般建议省去第三茬矮林，其主要原因是矮林采伐后根桩的完整性不佳。丧失桩根而不是丧失活力降低的活桩根，是导致多个矮林轮伐期内内年生长量降低的更常见的导因。以色列已实现赤桉的 5 茬连续矮林收获，而在印度南部 Nilgiri 山地种植的蓝桉（*E. globulus*）矮林已在 100 年内按每 10 年一茬的周期实施经营，目前的薪柴产出量很好。可望以 10～12 年短轮伐周期从最初的萌株获得至少两茬矮林收获。赤桉（*E. camaldulensis*）、大花序桉（*E. doeziana*）、蓝桉（*E. globulus*）、巨桉（*E. grandis*）、斑皮桉（*E. maculata*）、圆锥花桉（*E. paniculata*）、柳叶桉（*E. saligna*）、细叶桉（*E. tereticornis*）等属于这种情况。桉树矮林可以在广泛系列的立地条件、树种、经营方式条件下种植，因此关于年均干物质产量的报道，只在对每块立地实施描述的情况下才有意义。正因为此，我们应对于一些年公顷产出的一般性描述保持清醒头脑。这样的描述对于一些条件严酷的立地大约为 5～10m³，而对于良好立地则为 20～30m³，而如果把立地条件、树种和栽培方式加以优化组合，则可达 40～50m³（Cannell，1979；国家科学院，1980）。

准备按照矮林作业法经营的人工林应满足如下条件：

(1) 土壤养分符合要求，水分供应充足；

(2) 树种、种源和种苗材料良好；

(3) 栽植方法成熟；

(4) 可以有效控制杂草木。

经营目标应可以使营造的林木在立地上迅速建群，并实现高度和径级的均衡生长。总会有一些分化，但植株越是均一、树干基部直径差异越小，根桩的生活力就越好，矮林的生产力水平也就越高。矮林首茬不整齐的现象在首次收获之后会渐次增大。

目前很多国家开展桉树品种和种源的研究，有关品种和种源试验的结果正得到更为广泛的运用，经常通过联合国粮农组织（FAO）、国际林业研究机构联合会（IUFRO）支持的种子收集和调拨国际合作进行。因此，一般都能选择到可以很好适应立地条件、能够按照良好生长习性生产健康、有活力的作物树种和种源。

苏丹 Gezira 的灌溉人工林，提供了一个在困难立地成功实施矮林经营适应性调整的例子（Laurie，1974）。Gezira 是个大面积种植棉花的地区，但受雇种植棉花者需要薪柴和杆材。当地土壤是碱性黑黏土，在夏季严重干旱时会开裂。年降雨量约400mm，属于半沙漠气候类型，但灌溉创造并保持了大面积的小套桉（*E. microtheca*）林，该树种耐重碱土，并能安然度过为期三个半月的无灌溉水源干旱期。

Gezira 目前制定的经营计划是，先进行为期 8 年的萌桩苗（seedling maiden）的培养，之后实施 6 年的矮林轮伐周期。种植材料的培育采取对塑料网袋直接播种的办法，在 5～6 个月后栽植。对立地实施耕犁，形成一系列矮垄，中间由灌溉渠道隔开，间距 2.4～2.7m。造林株距 2.5m，种植于地垄的侧面，紧接于灌溉水面之上。在 7 月之来年 3 月中旬间每隔 14 天灌溉一次，期间在 10 月份水源缺乏、主作棉花时暂停。根据苏丹和埃及签订的《尼罗河水资源协定》，三月中旬至六月底期间没有灌溉水源。近来部分老龄人工林出现顶梢枯死现象，追踪原因发现是因为缺水所致。

由小套桉的初始种源形成的林木的萌桩木的干形差,但由之后轮伐期内矮林萌生的干材会变得更加通直。目前正针对小套桉其他种源和品种生产更好的杆材进行试验。8~10年轮伐期的灌溉林分的产量平均为60m^3/hm^2,但生长差异大。旨在实现更加均一、高产目标的整地、栽植、抚育改进的工作在进行之中。

处理在桉树矮林首次及其后砍伐后遗留在立地上的采伐剩余物有不同的方法。如果采伐剩余物被无序置于整块地域,将阻碍通行并成为火灾隐患;如果整片烧除,火势有可能毁坏相当比例下茬矮林萌条生长所必需的根桩。在赞比亚,在雨季刚刚开始时实施控制烧除,是开展矮林经营的一个基本组成部分。有时将采伐剩余物每隔两行根桩放置并在潮湿、无风的日子就地焚烧,或者留在原地腐烂。保留采伐剩余物一定程度上可以起到保护土壤和减少杂草木滋生的作用。

对南非的 Natal 的 7 年生巨桉的首次采伐的观测表明,直径10~20cm 的根桩采伐后成活良好,死亡率低;而直径 3~10cm 的小根桩、直径 20~35cm 的巨大根桩在采伐后死亡率高。南非的经营提示,巨桉矮林的自然年死亡率平均为 3%~5%,初植密度和之后的空隙补植必须对此加以考虑。

在首次采伐之前对萌桩木进行清理几乎是不必要的,但如果是有非目的树种、杂交种,或者是株干缺陷很大的情况,那么所有这些都是需要移除的。有时候幼树会遭到动物或者风暴的破坏。如果对这样的树木在贴近地面的位置进行砍伐,可以生出强壮的新萌条来。对遭破坏的林木实施早期矮林经营,可以推广至所有或者大部分的被火、雪、风破坏的林木,以便可以比更新重造更快建立足够均一的林分。

如果一个根桩上留有 5~6 个矮林萌条,它们会变得弯曲如弓,只适合于生产低价值的产品。如果要求产出更为通直、价值更高的产品,就必须只保留三两个甚至一个萌条,把其他的疏伐掉。越早确定每个根桩萌条的最终数量,萌条在轮伐期末长得就越大。但如果过早减少萌条数量,有可能丧失再生长一年情况下可以出售的产量。很小但通直的桉树树干在很多地区可用作围栏立柱。

在第 178 页所述的自然竞争后留在根桩上的萌条,在被最后选择之前应有好的干形、抗风性和活力。应选择由根桩顶部以下的休眠芽长成且被愈伤组织包裹的萌条。在根桩迎风面生长的萌条比背风面的萌条遭受风折的可能性低。疏伐矮林萌条应使用小斧头、钩镰或弯刀,在萌条充塞的根桩上链锯难以使用。疏伐后矮林萌条的最终数量,不应少于初始的株密度。如果根桩已死亡,应保留临近根桩两个以上的茎干。

一般情况下,首茬矮林收获量高于萌桩苗的收获量,但前提是实施认真的采伐、树种萌生能力良好,平均每个根桩保留 2~3 个茎干,用于弥补未能抽发萌条的根桩造成的损失,之后,首茬矮林的产量将至少比萌桩木高出 25%。第二茬及其后的矮林作业的收获量会逐渐降低。在印度,蓝桉作为萌桩苗种植后,按照 15 年轮伐期,可以进行 4 茬矮林作业,记录表明:第三个矮林轮伐期的产量降低 9%,第四个矮林轮伐期也就是主伐的产量降低 20%。同一个树种种植在西班牙北部地区实施矮林经营,分别在 12、24 和 36 年后收获。每次矮林收获后产量都降低,因此建议,根桩应在 36 年后更新(Rouse,1984)。

如果桉树老龄矮林林木行将更新,应移走或者杀死根桩,如不这样做,它们的萌条会干扰新生林木从而扰乱生长的均一性;老龄根桩是攻击新生林木的病菌的匿藏地。如果每公顷老龄林有 1000 或更多的根桩,桩头和大树根所包括的数量可观的材积可作为优质薪柴,而且,如果当地需求足够强盛,这些材积采运、储放是物有所值的。如果桩头不能移除,须通过破坏地表面以上休眠芽和地下木质茎块的方法将其杀死。这可以用斧头和凿杆或者通过毒杀的方法完成。另外 种方法是在给更新矮林除草时,折断老根桩上长出的萌条,直至新生林木凌驾于老龄矮林和杂草之上。

头木作业(Pollarding)

法语 Taillis sur tétards;德语 kopfholzbetrieb;西班牙语 Tratamiento por trasmachos

在正常情况下,被称为头木作业的实践方法很难定性为一种林业作业方法,它更像农林混作作业法(见第 211 页)的组成部分。它包括了将树木去顶以便刺激大量直萌条从伐干顶部长出的生产措施。这些萌条每隔 1 年或多年定期修剪去掉,以便提供篮筐编织、篱笆栏、粗杂材所需要的材料。

一般在河溪、沟道岸边对杨树和柳树实施头木作业。在欧洲经常在湿润牧场周边在 2.5~3m 牛够不到的高度进行头木作业。现在一些老旧的头木一般中空了,藏匿着杨柳树所有可能的天敌,正在从各处的景观中消失(FAO,1980)。与之形成对比的是,头木作业在热带干旱地区和国家,譬如埃塞尔比亚、苏丹、巴基斯坦甚为常见。

有时对田地周围树木和蛇麻园进行类似的作业措施，通过刺激沿树干新枝条的生长，改进它们的庇荫保护功能。另一做法是定期修剪街道、路边树木上长出的萌条，以生产薪柴。在中国，对悬铃木、部分杨树和一些阔叶树都采取这种做法。头木作业在尼日利亚北部农场的实践，是对大约12年生的印楝树实施头木作业，砍取枝条用作薪柴。大约30棵头木作业的树，可在15年内为一般的农村家庭提供燃料（Fishwick，1965 in Spears，1983）。

矮林作业法的优势和劣势

矮林作业体现与高林作业法截然不同的特性，可以通过与高林对比看出其优势和劣势：

（1）应用简单，经常情况下其繁殖比从种子繁殖的确定性更高，成本也更低。

（2）在初始阶段，矮林生长更快，长出的杆材比从同一品种种子繁殖更为通直和干净。因此，在需要大量杆材或中小薪柴坯料的地域，矮林总体上讲优于乔林。

（3）矮林以比高林更短的轮伐周期经营。占用于蓄积生长的资金更少，且比高林更早地获取回报。这样以来，矮林尤其适于对其产出有需求的小私有林主经营。

（4）在矮林经营不同阶段提供的多样化的栖息地，有益于野生动植物，因此矮林的保育价值很高。

其劣势为：

（1）矮林的产出是小规格材料。因此从木材生产的角度看其总体效用有限，其财务上的成功与否取决于是否存在对其产出品的特殊需求。

（2）矮林严重依赖于土壤养分的储存量，尤其是短周期的矮林，其主要由有生长活力的幼龄萌条和枝条组成，对养分的需求高于老龄木。

（3）幼龄矮林萌条尤其容易遭受霜害和鹿的啃食。在霜灾严重或鹿较多的地区，不应采用矮林作业法。

（4）从美观上讲，常认为矮林不如多数类型的高林，原因是其外形较小，外观也比较单调。

有时人们认为，矮林不适合于在山坡地带经营，因为矮林经营对立地实施定期性的清理，存在水土流失和土壤退化的风险。这种风险可能比一般想象的要小，也肯定比高林实施皆伐造成的风险小（O'Loughlin，

1886）。山坡地矮林根桩的根系强劲，发挥固定土壤的作用；同时，矮林萌条的再生快速覆盖地表，遏制地表水土的流失。矮林的保护功能在意大利陡峭坡地上经营的部分甜栗矮林中得到良好体现。

由于生长旺盛，轮伐期相对较短，一般认为它比高林更少遭受病虫和菌类的危害。虽然这在总体上有正确性，但 Peace（1962）指出，矮林根桩几乎毫无例外地受到木腐菌的感染。这类损害的发生可以通过降低根桩砍伐高度刺激在地表面甚至地表以下萌条生长的方法加以延迟。

实践运用

矮林是现已知最为古老的营林作业法。它的历史可以追溯到英国的新石器时代，并在整个青铜器时代、罗马时期和撒克逊时期使用。正如我们迄今所知道的，它是早期的希腊人、罗马人系统化运用的唯一的营林作业法（Meiggs，1982）。在罗马时期，按照年度采伐作业、生产矿柱、葡萄园桩柱、薪柴及其他小型材料的矮林，称为采伐林（silvae caeduae）。采用的是短轮伐周期。Pliny 先生在他的《自然史》一书中提到，甜栗用作葡萄园桩柱需要经营 7 年，而栎树则需要 10 年。法国和德国在中世纪时（公元 337～1500 年）实施矮林经营，主要用作能源林，一般实施短轮伐周期。德国实施矮林经营的早期记载是从 1359 年起对 Erfurt 镇的森林实施矮林经营。从 13 和 14 世纪起，德国大面积的矮林与农作物实施短期混作经营。Rackham（1980）认为，在 1250 年前，矮林在英国应用广泛，甚至在像 Dean 森林这样的大林区也很普遍。在瑞士，根据 Flury（1914）的记述，矮林更新大约在 16 世纪时首次实施，但直到 18 世纪末期才实施系统化的矮林采伐。中国中南部亚热带地区种植的杉木矮林，按照 25～40 年的轮伐期经营，生产干材和薪柴，可能已有数百年的历史了（Lin，1956）。

在整个欧洲，在 17 世纪和 18 世纪，矮林持续提供家用薪柴、建筑材料、篱笆材料，另外，还提供数量渐多的工业能源，栎树皮还用于制作鞣料。之后欧洲的很多地区用煤炭补充薪柴能源，到了 19 世纪中叶，很多矮林传统产品都处在被取代状态。在大不列颠岛，第一次世界大战后农村的电气化发展，矮林作业法加速衰落（Crowther、Evans，1984），第二次世界大战后，石油和天然气的便利供给，矮林作业法进一步衰落。到了 20 世纪 50 年代，除了甜栗之外，矮林的日常经营已很难见到，并且开始了矮林向高林转化的活动（Wood 等，1967）。在欧洲大陆，矮林的重要性也远不如往日。大面积的栎树矮林被转化为高林，对其他树种矮林的改造转化也在推进之中。然而，当前仍然有大面积的矮林存在。虽然种种原因导致欧洲矮林经营的面积稳定下降，但由于存在对产品的特殊需求，仍有不少地区的矮林经营收益良好。

法国（Auclair，1982）目前仍有 500 万 hm^2 年收获量在 1.5～5m^3/hm^2 的矮林，收获量因树种和立地条件不同而有差异。这些矮林的一部分包括了商业价值好的树种，矮林株干的平均胸高直径大于 15cm。根据 Curdel（1973）和 Bouvarel（1981）的记述，这些地区矮林的产出可以通过补植和施肥提高生长率，还需要改进林道系统提高可及度，采伐收获也需要机械化。意大利森林面积的 43%，也就是 360 万 hm^2 的森林实施矮林或中林作业，但 20 世纪 50 年代以来，由于农村人口减少，劳动力成本上升以及产品需求降低，这些林地经营情况一直在恶化。最好的区域正在按照类似于法国使用的方法得到改进；另外，通过开展矮林联合经营的尝试，克服由于个体经营规模小带来的各种问题。

1979～1982 年间英格兰森林资源普查结果（林业委员会，1983）显示，矮林面积为 25711hm^2，其中的一半是甜栗矮林，它的经营效益也是最好的。大约有 3000hm^2 的榛子矮林按照 7～9 年轮伐期，1500 株/hm^2 的根桩密度经营，生产隔栏、篱桩、豆架和类似的产品（Crowther、Evans，1984）。

矮林经营是美国有计划地实施的第一类林业活动。几乎是从殖民定居开始直至本世纪，东部地区可及的阔叶森林多次实施矮林经营，以连续生产可供家庭和工业使用的薪柴能源和木炭。之后，除了少量的特殊产品的生产和供野生动物啃食之外，矮林作业几乎消失了。在过去的 20 年间（McAlpine 等，1966），矮林作为一种可能的能源和纸浆、板材的木片原料来源又开始兴起（见第 174 页）。

矮林作业法在发展中国家一直广泛使用，其重要性随着人口数量的增加而持续上升。在这些国家里，薪柴来自不经营的和经营的森林里，也来自森林之外的成行的树木，以及道路、水渠、铁路旁的防护林，村社片林和果园，以及农田林和房屋周边的散生树木等。非洲、亚洲和南美的人均薪柴需求为 1m^3/年，粗略估算每年的薪柴需求量是 20 亿 m^3（Gilliusson，1985）。众所周知，非洲干旱和半干旱地区、南亚次大陆、东南亚家庭薪柴的供给严重缺乏，预计薪柴短缺问题将扩展到同一区域的其他地带。

薪炭材能源在很多乡村工业中有重要地位。Gilliusson（1985）强调，木材也可作为电力的主要来源,还用于生产车辆使用的液体燃料。这样以来,薪柴在发展中国家的两个主要用途,是提供家用的"生存能源"和工业交通的"发展能源"。长期的经验表明,矮林作业法在提供廉价的可持续薪柴能源方面有重要价值。部分收获量大的矮林树种还用于生产动物饲料、单宁、油料和水果。经营的矮林所提供的庇护功能和立地保护功能,可以大幅度地提高贫困地区人们的生活质量(Burley、Plumptre,1985;Arnborg,1985)。

第十七章
矮林择伐作业法
The coppice selection system

法语 Taillis fureté；德语 Geplenter niederwald；西班牙语 Tratamiento de monte bajo entresacado

概 述

原则上，矮林择伐作业与高林择伐作业类似。根据目标材的规格以及生产出该规格预估的年龄确定目标直径，该年龄决定了面积轮伐周期的个数，而经营面积又被分为数量与面积轮伐期年限相同的年度作业区（annual coupe）。每年都在其中的一个采伐作业区实施矮林采伐，但只采伐到达利用径级的枝条，而把低于该径级的枝条保留下来。

在实践中，该作业法的细节差异较大。在 Pyrenees 山区，最常见的情况是 30 年轮伐期，包括两个 15 年的面积轮伐期或三个 10 年的面积轮伐周期；在部分地区也采取包括三个 9 年的面积轮伐期的 27 年的轮伐期。在法国南部 Morvan massif，对 36 年轮伐期经营，一般采取四个 9 年面积轮伐期的做法。

正常情况下，根据轮伐期内面积轮伐期数的差异，矮林桩丛（clump）包括有 2 个、3 个或 4 个不同年龄的萌条，然而，它们并不总是可以轻易鉴别，一丛实际上包括有几个直挺的大萌条和大量小萌条，多数小萌条柔韧易弯，有时甚至是东倒西歪的。

曾有一段时间，一些地区习惯性地把一些较大、散布于作业区内的萌条作为保留木，产生更新种子来填补因根桩死亡而造成的林地空白，但如今这种做法已不再使用了。林中空白地带有时通过对附近根桩上有韧性的萌条实施压条更新的方法填补。据说山毛榉采用矮林择伐法，其根桩可比简单矮林作业法更长久地保持生长活力。

第十七章 矮林择伐作业法

优势和劣势

矮林择伐作业法一般用于贫瘠、常常是山区的石质立地，在这些立地上树木达不到高林足够大的规格，由于气候条件严酷，幼龄萌条按照简单矮林作业法操作会遭受霜灾、旱灾和雪灾的压力。在这些条件下，矮材择伐法的优势是：

（1）幼龄萌条在成熟萌条的覆盖下可得到更好的保护，免遭上述风险以及畜牧动物的破坏。

（2）土壤保持永久覆盖，不会像简单矮林作业那样有周期性的暴露。

其劣势为：

（1）采伐大的萌条更加困难费力，还容易破坏小的萌条，而贴近地面采伐一般是不可能的。

（2）由于萌条在其生命早期经受压制，其生长不如单一矮林作业法。

实践运用

矮林择伐作业法长期运用于欧洲部分地区的山毛榉林，但如今比以往使用得更少了。目前在法国的比利牛斯山区海拔 600~900m 的地带使用，其次是其 Haute–Savoie 和 Morvan massif 地区。常见于整个巴尔干半岛。巴基斯坦 Jhelum Mianwali 和 Shahpur 林管区的尖叶木犀榄（*Olea cuspidata*）和金合欢（*Acacia modesta*）亚热带阔叶林采用矮林择伐方法经营（Khattak，1976）。矮林择伐施业区被分成八个采伐系列分区。通过面积调控收获量，每个采伐系列有 30 个年度采伐作业区。尖叶木犀榄和金合欢可利用的径级是地上 30cm 处直径达到 15~20cm。每年对一个年度采伐作业区内达到可利用径级的萌条实施采伐。林中空地通过干旱区造林的方法加以填补。

择伐矮林很少有繁茂的林相，除特殊的可以综合运用的情况以外，一般不推荐采用这种作业法。

第十八章
中林作业法
Coppice with standards

法语 Taillis sous futaie；德语 Mittelwald；西班牙语 Cortas en monte bajo con resolvos；monte medio

概 述

中林作业法由两个截然不同的部分组成：
(1)下层的同龄林层为矮林；
(2)上层的标准木(standards)形成异龄林分，按高林对待。

这里的矮林又称下木，标准木称为上木。标准木的目的在于提供一定比例的大径级木材，同时为天然更新提供种子来源，并在一些情况下起到防止霜冻的作用。施业区的布局方法和单一矮林完全相同。矮林的轮伐期按照要求是固定的，整个区域按轮伐期的年数分作相应的年度作业区(第186页)。随着各年度施业区依次到达采伐时间，需要开展如下作业活动：

(1)皆伐矮林，方法和单一矮林经营相同。

(2)保留现有标准木的一部分至少到下一个矮林轮伐期，其他标准木全部伐除。

(3)保留一定数量与矮林同龄的新的标准木，最好是实生苗来源。这些新的标准木应是在施业区上出现的天然苗木，或者是在矮林采伐时新种植的苗木。

(4)填补由根蘖死亡或标准木伐除形成的空档，以确保未来有萌生林和标准木的双重收获。如果天然实生苗数量不足，可通过人工造林的方法引入需要的树种、种源和栽培种。

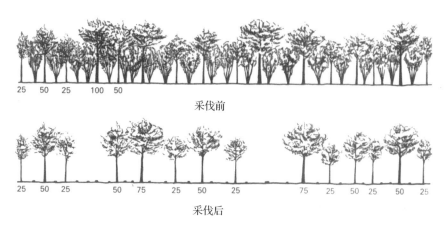

图 30　中林作业采伐前后的对比
矮林轮伐期 25 年；标准木轮伐期 100 年。
数字表示标准木的年龄

如果这些作业活动规律性进行并重复 r 个矮林轮伐期年份，那么即将采伐的施业区应由 r 年生的矮林，$2r$、$3r$、$4r$……年生的标准木，以及一定数量的 r 年生幼龄标准木组成。换言之，标准木的轮伐期是矮林轮伐期的倍数。如果决定标准木的保留时间最多是 4 个矮林轮伐期，那么采伐一旦完成，立地上就会有 r、$2r$、$3r$ 年生的标准木，而在 $4r$ 年生的标准木被采伐掉的同时 r 年生的矮林和 r 年生的标准木得到保留。图 30 是该作业过程的示意图。与生长于高度郁闭林分的树木相比，这些标准木的树干更短，枝桠材比例更大，这在矮林轮伐期短的情况下尤为突出，在矮林轮伐期长的情况下，标准木主干受旁枝影响小，因此常长得更为高大。

施业区的布局安排须有助于采运，这与单一矮林经营的情况是一样的（见第 169 页）。在欧洲，有时习惯于逆冷风方向推进采伐为原则安排施业区，以保护幼龄矮林。

树种的选择

标准木下的矮林下木一般包括有多个树种。在英国主要是栎类、白蜡、鹅耳枥、山毛榉、甜栗、欧亚槭、栓皮槭、榛、桤木、椴、榆、野樱桃、黄花柳（sallow）、山杨，山杨是指依靠根出条更新的情况。在实施下木纯林经营的地域，主要是栎类、白蜡、甜栗，有时也使用榛树。强喜光树种不太适于作下木，适度耐阴的树种是更好的选择。

标准木应当选择那些价值足够高、可以弥补矮林生长损失的树种。这类林木最好有伸展型的树冠，可以覆盖地面一定距离的空间。但在英国，认为部分这类林木（譬如白蜡、桦树）不是理想的标准木树种，原因是它们冠幅窄小，根系密集于土壤表面导致冠下矮林生长不良。英国大部分近熟、成熟的标准木是栎类，但 20 世纪以来，由于忽视播种造林，造成大量栎林被更新能力更强的树种所代替。山毛榉偶尔作为标准木经营，但这并不合适，主要原因是它树冠上的叶子过于密实。栎树是欧洲最常见的标准木树种。叶子稀疏的针叶树种，尤其是落叶松，也是合适的标准木（Kostler，1956：367）。

标准木的分类

英语和法语中的有关常用标准木术语是：

1r 一代上木（Teller）

2r 二级标准木（2nd Class Standard）

3r 一级标准木（1st Class Standard）

4r 成熟木（Vetern）

5r 级外木（Vieille Éorce）

不同级别的标准木总体上可以从其规格大小上轻易判别（图 31），在矮林周期长的情况下尤其如此，但对于上木由多个生长速率不同的树种组成的情况，按规格判断就有难度。在上木有多个树种的地方，容许对不同树种采取不同的轮伐周期，但前提是其各自的生长速率或寿命期有这样的要求，或者每个树种产出目标的规格不同。Troup（1952：147）报道了西德 Rastatt 城镇森林实施 25 年矮林轮伐期的案例，案例中标准木的轮伐期为：栎木 125 年，白蜡 100 年，桦树、椴木、鹅耳枥 75 年，杨树、刺槐 50 年。

标准木的保留和采伐

选择保留标准木需要考虑如下方面：

(1) 标准木的平均数量；

(2) 标准木在整个地域的分布；

(3) 选择优良树种中干形通直、生长健康的标本木，其树冠发育良好但不过于伸展；

(4) 保持不同标准木级别的正确比例。

第十八章　中林作业法

图 31　中林作业矮林采伐 1 年后的林相
该林分缺少足够的栎树一代上木。地点：法国

通常的做法是，在计划采伐矮林时，对各级别每公顷标准木总株数作出框定。由于立地生产力差异大，只在极少的情况下才制定每公顷材积的计划；确定材积目标适仅用于林木主要由标准木组成并因此选择近乎高林的情况下。需要保留的标准木的材积或数量，取决于上木和下木间的相对重要性。每增加一株标准木就意味着矮林产出的相应减少。通过固定标准木的数量，可以获得锯材和小径材产出的大致比例。一般来说，包括所有级别的每公顷的标准木约为 50~100 株，同时矮林不低于 100 株（强耐阴树种归于次要地位除外）。

为确保可持续收获量，必须关注标准木正确的年龄分布。正如择伐作业法那样，必须设定未成熟标准木的枯死的数量或者育林地块上的剔除数（见第 145 页）。这样一来，对于保留的每 10~20 株一代上木，只将其中 1~2 株保留为 4 个轮伐期的标准木。虽然枯死率在不同条件下差异大，但在任何立地都可以根据经验加以确定。举例来说，假设需要保留100株标准木/公顷，其相关比例在矮林采伐之后的大致情况是：

标准木等级	一代上木	二级标准木	一级标准木	成熟木
轮伐期	1	2	3	4
株标准木/公顷	50 （刚保留）	30	20	（10） （刚伐除）

对需要保留的标准木在胸高位置进行标记，所有未标记的林木及矮林全部伐除。一般情况下，标准木孤立分散于整个地域，但有时也群聚于矮林之中，有时呈带状穿插于矮林之间（这种布局有助于生产较大比例的标准木净材）。合适的标准木均匀分布于整个地域的情况并不总是可能的，因此所企划的密度只是个平均数而非单位面积森林必须硬性遵从的数量。有决策者提议，在能够找到好的标准木的情况下，应保留高于可接受数的标准木。但这忽视了本作业法的主要目标，即提供一定数量的小径级材；如果作业目标是生产尽可能多的木材，就应当放弃采用中林作业法而使用高林作业法。有时会习惯性地在森林边界位置保留更多的标准木，以起到阻挡强干风的作用，或者在道路、岔道位置保留更多的标准木，达到减少采运成本、美化环境的目的。在霜害严重的地区，有时会习惯性地保留大量一代上木，以保护幼龄矮林萌条免遭破坏；一旦这样的风险过去，这些一代上木将被疏伐至所要求的数量水平。

如果可能的话，标准木应为实生苗或无性系苗来源，原因是矮林的萌穗在长期直立的情况下其基部会变得不牢靠。但在缺乏实生苗或无性系插条的地域，也有必选择性的保留一些矮林萌条作为标准木。这些应当从那些蘗条极少的幼龄萌根中甄选。根出条基部没有伤口，因此要优于矮林萌条。

对标准木的采伐不局限于那些到了可利用年龄的单木。采伐对象还包括那些树龄较小但已死亡、濒死、遭病或其他不符合要求的林木，甚至可以扩展到健康的但是数量大于要求的标准木。在极少数情况下，譬如材质极其优良或有可能大幅度提高材积，才保留已经达到可利用年龄的标准木至下一个矮林轮伐期。

矮林采伐后，应立即采伐标准木并将其运离，以避免对矮林萌条产生破坏。如果标准木的目标是剥取鞣革使用树皮，这应在采伐之前的春季进行，剥过皮的树木保留到来年冬天。

抚育作业

这包括清理、疏伐以及必要情况下对标准木的修枝等。早期的清理工作包括：清除威胁矮林萌条和幼林的非目的树种、杂草灌、藤本等，还要清除那些干扰作为未来标准木的实生幼苗的矮林萌条。由于矮林的生长速度更快，后者是一项重要工作。

对中林实施疏伐的方法和单一矮林作业法（见第170页）相同。另外，疏伐的目的是，使处于幼龄阶段的标准木免受矮林萌条的威胁，同时移除已死、濒死及其他不必要的标准木，但疏伐作业不能对林木造成严重的破坏。也可以对标准木进行修枝以生产净材。这包括除去矮林采伐后可能出现的徒长枝，以及其他直径小于5cm的小枝，直径大于5cm的大枝一般不再清除（Peace，1962）。特别是在大量保留幼龄标准木以防止霜害的地域，必须在霜害风险解除后，通过一次或多次作业活动，对标准木进行疏伐，使之达到最终要求的株数。

矮林—针叶标准木的经营

对于由矮林和冠幅开放的同龄针叶林木组成的林分，针叶树按择伐方法经营，采伐周期与矮林的轮伐期相同。这在法国地中海沿岸的石灰岩旱地的圣栎、地中海白松（Aleppo pine）混交林中可以见到。用作矮林的栎树的轮伐期一般是25年，松树作采脂用并按最低可采直径控制，该直径因立地而有所不同。矮林的轮伐期是不固定的，可以是3~5个。尽可能多地实施松树天然更新，但常需要辅以直接播种或人工栽植。

矮林-针叶标准木经营的一个新近的例子，参见韩国实施的刺槐作为矮林、北美油松（*Pinus rigida*）作标准木的文献（FAO，1979b）。

优势和劣势

有关优势包括：

(1)生产大量不同规格的材料，用作当地围篱材、纸浆材、薪炭材、干材、车削材等木材用途。

(2)可从矮林获得早期回报，具有财务方面的优势。

(3)森林资本投入比多数高林经营方式低，经营规模在不影响作业法的情况下，还可轻易地扩大或缩小，对私有林主来说是一种灵活性上的优势。

（4）由于有标准木覆盖，土壤和单一矮林经营相比，能得到更好的保护。

（5）不必对全部空白地域通过人工更新实施填补，天然更新仍可部分发挥作用，有利于节省支出。

（6）由于避免了皆伐，上木又包括了大小不同、健康生长的林木，森林的外观持续处于有吸引力的状态。

（7）树种和龄级的多样化，尤其是上木的保护作用，使之成为有利于保存野生动物、鸟类的良好的作业法。

有关劣势包括：

（1）这是一个难以正确应用的作业法。保持矮林和标准木之间的平衡，以及保持不同级别标准木的正确分布，均有难度。标准木的选择需要技巧，其实施在丛生密实的矮林中进行，视线受到遮挡，完成起来单调乏味。

（2）标准木通常比高林方法培育的林木有更多的枝杈和更短的主干，其结果是，净材产出比例也更低。小型材的数量，包括枝桠材，可占到总产材量的四分之三，多数只适合于烧柴。

（3）与单一矮林作业法相比，标准木下生长的矮林活力较低。

（4）与同一地区相应的单一高林或单一矮林方法相比，采伐收获需要更多的劳力投入，这也使其在很多地区难以盈利。用机械实施采伐也比同类地域单一高林方法更为困难。

（5）在损害风险方面，在有鹿分布的区域，矮林遭受啃食造成的损失更大。成熟标准木不易造风折（原因是它们都是孤立木生长），但一旦幼龄标准木骤然被伐除，容易因风雪侵袭而弯曲甚至连根拔起。表面光滑的标准木在暴露的情况下有可能遭受日灼。

实践运用

Lanier（1986）综述了在法国进行的研究，对单一矮林及中林的材积、价值产出的情况，与阔叶木、针阔混交高林进行了比较。有关数据说明，高林在材积产出方面具有优势，并为木材工业提供大量原材料。表2基于大量研究工作，对了4种作业法不同级别产出比例的情况进行了总结。

表 2 不同营林作业法的产出类型（占总产量的%）

营林作业法或方案	废材及小径材	薪材	纸浆材和板材	锯材和胶合板材
阔叶高林	18	34	17	31
针叶高林	13	14	25	48
单一矮林	15	65	20	0
中林作业	16	58	20	6

数据来源：Lanier（1986：127）

欧洲国家一般认为，中林作业不如高林作业，缺乏单一矮林所具有的优势；如果需要木材，应使用高林作业法；如需要薪材、干材，单一矮林作业也胜于中林作业。

在英国，直到19世纪中叶，阔叶树种的经营主要采用中林作业法。当栎木用于造船和薪材销路良好时，中林作业的盈利极好，其实施特别关注标准木的正确分布。随着工业的发展和煤炭的广泛使用，铁路建设把煤炭运往全国各地，导致对薪材的需求降低或停滞。另外，19世纪开始建造铁质船，造船业使用的栎木迅速减少，中林作业的重要性降低，在许多地区其产出销售困难甚至断了销路。1945年第二次世界大战末期以来，大面积被废弃的中林被转化为高林经营。虽然有诸多劣势，中林作业在部分私有林地上继续使用，部分目的是作为野生动植物保护区经营，同时也通过经营产出木材、薪材、篱笆材和其他材料。目前仍有一些当地产业依赖于这类森林取得原材料。

最近一次森林资源普查（林业委员会，1983）结果表明，仅有11500hm^{2}林地实施中林作业法；大部分位于英格兰西南部和南部，全部为私有经营。另外，Steele和Peterken将大约140000hm^{2}的土地称为古老和近自然方法经营的林地，这些林地曾实施中林作业但现在不再有产出。这些有可能起源于中世纪并一直存在至今。已有人提出建议将其中的部分恢复至生产状态，以达到保护树木、灌木及相关动植物的目的。

自中世纪以来中林作业法一直在法国得到运用。在14世纪时对皇室森林曾采用这种作业法，18世纪和19世纪初期达到顶峰。1824年，Bernhard Lorentz（1775~1865）开始进行将矮林、中林转化为高林的方法试验（Plaisance，1966）。50年后，Tassy（1872）估计，法国因大面积实施矮林、中林经营，每年造成2.94亿法郎（约相当于今天的10亿英镑)的损失。第一次世界大战期间法国对于森林资源的经济需求大幅度增加,1914~1918 年间,中林作业的劣势再次凸显。第二次世界大战后,对中林的改造突飞猛进,但全法国仍然有 390 万 hm^2 的土地实施中林作业,主要位于中东部地区。其中 200 万 hm^2 是私人或集体所有的小块林地,多位于陡坡、交通不便地带。国有林的政策是继续把中林转化为高林,这项工作即将完成(Auclair, 1982)。

德国的中林作业大约在公元 600 年开始采用,当时它与牛、猪畜饲养结合,因此标准木主要是与粮食生产相关的栎类、山毛榉和果树,而下木实施定期采伐提供薪柴。这种做法在中世纪期间一直使用,在 20 世纪 60 年代仍能偶尔见到。

19 世纪以来,中林作业的面积一直稳定下滑,以 Saxony 为主把中林转变为挪威云杉。如今在西德仍有 95000 hm^2 土地实施中林作业,主要是西部和西南部地区集体所有的土地。受成本限制,将中林改造为高林的进展缓慢。古时候实施中林作业的地域得到保护。譬如,在 Baden-württemberg 就有位于 Oberrheinisches Tiefland 的 Bechtalerwald,位于 Odenwald 的 Schnapsenreid,位于 Neckarland 的 Stammberg 等三个典型的例子(Dieterich et al, 1970)

中林作业法也在热带地区的使用,但具体地域的信息极少。印度似乎广泛采用了中林作业法,面积达到 160 万 hm^2。在印度为当地提供薪柴、建筑材及其他乡村小型用材极其重要。中林作业法在不适于生产大径级木材的土地上使用较多。

虽然热带地区对薪柴、干材和小型材需求强盛,多种多样的树种也为实施上木和下木的新组合的研发创造条件,使用速生树种的单一矮林作业法和皆伐作业法似乎仍要长期实施发展。

第十九章
改造作业法
Conversion

法语 Conversion, transformation；德语 Überfuhrung；西班牙语 Conversion, Transformación

引　言

所谓"改造作业"，是指从一种营林作业法向另外一种的转变，譬如，中林作业向高林作业转变、皆伐作业向群伐作业（见第 153 页）转变。在营林过程中，这类转化还包括在某个营林作业法下通过恢复退化森林的生产力，最终实现可持续收获量的含义。本章的目的是阐述实施改造时采用的方法，通过不同类型的改造的案例，补充前文章节关于皆伐作业、群团状择伐作业的内容介绍。

乡土天然林、经营高林、中林和矮林都有可能发生退化现象。主要导因是：

（1）不加控制的掠夺性的采伐，将目的树种的最优单株移除，只留下的遭受过伤害、生长停滞的林木、劣质树种或杂木。

（2）市场和经济状况的变化，导致活立木价值下降和人们怠慢森林；

（3）火、风、雪、病虫和战争造成严重破坏；

（4）家畜和野生动物无控制的啃食；

（5）部分农作活动，尤其是不加管制的游垦、枯落物的移除等。

以上诸多导因中的一个深层次因素是使用者的所有权（见第 53 页）。对于一片森林来说，所有人或权利拥有者有可能不能、不愿意阻止导致退化的因素，因此需要有强有力的激励措施促进恢复森林的生产力。是否将退化林改造为高生产力森林、是否调整营林作业法，一般要考虑生产、防护和社会方面的因素。在如下情况下，需要考虑实施改造作业：

（1）现有林木的收获量与立地的木材生产能力不相称，而业主拟从森林寻求更高的收入；

（2）现有的作业法和森林退化的情况使土壤遭到破坏，有必要通过向高林的转化保护立地；

（3）市场和交通状况得到改善，国家政策支持转化活动；

（4）有必要增加林业和木材加工业的就业；

（5）需要改善森林的美学质量；

（6）营林技术的进步为转化作业提供条件。

在如下情况下，不适于开展改造作业：

（1）活立木提供足量的产出，譬如薪柴、满足业主或权利持有者的需求，而且缺乏促使产生变化的激励性实施措施；

（2）现有森林的立地条件极其脆弱的，或生产能力低下；

（3）具有保护价值，属于野生动植物保护地区；

（4）适合于开展户外运动和游憩活动；

（5）现有森林的美学品质或历史意义较高。

退化森林的特点是目标树种的立木度低，而次要树种、杂草木品种相对丰富。杂灌丛生，高密度幼林、干材树群与疏林地块、无木林隙地交错分布，林隙内杂草繁茂。目的树种的龄级和径级极不完整。所有这些特点共同造成树种、立木度、树木径级和质量具有无序性；伴有土壤的变异，部分原因是原木采运期间造成的破坏。

如果不考虑时间因素，是有可能通过经济实用的营林作业措施实施改造的，譬如，把中林改为阔叶高林；但在高生产力土地上保持着低质林，等待着缓慢的自然生态演替竞争改进现状，当今常不具合理性。在很多情况下，仅仅通过这样的措施在数十年内实现令人满意的林木生长的几率较小。另外，如果土地资源短缺，退化森林可能被移作农业或其他用途。

实际采用的改造作业法，以及必须完成的工作量及其净成本，取决于立地和林木的现有状况。通过自然生长获得的木材材积及其价值的收益潜力，取决于立地用于林业的生产能力以及在改造后森林中采用的树种、种源、栽培种的生产潜力。

改造规划的第一步是收集立地和立木信息。对于土壤类型、坡度、地形粗糙度的调查可用于对不同立地的评价和生产力的分类。要进行一次本底调查，调查内容包括：分树种的蓄积生长量、年龄和直径分级、最大高度、现有年生长量、干形、分枝情况、健康状况、立木度等，用以评价产出数量和品质的潜在水平。要收集尽可能多的有关立地及蓄积生长的以往的经营信息，以便确定未来可能必须面对的问题。退化森林的可及度一般较差，原因是它们可能被其他互相冲突的土地利用方式所包围。

第二步是评价改造的潜在收益，包括增加的木材材积产出，以及增加的锯材、原木等适于单板生产的高价值木材产出的比例。这样一来，在英国或法国高林业生产力低地的典型中林改造为高林的情况下，现有年材积产量和木材价值可以与同一树种、其他乡土阔叶树种和针叶树种、已知适合于同一立地的外来树种的材积产量和产品类别进行比较。由于通过改造可以改进立木度并缩短轮伐期，年平均生长量可以比乡土树种轻易地提高2~3倍，并可通过采用有良好适应性的外来树种进一步提高。锯材和单板原木产出的提高也会将财务产出提高相当大的幅度。

欧洲和北美的阔叶林的土壤肥力通常很高，但在过去，土壤的物理特性和地形可能给土地使用者造成困难，这是很多土地仍然是林地的原因所在。在此情况下，在英国的低地大量退化的森林生长在透气性差的黏土土壤上，其水分含量波动大，冬天水分含量太高而夏天太低。现有森林被清除后，地下水位上升，排灌成为一项基本需求。如果地势平坦，晚春的霜冻有可能造成麻烦。新的林木树种的选择局限于慢生、抗性强的树种，造成改造的潜在投资收益不甚乐观。灰壤、沙壤和砾质壤的情况会好一些，在这些土壤上一旦退化的阔叶林被清除，再生植被的生长活力会迅速下降。这样的土壤不适合于阔叶树，可以直接改造为针叶树而且成本不高。木材的未来产出是可以预测的，改造的投资一般可以带来好的回报。

改造所采用的主要营林技术包括：
——改进伐；
——补植，采用行状、带状或群团状；
——替换，在皆伐之后或在庇护木下进行。

改进伐(Improvement felling)

法语 Coupe d'amélioration；德语 Pflegemassnehmen；西班牙语 Cortas

mejoración, corta de mejoria

在很多温带和热带国家，大面积针阔混交林在少数目的树种被掠夺性利用后被忽视不管。随着时间的推移，明显发现，很多这类退化森林里包含有目的树种的幼龄林木的生长，受到那些原本未采伐的个体更大但价值较低的树木的阻碍。在美国(Smith, 1986)，数百万公顷被掠夺性利用过的阔叶林的蓄积生长量，经改进伐被恢复到高生产力水平。同样的情况也发生在印度，通过改进伐把大面积退化的森林转化为热带伞伐作业法经营。

改进伐适用于生长期并已经过幼树期的林分，其目的是改善树种组成、生长量和蓄积生长的质量，措施是将非目标树种以及生长缓慢、干形差、病态树木从主林冠层伐除，以提高目的树种中的高潜力单木的生产力水平。被伐除的包括劣质树种、杂木树种、主干弯曲或倾斜、枝权过多、干形差的树木，过熟并占据大量生长空间的树木，以及被火、虫害、菌类、动物等严重破坏的树木。改进伐可应用于几乎所有树种、年龄、冠层结构组合的林分，但必须有足够多的目的树种的茎干响应处理措施，这些单木须有合适的基因型和表型品质。

改进伐最常用作旨在改进林分的典型疏伐计划的前奏性活动，属于按照某个改造方法和方向进行更新伐的准备工作。

如果有缺陷的树木的市场价值高于采伐成本，它们就被采伐；如果低于采伐成本，就通过环剥和施除草剂的方法将其杀死。在改进伐中，持续生产低端木材的思想开展木材采伐是无益的，难以实现利用的目的。采伐比例取决于有销路的低端木材的材积，也取决于可用于提高生长蓄积的投入资金的数量。进行一次改进伐就足以使较好的树木得到释放，但数次轻度改进伐的效果会比一次重度改进伐要好。如果有足够大的林隙出现，可以通过天然或人工更新的方法恢复立木度，这样改进伐就和补植(见第 201 页)结合起来。

在热带混交林中的应用

Hutchinson(1987)提倡使用改进伐促进 Sarawak 择伐后常出现的热带龙脑香等目的树种的前期生长。老龄林中过熟、濒死的树木和杂木树种被伐除，为有利用潜力的目的树种幼苗、幼树提供生长空间，并为按照某个营林作业法开展作业处理做林分层面上的准备。

Hutchinson 基于多种考虑提出了他的建议。一个考虑是把树种分类为三类：已被接受为目的树种者；未来有可能成为目的树种者；其他树种。Sarawak 还有一些特殊树种因受法律保护而不能采伐。所有这些信息为制订改进伐需要促进的树种名录奠定了基础。

第二个考虑是，把这些树种按照其喜光和耐阴的特性进行分类。Whitemore(1984)的研究表明，对于远东地区的热带雨林，这两个大的类别并不能涵盖存在的所有分异。他基于树种林冠对林隙的依赖程度把树种分为四组：

(1)幼苗在高林下成林并生长的树种；
(2)在高林下成林、生长但显现林隙的促进作用迹象的树种；
(3)主要在高林下成林但必须要求林隙才能生长的树种；
(4)先锋树种，主要在林隙成林且仅在林隙中生长的树种。

还有一个考虑是合适的营林作业法的选择。如果采用传统疏伐方法伐除过熟和竞争性林木促进被选树木，骤然打开的林冠将形成宽大、强光照的林隙，倒木还会对活立木造成物理性破坏，这有利于 Whitemore 提及的最后两类树种的生长。如果使用环剥并毒杀的方法去除非目的林木，树冠将逐渐并有限度地打开。造成的物理性破坏更少，有利于 Whitemore 提及的前两类树种的生长，同时，木质藤本、矮林萌条、喜光先锋树种的生长量降低。

Sarawak 热带龙脑香混交林在 1974~1980 年实施了低强度择伐。一般情况下，每公顷仅产出木材 10~50m^3，因此林分包括大量的前生植被。改进伐的具体实施，始于在潜力林分内对于"主要目标树(leading desirables)"的识别，以及对于所选树种幼苗、幼树状况的评价。潜在的林木应是稳固而健壮的。较小的林木应有完好无损的顶梢；较大的树木的茎干几乎没受破坏，这些有利于未来高度和直径的持续生长。树干直径在 10~60cm 之间。随着潜在林木选择工作的推进，整个林分的情况更加明晰，合适的营林作业法得以抉择。

补植(Enrichment)

法语 Enrichessement；西班牙语 Enriquecimiento

补植一词包含了提高退化森林中目的树种比例的多种措施。在热带地区，这主要是靠直接播种，或以线状、条状，偶尔也通过补空的方法实施人工造林，林隙有自然原因也有人为强度利用的原因造成的。在温带地区，补植是通过把目的树种幼苗栽植于现有林中空阔地带完成的，这样的现有林可以是天然林也可以是人工林。和改进伐一样，补植是为实施一个营林作业法进行的一项准备工作。补植包括了在灌丛地上实施造林的工作。

热带林的补植

对热带湿润落叶、半落叶森林的补植，可以在清理出的直线性带状地块上进行，带间距等于或大于最终林木树冠平均直径的约数；在此条件下，树冠将在林木成熟前郁闭，但其间获得的木材产出有限甚至根本没有。这一方法在20世纪30年代以来在非洲多个国家使用(Lamb, 1969；Kio 和 Ekwebelan, 1987；Nwoboshi, 1987)。在热带地区成功实现宽间隔带状造林，必须满足如下所有条件：

(1) 在需要大径材和单板原木的地区，补植是最好的方法。如果要求产出较小规格的木材，林带间距应更紧凑，在皆伐后实施再造林是最佳选择(见第205页)。

(2) 必须选择速生树种(年生长量1.5m或以上)，自然干形通直并自然修枝。这些要求可以通过安排可以在皆伐立地上建群或填补林隙空间的喜光树种的方法实现。

(3) 不应有上层林冠存在。只有通过皆伐或毒杀形成的林带、低矮次生林形成的林带才是合适的。

(4) 不要轻易烧除林带间的更新苗木。

(5) 不应有啮食性动物存在，如有则应极少，其对新造林产生的影响可以忽略不计。

第一步是选定树种及其成熟时树干的目标直径。可以通过到森林里直接观察或查阅与树冠和树干直径相关文献数据，获得平均树冠直径的相关信息(Dawkins, 1959；1963)。林带间距等于或为最终平均树冠直径约数的120%。这样可以避免相邻林带间树冠之间的竞争，同时为林带间出现的目标树种天然更新苗提供部分生长空间。

林带内树木的间距一般为林带间距的五分之一。这样可以在每四株中选取一株作为主伐株。在轻度采伐的天然林中，被除草剂杀死的上木将会再现，对新生树木的伐除应达到30%以上。林带的间距因此降低到原有林带间距的七分之一至六分之一，以确保主伐林木能够保持干形良好。

清林的宽度最低为2m，至少可以沿此宽度的一侧，伐除根株并开展栽植、抚育、保护活动。栽植必须接连进行。最理想的情况是，通过控制好毒杀上层林冠的时间，使阳光从造林开始越来越多地照入。栽植的植株必须成林并快速生长。穴栽比较有利,对多数树种来说可以使用容器苗,较少情况下使用伐根苗、修剪苗(1.5~2m高的大苗,保留最大的2~4个侧枝,其余侧枝叶全部剪除)。直接播种只在极少的情况下使用,譬如在非洲的西印度柏木(Cedrela odorata)就是一个例子。

在林带间自然长出的次要和杂木树种,必须在其高度超过栽植的林木之前伐除或用除草剂杀死。在非洲,原伞木(Musanga cecropioides)及山黄麻属(Trema)和血桐属(Macaranga)的各树种都是麻烦较多的树种。来自次生树木并从其上部穿过的攀缘植物,也必须在其遮蔽新的树木或阻挡进入林带之前砍掉。在前12个月内需要进行多至6~7次的清理作业。作为一项作业规则,每年补植的面积不应超过将要处理地域总面积的八分之一。对于鸡骨常山(Alstonia congensi)、朴树(Celtis aoyauxii)、乔蓖麻(Ricinodendron africanum)等次要树种的天然更新苗,只要不对目的树种造成威胁,就可以保留利用。

当补植树木长量到第三年或第四年大幅度超出灌木和藤本类时,需要进行一次疏伐。这主要包括对主干通直、高生长优异的单木的选择,除非是大小严重分化的重要性大于主干直径。大约一半立木需要伐除,留下40~50株生长至成熟阶段。

在非洲,最适合于在宽间隔的林带实施种植的树种是科特迪瓦榄仁木(Terminalia ivorensis)(在偏湿的森林类型里),西非榄仁(T. superba)(在不太湿的森林类型里)和硬白桐。它们都属于干形通直、树冠宽大的聚生性喜光树种。在乌干达营造伞树(Maesopsis eminii),也产生通直的干和宽大的树冠,并长成大树。

马来西亚的皮屑娑罗双(Shorea leprosula)和小叶娑罗双(S. parvifolia)的生长量中等。曼森梧桐(Mansonia altissima)、非洲银叶树(Tarrieta utilis)、良木非洲楝(Entandophragma utile)、筒状非洲楝(Ecylindricum)、非洲核桃(Lovoa trichilioides)等树种的干形好、木材价值高,一直尝试在宽间隔带状地块种植,但其早期生长速度相当慢。楝科(Meliaceae)的各树种,包括大绿柄桑,红卡雅楝(Khaya ivorensis)在西部和东部非洲的造林结果令人失望,主要原因是其早期生长缓慢而不稳定,还遭受楝梢斑螟(Hypsipyla robusta)的侵袭。然而,大叶桃花心木(Swietenia macrophlla)人工林在斐济取得成功,没有发生梢头蟓虫。

温带林的补植

温带退化森林补植所遵从的原则与上文相似,只是在热带地区取得成功的条件更为严苛。

英国主要有两种补植方法(Evans,1984)。第一种是保留现有大多数林木,以同样的树种或更具生产力的树种、种源或栽培种,提高林隙、清林空地的立木度。清林空地面积须考虑周边较好林木的高生长,应总足以使多个新生树木的生长不受阻碍长,以在未来使其中一个或多个达到成熟。照此计算,如果周围较好的树木有望达到 8m 高,按 $0.02hm^2$ 面积计算的话,合适的最低直径就为 15~17cm(见第 157 页,及附录 1)。多个清林地块应有通道相连,以便于抚育作业。

第二种方法是,间隔实施带状皆伐,留下的森林用以保持地表覆盖和森林景观。通过一个或多个树种提高多至 50% 的森林面积的立木度。如果未伐除的森林旺盛单木的树冠快速延展并遮挡了新的树木,皆伐带的宽度必须考虑未皆伐森林中优秀单株的最终高度。如果这有可能达到 10m 的话,合适的皆伐带最低宽度为 19~21m,这足以实施 6~7 行林木的种植。从总体实践经验来看,带状补植比较容易管理,也常比群团状作业成本低。

优势和劣势

实施改造作业法的优势包括如下方面:

(1)在温带和热带森林进行补植,对于目的树种的天然更新不足,同时由于母树缺乏或生态条件不利难以诱导足量分布的天然更新的地域,可发挥作用;

(2)补植提供了通过局部更新提高目的树种组成比例,促进未来天然更新的一个途径;

(3)通过栽植优良种源和栽培种,新林木的遗传品质可以得到提高;

(4)森林的整体状况稳定,仅部分比例面积受到干扰或被改变;

(5)清理、栽植、抚育、间伐等工作,局限于固定的线状、带状和清林地块,便于系统化操控作业;

(6)森林经营工作得到简化,木材生产可集中于需要的地域;

(7)可以大幅度提高木材产出的数量和质量。

其劣势为:

(1)补植需要健壮、有旺盛活力的整齐均一的种植材料,营林作业必须按规划好的时间认真仔细地完成。出于这些原因,必须提供熟练的劳力和监管指导。

(2)由于地表覆盖茂密、又容易接近幼龄林木，由啃食性动物造成的破坏可能很严重。

(3)完成补植的单位总成本的高低，取决于现有林的状态及成林速度。补植的成本可能较高。

实践运用

技术进步提高了对退化森林补植的操作性。热带和温带的栽培种可以轻易提供，用于低密度造林使用。持续研发了开辟行状、带状、群团状造林及新林分抚育的工具和机械。化学除草剂可在栽植前或栽植后使用以减少来自杂草杂木的竞争，并在造林后控制周边树木和灌木的侵入。经济有效的树木防护套筒的研发生产对促进新造林木的早期生长起到促进作用，也使在其周边使用除草剂变得可行，还能有效防止一些啃食性动物造成的破坏。

在热带地区，补植的进展常受到培训设施缺乏、指导不足的制约，影响安全有效的作业法的逐步推广。在热带和温带林业中，补植均取得了不同程度的效果，但由于需要改造提高生产力的退化森林的面积巨大，仍然值得继续尝试。所罗门群岛上生长极其旺盛的藤本类使得补植作业难以实施。

替换(Replacement)

当现有森林退化的程度高，以致于目的树种仅存少数单木(断面积约为每公顷 $4m^3$)，或者余留的树种高生长难以形成高林，替换常成为将立地改造为令人满意状态的唯一举措。

在皆伐之后实施替换的条件如下：

(1)新的林木将包括喜光树种；

(2)农地缺乏，需要实施林农混作(见第68页)；

(3)要求中期产出，因此需要间伐；

(4)矮林萌条老化衰退，再生木不可能与新的林木形成强烈竞争。

有时对现有植被覆盖进行清理，通过连根拔除树桩或喷施除草剂的办法，消除那些顽固的杂草类植物。英国的常绿杜鹃(*Rhododendron ponticum*)就是一种在多数林木作物下生长的杂木的例子。

在庇护木(Shelterwood)下替换

将退化森林改造为生产性高林的最佳方法之一是，在上木的轻度庇护下，按照规则的密度实施人工更新。当现有林的大部分达到干材阶段，树冠足够高可以出入时，最便于使用的这一方法。在该阶段，最好的单株被伐除以提供收入，余留下的树冠稀疏的林木作为上木。为达到最佳效果，上木密度应均匀但必须避免过于稠密。应注意抵御保留目的树种好的干材木使之与新的林木共同生长的诱惑，原因是这样做成功的可能性极低。

新的林木已成林，上木须尽快伐除。这对于那些早期生长需要遮阴但总体上仍为喜光树种的树种尤其适用，其中的一个例子就是花旗松。伐除上木可以通过采伐方法也可以使用除草剂。在环境美化重要的地方，使用采伐的方法为好。

采用该方法的优势包括：

(1) 整地成本低于全面清理；

(2) 栽植成本减少，幼弱树种得到保护，免受霜冻、冷风和强阳光的危害；

(3) 水和土壤的关系优于全面清理的立地。在重黏土立地，土壤不会变得过湿，杂草生长减少；

(4) 在环境美化、户外运动场所，上木的存在是一个优势。

劣势方面包括：

(1) 来自上木根系的竞争和遮荫会阻碍新林木的生长，需要关注平衡上木和新林木的生长需求；

(2) 很干燥的立地不能同时支撑上木和新的林木的生长；

(3) 去除上木会增加营林总成本。

20世纪50年代，英国在完成恢复两次世界大战期间被荒废的森林的任务的过程中，在南英格兰的细白垩土丘陵地上，大量使用桦树作为上木营造山毛榉林人工林，同时还在威尔士和苏格兰多雾立地上栽植了花旗松、铅笔柏和欧洲冷杉。

把中林改造为同龄阔叶高林

法语 conversion en futaie pleine

该方法被称为"经典的改造方法(conversion classique)"，它包括了

一段时间的预备期,自 19 世纪下半叶以来广泛用于法国的国有林,最终实施同龄伞伐作业,具体涉及如下方面:

(1)预备期内矮林老化衰退,之后尝试实施更新;

(2)积累最大可能数量的幼龄级标准木作为母树;

(3)覆盖土壤并逐渐移除覆盖。

该方法的细节在各地有所不同,试通过如下的例子说明改造是如何实现的。

可以设想:未来高林林分目的树种的轮伐期是固定的,并与可利用的树干直径相一致,为 120 年,可以方便地分为 4 个 30 年。全部面积可分为 4 个相应的面积轮伐区(periodic block),但实践中更可取的做法是每次只选择一个轮伐区,分配给该更新区的林木为包括未来适合作母树的大多数标准木。因此,该面积的四分之一被选为 1 号更新区,不再继续实施矮林作业而是被留下进入为期 30 年的预备期(période d'attente),期间对矮林进行周期性的预备伐(coupes préparatoires)或者不间伐。在其他森林面积里,继续实施矮林作业,但比一般情况下更多的幼龄标准木得以保留,以辅助实施改造作业。在预备期的期末,对 1 号更新区实施改造伐(coupes de conversion),使树冠在一系列实施的采伐中逐渐打开。通过天然更新同时辅以尽可能多的人工更新,在 30 年内完成立木度的恢复工作。

在 1 号更新区实现更新期间,同样代表总面积四分之一的 2 号更新区,实施 30 年的预备伐,此时余下的另外一半林地面积的矮林照旧实施采伐。这一程序继续依次应用于第三、四个轮伐更新区,直至全部森林面积得到改造。表 3 概述了这一过程的各个步骤,在 1961 年制作用于宣讲目的。

对于预备期实施休整的轮伐更新区内的疏伐工作,伐除大径一级保留木(anciens)但保留尽可能多的年龄较低的标准木,以便全面补充母树并将矮林荫蔽致死。在标准木的遮盖不足以蔽杀矮林的地域,对矮林每隔 6~10 年实行一次疏伐,首次疏伐在矮林经营的正常年份进行。进行这些疏伐的目的是:

(1)从矮林萌条和将要死去的标准木中获得收益;

(2)去除干扰将作为母树的标准木树冠的矮林萌条;

(3)通过一次次的疏伐,渐进性减少根桩的数量,直至每一根桩只保留 2、3 个甚至 1 个根株。这有助于杀除矮林萌条,原因是萌条在实施这样的疏伐后,萌条的新生会因植体生长停滞而迅速败落,而根桩也失去生活力。

表 3　中林改造为高林的各个阶段

时间	面积轮伐区的作业任务			
	I	II	III	IV
1961~1990	选择 1 号轮伐区，实施 30 年的预备期，疏伐矮林	照常实施矮林采伐，尚未完成选择这些更新区		
1991~2020	更新伐	选择 2 号轮伐区，实施 30 年的预备期，疏伐矮林	照常实施矮林采伐，尚未完成选择这些更新区	
2021~2050	清理，间伐	更新伐	选择 3 号轮伐区，实施 30 年的休耕预备期，疏伐矮林	照常实施矮林采伐
2051~2080	间伐	清理，间伐	更新伐	选择 4 号轮伐区，实施 30 年的预备期，疏伐矮林
2081~2110	间伐	间伐	清理，间伐	更新伐

更新伐包括了通常的下种伐、后伐和终伐，类似于同龄林作业法。尽可能多地把保留木作为母树，原因是大部分的矮林萌条，尤其是栎树和山毛榉萌条，其年龄还不足以提供大量种子；然而，也可能需要依靠部分矮林萌条提供种子。播种和后伐作业要谨慎地进行，以防止矮林旺盛再生。在下种伐的过程中，通过去除矮林萌条提升树冠，发挥轻度覆盖的作用；大的标准木作为优质母树要认真保留。对群团状前生树采取促进措施，去除其上部遮盖和周边遮挡。树冠的逐渐开放总体上会促进山毛榉的更新，抑制栎树等喜光树种生长，在有必要的地方可以砍除部分山毛榉。

对更新林木的抚育作业主要是对低龄林木实施清理，以及之后的疏伐。清理需要极其谨慎地进行，以达到扶持苗木更新并抑制矮林萌条再生的目的。

实践运用

作为上述"经典方法"的同龄阔叶高林的改造方法当今应用于那些保持中林的结构但断面积较小的森林（断面积在 $7\sim13\text{m}^2/\text{hm}^2$）。在必要的情况下通过补植、替换加以改造。其主要不足是必须在长达一个半世纪内持续实施管理，因此它更多用于国有林而非私有林。

通过强度保留实施改造（Conversion by intensive reservation）

法语 Balivage intensif

Aubert(1920)对旧式的改造作业法提出一个修改版本，经不断发展，Hubert (1979；1981)设计出较为现代的形式；其目标是增加早期产出资金回报，缩短用以完成整个改造计划的时间周期。

对每个年度矮林施业区，在轮到应对其进行正常的矮林采伐时，进行被称为"强度保留(balivage intensif)"的作业处理，其含义是：每公顷至少保留至少300株（但常常更多）的最优的标准木和矮林萌条，作为未来的高林林木。伐除成熟标准木（多数老木和干形差的一级上木），保留个体小的栎、山毛榉、野黑樱桃等（一代上木和较好的二级上木）并对其实施高修枝，如果需要保留矮林萌条，需要疏伐达到每株丛只保留1个萌条的标准。之后的作业活动是，从大约20年后开始，每隔6—10年实施一次间伐；再后是在矮林60年生后，即在实施强度保留30年之后，实施更新伐。然而，一般情况下的林木的平均年龄会高出很多，原因是需要审慎选取那些包含可以较多生产种子的大标准木以实施更新的地域。

面积轮伐区不是事先确定的。在选择用以改造为高林的地域之前，需要结合土壤的生产能力分级认真清查核算林木的数量。如果存在很多规格合适的保留木，就可以开始实施改造；否则可继续实施中林经营，逐渐提高保留的标准木的数目至较大数量。需要改造的林木一般包括大量孤立生长的矮林萌条，其正常生长可使密度得到保证。这样的矮林萌条还可在提供更新所需的种子方面发挥作用。

强度保留和旧式经典方法的主要区别是，前者对矮林的疏伐在改造之初就大幅度进行，而后者是在整个改造期内逐渐完成的。在强度保留的方法下，将矮林间伐到每根桩只保留1个根株的水平，赋予林分某种开放的林相，林冠可在约 10~15 年后再次成功郁闭。

实践运用

在土壤条件好的情况下，如果有适量的一代上木、二级保留木得以保留，该作业法运用良好；在保留很多一级和成熟标准木的地方，运用效果一般，原因是这些大径树木会占据大量空间。

第二十章
农林复合作业法
Agro-forestry systems

概 述

把用材林木、果树、灌木和棕榈的种植和农作物、动物结合起来的生产实践，应用广泛且形式多样。林业与农业结合，可以改善农作物、动物的小气候条件，保持土壤肥力，控制侵蚀，生产薪柴和木材，并提高土地经营的现金收入。1978年由加拿大、荷兰和瑞士发起成立世界混农林业中心（ICRAF）并在肯尼亚设立总部，其目的是"在发展中国家促进混农林业的发展，以使得小农户能更好的利用土地资源和林业资源从而让他们获得食品安全保障，促进收入、健康、营养水平的提高，能源和居住条件的改善以及环境的保护。"（ICRAF，1983）

ICRAF对全球现有的实践和作业法进行了总结。分为四个类别：农林法（农作物与树木结合）；林牧法（树木提供饲料并为牧场牲畜遮阴）；农林牧法（三个方面的结合）；庭院法（譬如，在亚洲南部湿润地区，实施乔木、灌木和其他植物的复层经营，与小规模的热带湿润林的结构类似）。

本章介绍的前两个方法亦称混农林业作业法，另外两个可视为农林复合作业法的林业组分。本章集中说明这些营林作业法对于农林复合作业经营的贡献。

农林混作（Agro-silvicultural systems）

在此详细介绍本类别的两个作业法：
(1) 在农作物辅助下实施皆伐和人工更新（见第68~70页）；
(2) 矮林和农作物混作经营（见第176~177页）。

中国自 1958 年以来，通过"四旁种植"支持农业生产，实现了林业和农业的密切结合(Kemp，1980)。把在道路两侧、河渠两岸、农田周边和村屯附近植树造林，作为农村综合治理、提升乡社经济的组成部分。在造林后前 2~3 年，多数土地的林行间间作谷物、蔬菜、饲料作物，不仅造林绿化的效果良好，而且提高了粮食产量。

只有当农、林两部分提供的物资和服务均可持续时，上述作业法才是真正的混农林业作业法。以此看来，应当营造、抚育和更新那些可以帮助农作物避免风害的林木，而林木本身可以继续有效发挥它们的功能。防护林带造林成功后一直不加管护，直至其达到过熟年龄或遭病，这样是很难充分发挥其作用的。年龄级、径级结构合理的生长蓄积是非常重要的方面，设计和土地配置反映农作变化方面也要有足够的灵活性。欧洲很多地区的景观，包括不列颠群岛，仍保留着大量老龄、衰败的人工林，它们早年用作防护林带，现在不再发挥它们以往的作用。由于它们常具有很高的美化和保护价值，它们也成为冲突的根源，原因是它们成了引入先进或不同农作实践的障碍。与之形成对比的是，丹麦正在对其 Jutland 地区采用的集体所有的防风林带实施改造，反映新的知识应用并提高其支持农作的有效性，一些情况下还可以起到增强景观美的作用。

其他两个营林作业法常用作混农林业的组成部分：

(1)头木作业(见第 181 页)；

(2)按短轮伐期经营的单一矮林作业(见第 170 页)。

采用中林作业法也颇具吸引力，但鉴于本书第 194~196 页提及的原因，单一矮林作业和皆伐作业对热带国家来说更具发展前途。

林牧混作(Silvo-pastoral systems)

在新西兰，牧场上以宽距栽植辐射松已有大约 15 年历史了。在 1971~1974 年间开展的一项全过程研究，发现取得成功必须具备一些基本条件(Levack，1986：72)。可以选择农林混作，也可以选择农业向林业的渐次转换。从目前来看，农民较青睐前者，而林农更喜欢后者。

栽植的是经遗传改良的苗木或无性系插条，以群团或行状方式配置，主伐密度约 100~200 株/hm^2。更高的密度会造成地表遮阴，并产生过多的采伐剩余物。通过多种管理措施保护树木不受动物啃和过度破坏，譬如，控制引入动物的时间，关注栽植地点的细节，使用通电的防护篱笆等。实施经常性的修枝，保持 3~4m 的活树冠高度，同时限制节疤材至指定尺度，实现净材材积最大化。对林木实施早期疏伐、剔除有缺陷的单木，也是极其重要工作。

Davis(1976)就林业向牧业转向做过综述。家畜放牧和木材生产在土地使用上的兼容性有限，主要原因是在同一地点草类和树木之间竞争激烈，总会有一方压制另一方。"作出一个土地利用的选择是必要的，要么把重点放在牧业，保留部分树木作保护牲畜之用，要么把重点放在树木生长上，严格限制甚至排除畜牧活动。"

如果对作业活动进行认真规划和控制，在林内有限放牧有时还是允许的，对于实施皆伐方法的林分还是一个优势。在新西兰的一个案例展示了这项技术(Levack，1986)，在皆伐后重新营造辐射松新林分内，播下牧草种子并对施业区实施围篱保护。在幼树成林之时，可以引入牲畜。其啃食有利于提高林分的可及程度，控制杂草，减少火灾风险，并通过牲畜的养分循环作用促进树木的生长。如果不能继续放牧，就需要寻求开放的牧场。关于在奥地利山区养鹿的讨论是这些想法的来源。

农林牧复合作业(Agro-silvo-pastoral systems)

Beaton (1987)描述了英格兰中部地区起初实施农林混作，随着时间的推移又转为林牧混作的成功案例。

造林使用的是多个杨树栽培种的 2 年生的生根苗和 2m 高的无根插条，深栽于潮湿、肥沃的粘质土壤，8m 间距，培育目标是 22 年实现胸高直径 45cm。采用三角形配置方式对幼树实施准确定位，以利于之后实施农作和机械除草。多次重复修枝减少节疤材使净材材积最大化。在第 9 年完成修枝时，每株树有 6m 高的净干。每年去除所有树木上的徒长枝条。

杨树难以忍受草类的竞争，为实现早期快速生长，通过垦复清理地表。在树木成林时，引入农作活动。三角形的空间配置的行距大约为 6.5m。在行两侧各留 1m 宽不作种植，使农作带宽度达到 4.5m。这种改进后的方案适于进行谷物类与其他作物隔行种植，剩下的条带地休耕。这使农作物和休耕地有两次轮换，在足够的树木生长量要求和令人满意的农作物收成之间，是一个操作性好、收益高的折中方案。

农作应用期最长可达 8 年。在 8 年之前，树木高度达 10m、活树冠长度 4.4~5.5m。之后，在地面进行永久性牧草或苜蓿(*Trifolium* sp.)

播种，并形成 12~24hm² 的放牧单元供牛羊使用。为防止土壤压实对根系造成破坏和树干剥皮，放牧被局限于无霜期的 4~10 月份进行。由于落叶的量增加，放牧的价值会在 5~6 年后下降，但届时杨树已接近成熟年龄可供采伐了。

参考文献

Allison, B. J, 1980. Tomorrow's plantations today. In *Forest plantations: the shape of the future*. Weyerhaeuser Science Symposia, No. 1: 7 – 23, Tacoma.

Ammon, W, 1951. *Das plenterprinzip in der waldwirtschaft* (3rd edn). Haupt, Bern.

Anderson, M. L, 1949. Some observations on Belgian forestry. *Empire Forestry Review*, 28: 117 – 130.

———1960. Norway spruce – Silver fir – beech mixed selection forest, *Scottish Forestry*, 14: 87 – 93.

Anon, 1948. *Coppicing and pollarding of Cassia siamea*. Report of the Forest Department of Tanganyika, 1945. Dar es Salaam.

Anon, 1950. Service forestier du Soudan: rapport pour l'annee 1949. *Bois et Forets Tropiques*, 15: 294 – 295.

Arnborg, T, 1985. Planting of trees and shrubs for protection of land and for production of fodder and fuelwood. In *Forest energy and the fuelwood crisis*, Report, No. 41 (eds. G. Siren and C. P. Mitchell): 93 – 111. Swedish University of Agricultural Sciences, Uppsala.

Assmann, E, 1970. *The principles of forest yield study* (ed. P. W. Davis). Pergamon, Oxford.

Attiwill, P. M, 1979. Nutrient cycling in *Eucalyptus obliqua* (L'Herit.) forest. III Growth, biomass, and net primary production. *Australian Journal of Botany*, 27: 439 – 458.

Aubert, C. G, 1920. La conversion des taillis en futaie dans l'ouest de la France. *Revue des Eaux et Forets*, 58: 153 – 160, 189 – 214, 227 – 234.

Auclair, D, 1982. Present and future management of coppice in France. In *Broadleaves in Britain* (eds. D. C. Malcolm, J. Evans, and P. N. Edwards): 40 – 46. Institute of Chartered Foresters, Edinburgh.

Baidoe, J. F, 1970. The selection system as practised in Ghana. *Commonwealth Forestry Review*, 49: 159 – 165.

Ballard, R. Gessel, S. P., et al, 1983. *IUFRO Symposium on forest site and continuous productivity*, General Technical Report, PNW – 163. Pacific Northwest Forest and Range Experiment Station, Portland.

Banti, G, 1948. A system of harvesting Robinia practised in the Lombard bush Country. *Italia Forestale e Montana*, 3: 41 – 45.

Banard R. C, 1955. Silviculture in the tropical rain forest of western Nigeria compared with Malayan methods. *Empire Forestry Review*, 34: 355 – 368.

Barnes R. D, Gibson G L, 1984. *Provenance and genetic improvement strategies In tropical forest trees*. Commonwealth Forestry Institute, University of Oxford, and Zimbabwe Forestry Commission, Harare.

Barrett J. W, Martin R E, Wood D C, 1983. Northwestern Ponderosa pine and associated species. In *Silvicultural systems for the major forest types of the United States*. Agriculture Handbook, No. 445 (ed. R. M. Burns): 16 – 18. US Department of Agriculture, Forest Service, Washington.

Barrette, B. R, 1966. *Redwood (Sequoia sempervirens) sprouts in Jackson state forest*, State Forest Note, No. 29. California Division of Forestry, Sacramento.

Bates, C. G, Hilton, H. C, Krueger T, 1929. Experiments in the silvicultural control of natural regeneration of Lodgepole pine in the central Rocky Mountains. *Journal of Agricultural Research*, 38: 229 – 243.

Bauer, F, et al, 1986. *Diagnosis and classification of new types of damage affecting forests* (special edn). Commission of the European Communities, Brussels.

Beaton, A, 1987. Poplars and agroforestry. *Quarterly Journal of Forestry*, 81: 225 – 233.

Beck D. E. , Sims, D. H, 1983. Yellow – poplar. In *Silvicultural systems for the Major forest types of the United States*, Agriculture Handbook, No. 445 (ed. R. M. Burns): 180 – 182. US Department of Agriculture, Forest service, Washington.

Bevan, D, 1962. The Ambrosia beetle or Pinhole borer Trypodendorn lineatum. *Scottish Forestry*, 16: 94 – 99.

―――1987. *Forest insects*, Forestry Commission Handbook, No. 1. HMSO, London.

Billany, D. J, 1978. *Gilpinia hercyniae – a pest of spruce*, Forestry Commission. Forest Record, No. 117. HMSO, London.

Biolley, H, 1920. *L'aménagement des forest par la methode experimentale specialement La methode du controle*. Attinger Freres, Paris.

Blackburnm, P. , Petty. J. A, Miller, K. F, 1988. An assessment of the static and dynamic factors involved in windthrow. *Forestry*, 61: 29 – 43.

Blyth, J, 1986. *Edinburgh University experimental area, Glentress forest*, Internal Report. Department of Forestry and Natural Resources, University of Edinburgh.

Bolton, Lord, 1956. *Profitable forestry*: 99 – 106. Faber and Fader, London.

Booth, T. C, 1974. Topography and Wind risk. Irish Forestry, 31: 130 – 134.

_____1977. *Windthrow hazard classification*. Forestry Commission Research Information Note, No. 22/77/SILN. Farnham.

_____1984. Natural regeneration in the native pine woods of Scotland. *Scottish Forestry*, 38: 33 – 42.

Bormann F. H, Likens, G. E, Siccama, T. G. , Pierce, R. S. , Eaton, J. S, 1974. The effect of deforestation on ecosystem export and the steady state condition at Hubbard Brook. *Ecological Monographs*, 44: 255 – 77.

Bouvarel, P, 1981. The outlook of energy forestry in France and in the European Community. In *Energy from the biomass* (eds. W. Palz, P. Chartier, and D. O. Hall): 172 – 180. Applied Science Publications, London.

Boyd, J. M, 1987. Commercial forests and woods: the nature conservation baseline. *Forestry*, 60: 113 – 134.

Bradford, Lord, 1981. An experiment in irregular forestry. *Y Coedwigwr*, 33: 26 – 30.

Brazier, J. D, 1977. The effect of forest practices on the quality of the harvested crop. Forestry, 50: 49 – 66.

Brown, A. H. F, 1986. The effects of tree mixtures on soil and tree growth. In *Discussion on uneven – aged silviculture* (ed. C. Cahalan): 32 – 40. Department of Forestry and Wood Science, University College of North Wales, Bangor.

Brown, J. M. B, 1953. *Studies on British beechwoods*, Forestry Commission Bulletin, No. 20: 38 – 39. HMSO, London.

Brünig, E. F, 1973. Storm damage as a risk factor in wood producrion in the most important wood – producing regions of the earth. *Forstarchiv*, 44: 137 – 140. (Translation 4339, W. Linnard. Commonwealth Forestry Bureau, Oxford.)

_____1980. The means to excellence through control of growing stock. In *Forest plantations: the shape of the future*, Weyerhaeuser Science Symposium, No. 1: 201 – 224. Weyerhaeuser, Tacoma.

Brundtland, G. H, 1987. In *Our common future*, pp. ix – xv. The World Commission on Environment and Development, Oxford University press.

Buffet, M, 1980. *La régénération du Chene rouvre*, Bulletin Technique, No. 12 : 3 – 29. Office National des Forets, Paris.

_____1981. *La régénération du Hetre en plaine*, Bulletin Technique, No. 13 : 29 – 47. Office National des Forets, Paris.

Burley, J, Plumptre, R. A, 1985. Species selection and breeding for fuelwood plantations. In *Forest energy and the fuelwood crisis*, Report, No. 41 (eds. G. Siren and C. P. Mitchell): 42 – 58. Swedish Academy of Agricultural Sciences, Uppsala.

Burns, R. M, et al, 1983. Silvicultural systems for the major forest types of the United States Agriculture Handbook. No. 445. US Department of Agriculture, Forest Service, Washington. Cadman, W A. 1965. The developing forest as a habitat for animals and birds. *Forestry*, 38: 168 – 172.

Cannell, M. G. R, 1979. Biological opportunities for genetic improvement in forest productivity. In *The ecology of even – aged forest plantations* (eds. E. D. Ford, D. C. Malcolm, and J. Atterson): 119 – 144. NERC Institute of Terrestrial Ecology, Cambridge.

_____1980. Productivity of closely spaced young poplar on agricultural soils in Britain. Forestry, 53: 1 – 21.

Champion, H. G, Seth, H. K, Khattak G M, 1973. *Manual of general silviculture for Pakistan*. Pakistan Forest Institute, Peshawar.

Chard, J. S. R, 1966. The Red deer of Furness fells. Forestry, 39: 135 – 150.

_____1970. *The Roe deer*, Forestry Commission Leaflet, No. 45. HMSO, London.

Conway S, 1982. *Logging practices* (revised edn.). Miler – Freeman, San Francisco.

Cotta, H. von, 1817. *Anweisung zum waldbau*. Dresden.

Crook, M, 1979. The development of populations of insects. In *The ecology of even – aged forest plantations* (eds. E. D. Ford, D. C. Malcolm, and J, Atterson): 209 – 217. NERC Institute of Terrestrial Ecology, Cambridge.

Crossley D I, 1956. *Effect of crown cover and slash density on the release of seed from slash – borne Lodgepole pine cones*, Forest Research Division, Technical Note, No. 41. Canada Department of Northern Affairs and Natural Resources, Ottawa.

Crowe, S, 1978. *The landscape of forests and woods*, Forestry Commission Booklet, No. 44. HMSO, London.

Crowther, R. E, 1976. *Guidelines to forest weed control*, Forestry Commission Leaflet, No. 66. HMSO, London.

Crowther, R. E, Evans, J, 1984. *Coppice*, Forestry Commission Leaflet, No. 83, HMSO, London.

Coutts, M. P, 1986. Components of tree stability in Sitka spruce on peaty soil. *Forestry*, 59: 173 – 197.

Coutts, M. P, Philipson J J, 1987. Structure and physiology of Sitka spruce roots. *Proceedings Royal Society*, of Edinburgh, 93b: 131 – 144.

Curdel, R, 1973. Les taillis et taillis – sous – futaie du Nord – Pas – de – Calais et de la Picardie. Evolution, production et culture. *Revue Forestiere Française*, 25 : 413.

Davis, K. P, 1976. *Land use*. McGraw – Hill, New York.

Davis, L. S, Johnson K, 1987. *Forest management*. 3rd edn. McGraw – Hill, New York.

Dawkins, H. C, 1959. The volume increment of natural tropical high forest and limitations on its improvement. *Empire Forestry Review*, 38: 175 – 180.

―― 1963. Crown diameters: their relation to bole diameter in tropical forest Trees. *Commonwealth Forestry Review*, 42: 318 – 333.

Delabraze, P, 1986. Sylviculture Mediterraneene. In *Precis de sylviculture* (ed. L. Lanier): 362 – 394. Ecole Nationale du Genie Rural, des Eaux et des Forets, Nancy.

Dieterich, H, Muller, S. Schlenker, G, 1970. *Urwald von morgen*. Ulmer, Stuttgart.

Directorate of Forests, 1974. *Working plans for the Chittagong tracts, North Forest Division*. Bangladesh Government, Dacca.

Dubordieu, J, 1986a. Sylviculture en montagne. In *Precis de sylviculture* (ed. L. Lanier): 349 – 361. Ecole Nationale du Genie Rural, des Eaux et des Forets, Nancy.

―― 1986b. Notions d'amenagement des forets. In *Precis de sylviculture* (ed. L. Lanier): 395 – 408. Ecole Nationale du Gerue Rural, des Eaux et desForets, Nancy.

Eberhard, J, 1922. Der schirmkeilschlag und die Langenbrander wirtschaft, *Forstwissens chaftliches Centralblatt*, 66: 41 – 76.

Edie, A. G, 1916. Thinnings of teak coppice in the pole areas of Kanara. *Indian Forester*, 42: 157 – 159.

Edwards, I. D, 1981. The conservation of the Glen Tanar native pinewood, near Aboyne, Aberdeen shire. *Scottish Forestry*, 35: 173 – 178.

Eifert, J, 1903. Forstliche sturm – beobachtungen im Mittelgebirge. *Allgemeine Forst – und Jagzeitung*, 79: 323 – 83.

Ek, A. R, Balsiger J. W, Biging, G. S, Payenden B, 1976. A model for determining optimal clear – cut strip width for Black spruce harvest and regeneration. *Canadian Journal of Forest Research*, 6: 382 – 388.

El Atta, H. A, Hayes, A. J, 1987. Decay in Norway spruce caused by *Stereum sanguinolentum* Alb. and Schw. ex Fr. , developing from extraction wounds. Forestry, 60: 101 – 111.

Evans, J, 1982. *Plantation forestry in the tropics*. Oxford University Press.

―― 1984. *Silviculture of broadleaved woodland*, Forestry Commission Bulletin, No. 62: 26 – 29. HMSO, London.

―― 1987. Tree shelters. *In Advances in practical arboriculture* (ed. D. Patch), Forestry Commission Bulletin, No. 65: 67 – 76. HMSO, London.

Evans, H. F, King, C. J, 1988. *Dendroctonus micans: guidelines for forest manag-*

ers, Research Note, No. 128. Forestry Commission, Farnham.

Farrell, P. W., Flinn, D. W., Squire, R. O., Craig, F. G, 1983. On the maintenance of productivity of Radiata pine monocultures on sandys soils in south – east *Australia In IUFRO Symposium on forest site and continuous productivity* (eds, R. Ballard and S. P. Gessel), General Technical Report, PNW – 163: 117 – 128. Pacific Northwest Forest and Range Experiment Station, Portland.

Faulkner, R, 1987. Genetics and breeding of Sitka spruce. *Proceedings Royal Society of Edinburgh*, 93b: 41 – 50.

Fishwick, R. W, 1965. Neem plantations in northern Niger. In Replenishing the world's forests. *Commonwealth Forestry Review*, 62: 205.

Flohr, W, 1969. Results of the conversion of pure Scots pine stands into mixed Forest by understanding in the Sauen district. Archiv fur Forstwesen, 18: 991 – 994.

Flury, P, 1914. *La Suisse Forestiere*. Payot, Lausanne.

Food and Agriculture Organisation, 1919a. *Forestry for rural communities*. FAO, Rome.

――1979b. *Economic analysis of forestry projects*, Forestry Paper, No. 17, Supplement No. 1. FAO, Rome.

――1980. *Poplars and willows in the wood production and land use*, Forestry Series, No. 1. FAO, Rome.

Ford, E. D, Malcolm, D. C, Atterson, J., et al, 1979. *The ecology of even – aged plantations*. NERC Institute of Terrestrial Ecology, Cambridge.

Forestry commission, 1933. *Census of woodlands and trees* 1979 – 1982: England. Forestry Commission, Edinburgh.

Fourchy, P, 1954. Some aspects of present – day silviculture in Switzerland. *Quarterly Journal of Forestry*, 48: 85 – 104.

Fowell, H. A, et al, 1965. *Silvics of forest trees of the United States*, Agriculture Handbook, No. 271. US Department of Agriculture, Forest Service, Washington.

Garcia, O, 1986. Forest estate modelling (Part 2). In 1986 *Forestry Handbook* (ed. H. Levack): 97 – 99. New Zealand Institute of Foresters, Wellington North.

Garfitt, J. E, 1979. The importance of brashing. *Quarterly Journal of Forestry*, 73: 153 – 154.

――1980. Treatment of natural regeneration and young broadleaved crops, *Quarterly Journal of Forestry*, 74: 236 – 239.

――1984. The group selection system. Quarterly Journal of Forestry, 78: 155 – 158.

Gayer K, 1880. *Der waldbau*. Parey, Berlin.

――1886. *Der gemischtewald*. Parey, Berlin.

Ghosh, R. C, 1983. In Replenishing the world's forests. *Commonwealth Forestry Review*, 62: 205.

Gilliusson, R, 1985. Wood energy: global needs. In *Forest energy and the fuelwood crisis*, Report. No. 41 (eds. G. Siren and C. P. Mitchell): 2 – 15, Swedish Academy of Agricultural Sciences, Uppsala.

Glew, D. R, 1963. *The results of stand treatment in the White Spruce – Alpine for type of The northern interior of British Columbia*, Forest Management Notes, No. 1. British Columbia Forest Service, Victoria.

Godwin, G. E, Boyd, J M, 1976. The Black Wood of Rannoch – a new forest nature reserve. *Scottish Forestry*, 30: 192 – 194.

Gregory, S. C, Redfern, D. B, 1987. The pathology of Sitka spruce in northern Britain. *Proceedings Royal Society of Edinburgh*, 93b: 145 – 156.

Greig, B. J. W, 1981. *Decay fungi in conifers*, Commission Leaflet, No. 79. HMSO. London.

Greig, B. J. W, Low, J. D, 1975. An experiment to control Fomes annosus in second rotation pine crops. *Forestry*, 48: 147 – 163.

Greig, B. J. W, Redfern, D. B, 1974. *Fomes annosus*, Forestry Commission Leaflet, No. 5. HMSO, London.

Gysel, L. W, 1957. Effects of silvicultural practices on wildlife and cover in oak and aspen types in northern Michigan. *Journal of Forestry*, 55: 803 – 809.

Hagner, S, 1962. *Natural regeneration under shelterwood stands*. Meddelanden Fran Statens Skogsforskningsinstitut, 52, Stockholm.

Hartig, G. L, 1791. *Anweisung zur holzzucht fur forster*. Marburg.

Haufe, H, 1952. *Thirty years of the blendersaumschlag system in Württemburg: its results in practice*. Saurlander, Frankfur – am – Main.

Helliwell, D. R, 1982. *Options in forestry*. Packard, Chichester.

Hibberd, B. G, 1985. Restructuring of plantations in Kielder forest district, *Forestry*, 58: 119 – 129.

Hibberd, B. G, et al, 1986. *Forestry Practice*, Forestry Commission Bulletin, No. 14: 68 – 75. HMSO, London.

Hiley, W. E, 1959. Two – storied high forest. Forestry, 32: 113 – 116.

_____1967. *Woodland management*. 2nd edn: 307. Faber and Faber, London.

Hill, H. W, 1979. Severe damage to forests in Canterbury, New Zealand resulting from orographically reinforced winds. In Symposium on forest meteorology, World Meteorogical Organizadon, Report No. 527: 22 – 40, Canadian Forest Service, Ottawa.

Holmsgaard, E. Holstener – Hørgensen H, Yde – Andersen A, 1961. Soil Formation, increment, and health of first and second generation stands of Norway spruce I. Nordsjaelland. *Forstlige Forsogsvaesen i Dannmark*, 27: 1 – 167.

Holtam, B. W, et al, 1971. *Windblow of Scottish forests in Jannuary* 1968, Forestry Commission Bulletin, No. 45. HMSO, London.

Howell, B. N, Harley, R. M, White, R. D. F, Lamb, R. G. M, 1983. The Dartington story II. *Quarterly Journal of Forestry*, 77: 5 – 16.

Howland, P, 1969. Effects of singling coppice in *Eucalyptus saligna* wood fuel crops at Muguga, Kenya. *East African Agricultural and Forestry Journal*, 35: 66 – 67.

Hubert, M, 1979. *Le balivage: une solution e'conomique et sans risque pour la mise envaleur de certains taillis ou taillis – sous – futaie pauvres*. Institut pour le Developpment Forestier, Paris.

———1981. *Du taillis a la futaie: 8 Arguments en faveur du balivage*, Forets de France et Action Forestiere, No. 244 : 13 – 17.

Hutchinson, I. D, 1987. Improvement thinning in natural tropical forest. In *Natural management of tropical moist forest* (eds. F. Mergen and . J. R. Vincent): 113 – 134. Yale University, New Haven.

Hutt, P. , Watkins, K, 1971. The Bradford plan for continuous forest cover. *Journal of the Devon Trust for Nature Conservation*, 3: 69 – 74.

Hütte, P, 1968. Experiments on windflow and wind damage in Germany; site and susceptibility of spruce forests to storm damage. In *Wind effects on the forest*. Supplement to Forestry: 20 – 26.

Innes, J. L, 1987. *Air pollution and forestry*, Forestry Commission Bulletin, No. 70. HMSO, London. International Council for Research in Agroforestry (1983). A global study of agroforestry systems: a project announcement. *Agroforestry Systems*, 1: 169 – 173.

Jacobs, M. R, et al, 1980. *Eucalyptus for planting*. 2nd edn. Forestry Series, No. 11. FAO, Rome.

James, N. D. G, 1982. *The forestry's companion*. 3rd edn: 60 – 61. Blackwell, Oxford.

Jenkins, D. Reusz, H. III. Prinz, 1969. A successful case history reconciling forestry and Red deer management. *Forestry*, 42: 21 – 27.

Jezewski, Z, 1959. The effect of different methods of osier plantation management on root development and yields. Sylwan, 103: 61 – 71.

Jobling, J. Pearce, M. L, 1977. *Free growth of oak*, Forestry Commission Forest Record, No. 113, HMSO, London.

Jones, A. B, 1984. Forestry equipment for export. In *International aspects of Forestry* (eds. J. G. S. Gill and D. C. Malcolm): 51 – 60. Institute of Chartered Foresters, Edinburgh.

Jones, A. P. D, 1948. *The natural forest inviolate plot.* Nigerian Forest Department. Zaria.

Jones, E. W, 1947. Scots pine regeneration in a New Forest inclosure. *Forestry*, 21: 151 – 178.

———1965. Pure conifers in Europe. *Journal of the Oxford University Forestry Society*, 13: 3 – 15.

Johnson, J. Von, 1984. Prescribed burning: requiem or renaissance? Journal of *Forestry*, 82: 82 – 91.

Johnston, D. R, 1978. Irregularity in British forestry. Forestry, 57: 163 – 169.

Johnston, D. R, Grayson A J, Bradley R T, 1967. *Forest Planning.* Faberand Faber, London.

Kemp, R. H, 1980. Forestry in China: II, a Commonwealth connection. *Common – wealth Forestry Review*, 59: 53 – 60.

Khattak, G. M, 1976. History of forest management in Pakistan, III, Irrigated plantations and riverain forests. *Pakistan Journal of Forestry*, 26: 231 – 241.

Kio, P. R. O. Ekwebelan, S. A, 1987. Plantations versus natural forests for meeting Nigeria's wood needs. *In Natural management of tropical moist forests* (eds. F. Mergen and J. R. Vincent): 149 – 176. Yale University, New Heaven.

Knuchel, H, 1953. *Planning and control in the managed forest* (trans. M. L. Anderson). Oliver and Boyd, Edinburgh.

Konig, E. Gossow, H, 1979. Even – aged stands as habitat for deer in central Europe, In *The ecology of even – aged forest plantations* (eds. E, D. Ford, D. C. Malcolm, andj. Atterson): 429 – 451. NERC Institute of Terrestrial Ecology, Cambridge.

Kostler, J, 1956. Silviculture (trans. M. L, Anderson). Oliver and Boyd, Edinburgh.

Laacke, R. J, Fiske, J. N, 1983. Sierra Nevada mixed conifers. In *Silvicultural systems for the major forest types of the United States*, Agriculture Handbook, No. 445 (ed. R. M. Burns): 44 – 47. US Department of Agriculture, Forest Service, Washington.

Lamb, A. F. A, 1969. Artificial regeneration within the humid tropical forest. *Commonwealth Forestry Review*, 48: 41 – 53.

Lanier, L, 1986. *Précis de sylviculture.* Ecole Nationale du Genie Rural, des Eaux et- des Forets, Nancy.

Larsen, C. S, 1937. *The employment of species, types, and individuals in forestry.* Royal Veterinary and Horticultural College Yearbook, Reitzel, Copenhagen.

Laurie, M. V, 1974. *Tree planting practices in African savannas*. Forestry Development Paper, No. 19. FAO, Rome.

Leakey, R. R. B, 1987. Clonal forestry in the tropics – a review of developments, strategies, and opportunities. *Commonwealth Forestry Review*, 66: 61 – 75.

Leibundgut, H, 1984. *Die waldpllege* (3rd edn). Paul Haupt, Bern.

Levack, H. et al, 1986. 1986 *Forestry handbook*. New Zealand Institute of Foresters, Wellington North.

Liddon, E. M. Hector, N, 1984. Letter, *Management of Basket willows*.

Lin, D. Y, 1956. China. In *A world geography of forest resources* (eds. S. Haden-Guest, J. K. Wright, and E. M. Teclaff): 529 – 550. Ronald Press, New York.

Liocourt, F. de, 1898. De l'amenagement des sapinieres. *Bulletin de la Societe forestiere de Franche – Comte et du Territoire de Belfort*, 4: 396 – 409, 645 – 647.

Low, A. J., et al, 1985. *Guide to upland restocking practice*, Forestry Commission Leaflet, No. 84. HMSO, London.

―――1988. Scarification as an aid to natural regeneration in the Glen Tanar native pinewood. Scottish Forestry, 42: 15 – 20.

Maitre, H. F, 1987. Natural forest management in Cote d'Ivoire. *Unasylva*, 39: 53 – 60.

Malcolm, D. C, Studholme WP, 1972. Yield and form in high elevation stands of Sitka spruce and European larch in Scotland. *Scottish Forestry*, 26: 298 – 308.

Mantel, K, 1964. History of the international science of forestry, with special reference to central Europe. *International Review of Forest Research*, 1: 1 – 37.

Matte, V. H, 1965. Coppicing *of Pinus radiata. Naturwissenschaften*, 2, 9ryl.

Matthews, J. D, 1963. Factors affecting the production of seed by forest trees. *Forestry Abstracts*, 24: 1 – 13.

―――1964. Seed production and seed certification. *Unasylva*, 18: 73 – 74, 104 – 118.

―――1975. Prospects for improvement by site amelioration, breeding, and protection. *Philosophical Transactions Royal Society of London*, B271: 115 – 138.

McAlpine, R. G, Brown, C. L, Herrick A M, Ruark H E, 1966. Silage sycamore. *Forest Farmer*, 26: 6 – 7, 16.

McKell, C. M, Finnis, J. M, 1957. Control of soil moisture depletion through use of 2, 4 – D on a mustard nurse crop during Douglas fir seedling establishment. *Forest Science*, 3: 332 – 335.

McNeil, J. D, Thompson, D. A, 1982. Natural regeneration of Sitka spruce in the forest of Ae. *Scottish Forestry*, 36: 269 – 282.

Meiggs, R, 1982. *Trees and timber in the ancient Mediterranean world.* Oxford University Press.

Metro, A. et al, 1955. *Eucalyptus for planting*, Forestry and Forest Products Studies, No. 11. FAO, Rome.

Miegroet, M. van, 1962. The silvicultural treatment of small woodlands. *Bulletin de la Societe Royale Forestiere de Belgique*, 69: 437–456.

Miller, H. G, 1981. Forest fertilisation: some guiding concepts. *Forestry*, 54: 157–167.

———1983. *Wood energy plantations – diagnosis of nutrient deficiencies and the prescription of fertiliser applications in biomass production*, International Energy Agency – Forest Energy Agreement, Report, No. 3. Ministry of Natural Resources, Maple, Ontario.

———1984. Water in forests. *Scottish Forestry*, 38: 165–181.

Miller, K. F, 1985. *Windthrow hazard classification*, Forestry Commission Leaflet, No. 85. HMSO, London.

———Quine C. P, Hunt, J, 1987. The assessment of wind exposure for forestry in Great Britain. *Forestry*, 60: 179–192.

Mills. D. H, 1980. *The management of forest streams*, Forestry Commission Leaflet, No. 78. HMSO, London.

Mitchell, C. P., Puccioni – Agnoletti, M. C. et al, 1983. *Forest energy plantations on forest sites*, International Energy Agency Report, No. NE 1983: 1. National Swedish Board for Energy Source Development, Stockholm.

Muhl, R. G, 1987. Contour felling for cable crane and forwarder extraction on steep slopes. *Commonwealth Forestry Review*, 66: 273–280.

Munger, T. T, 1940. The cycle from Douglas fir to hemlock. *Ecology*, 21: 451–459.

Murphy, G, 1982. Directional felling of old crop *Pinus radiata* on steep country. *New Zealand Journal of Forestry*, 27: 67–76.

Murray, J. S, 1979. The development of populations of pests and pathogens in even – aged plantations – fungi. In *The ecology of even – aged forest plantations* (eds. E. D. Ford, D. C. Malcolm, and J. Atterson): 193–208. NERC Institute of Terrestrial Ecology, Cambridge.

Murray, J. S, Young, C. W. T, 1961. *Group dying of conifers*, Forestry Commission Forest Record, No. 46. HMSO, London.

National Academy of Sciences, 1980. *Firewood crops. Shrub and tree species for energy production.* Vol. 1. National Academy Press, Washington.

———1981. *Sowing forests from the air.* National Academy Press, Washington.

Neustein, S. A, 1965. Windthrow on the margins of various sizes of felling area. *In Forestry Commission report on forest research* 1964: 166 – 171. HMSO, London.

Nutter, W. L, 1979. Effects of forest plantations on the quantity, quality, and timing of water supplies. In *The ecology of even – aged forest plantation*(eds. E. D. Ford, D. C. Malcolm, and J. Atterson): 351 – 367. NERC Institute of Terrestrial Ecology, Cambridge.

Nwoboshi, L. C, 1987. Regeneration success of natural management, enrichment planting, and plantations of native species in west Africa. In *Natural management of tropical moist forests* (eds. F. Mergen and J. R. Vincent): 72 – 92. Yale University, New Haven.

O'Carroll, N, 1978. The nursing of Sitka spruce, 1. Japanese larch. *Irish Forestry*, 35, 6ry5.

Oliver, W. W, Powers, R. F, Fiske J. N, 1983. Pacific Ponderosa pine. In *Silvicultural systems for the major forest types of the United States*, Agriculture Handbook, No. 445 (ed. R. M. Burns): 48 – 52. US Department of Agriculture, Forest Service, Washington.

O'Loughlin, C, 1986. Forestry and hydrology. *In* 1986 *forestry handbook* (ed. H. Levack): 13 – 15. New Zealand Institute of Foresters, Wellington North.

Osmaston, F. C, 1968. *The management of forests*. Allen and Unwin, London.

Oswald, H, 1982. Silviculture of oak and beech high forests in France. In *Broadleaves in Britain*(eds. D. C. Malcolm, J. Evans, and P. N. Edwards): 31 – 39. Institute of Chartered Foresters, Edinburgh,

Pawsey, R. G, Gladman, R. J, 1965. *Decay in standing conifers developing from extraction damage*, Forestry Commission Forest Record, No. 64. HMSO, London.

Peace, T. R, 1961. The dangerous concept of the natural forest. *Quarterly Journal of Forestry*, 55: 12 – 23.

———1962. *Pathology of trees and shrubs, with special reference to Britain*. Oxford University Press.

Penistan, M. J, 1960. Forestry in the Belgian uplands. Forestry, 33: 1 – 7.

Peterken, G. F, 1977. General management principles for nature conservation in British woodlands. *Forestry*, 50: 27 – 48.

Petty, J. A, Swain, C, 1985. Factors influencing breakage of conifers in high winds. *Forestry*, 58: 75 – 84.

Petty, J. A, Worrell, R, 1981. Stability of coniferous tree stems in relation to damage by snow. *Forestry*, 54: 115 – 128.

Philip, M. S, 1983. *Measuring trees and forests*. University of Dar es Salaam, Tanzania,

____ 1986. *Management systems in the tropical moist forests of Africa*. FAO, Rome.

Philipp, K, 1926. *Die umstellung der wirtschaft in der Badischen staats - , gemeinde - und korper schafts waldungen*. Lang, Karlsruhe.

Plaisance, G, 1966. A successful conversion, the work of B. Lorentz 1775 - 1865. *Revue Forestiere Francaise*, 18: 82 - 98.

Pyatt, J. E, 1979. Fomes annosus butt rot of Sitka spruce. *Forestry*, 52: 11 - 45, 113 - 27.

Pyatt, D. G, 1970. *Soil groups of upland forests*, Forestry Commission Forest Record, No. 71. HMSO, London.

Rackham, O, 1980. *Ancient woodland - its history, vegetation, and uses in England*. Edward Arnold, London.

Ratcliffe, P. R, 1985. *Glades for deer control in upland forests*, Forestry Commission Leaflet, No. 86. HMSO, London.

Reade, M. G, 1965. Natural regeneration of beech. *Quarterly Journal of Forestry*, 59: 121 - 131.

Robertson, F. C, 1971. *Terminology of forest science technology, practice, and products*. Society of American Foresters, Washington.

Rochelle, J. A, Bunnell, F. L, 1979. Plantation management and vertebrate wildlife. In *The ecology of even - aged forest plantations* (eds. E. D. Ford, D. C. Malcolm, and J. Atterson): 399 - 411. NERC Institute of Terrestrial Ecology, Cambridge.

Roisin, P, 1959. La transformation des pessieres. *Bulletin de la Societe Royale Forestiere de Belgique*, 66 : 153 - 90.

Rollinson, T. J. D, Evans, J, 1987. *The yield of Sweet chestnut coppice*, Forestry Commission Bulletin, No. 64. HMSO, London.

Ronco, F. Jr, Ready K L, 1983. Southwestern Ponderosa pine. In *Silvicultural systems for the major forest types Of the United States*, Agricultural Handbook, No. 445 (ed. R. M. Burns): 70 - 72. US Department of Agriculture, Forest Service, Washington.

Rouse, G. D, 1984. Spain, 1981. *Quarterly Journal of Forestry*, 78: 104 - 111.

Rowan, A. A, 1976. *Forest road planning*. Forestry Commission Booklet, No. 43. HMSO, London.

____ 1977. *Terrain classification*, Forestry Commission Forest Record, No. 114. HMSO, London.

Ryker, R. A, Lowsensky, J, 1983. Ponderosa pine and Rocky Mountain Douglas fir. In *Silvicultural systems for the major forest types of the United States*, Agricultural Handbook, No. 445 (ed. R. M. Burns): 53 - 55. US Department of Agriculture, Forest Service, Washington.

Sahlen, K, 1984. Reforestation results after direct sowing under plastic cones. *Sveriges Skogsvardsforbunds Tidskrift*, 82: 20 –45.

Samapuddhi, K, 1974. Thailand's forest villages. *Unasylva*, 27: 20 – 23.

Sanchez, P, 1976. *Properties and management of soils in the tropics*. Wiley, New York.

Savill, P. S, 1983. Silviculture in windy climates. *Forestry Abstracts*, 44: 473 –488.

Savill, P. and Evans J, 1986. *Plantation silviculture in temperate regions*. Oxford University Press.

Schädelin, W, 1937. *L'eclaircie, Traitement des forets par la selection qualitative* (trans. M, Droz). Attinger, Paris.

Schmidt, R, 1987. Tropical rain forest management – a status report. *Unasylva*, 39: 2 – 17.

Science Council of Canada, 1973. *A national statement by the schools of forestry at Canadian universities*. Ottawa.

Scott, T. M, 1972. *The Pine shoot moth and related species*, Forestry Commission Forest Record, No. 83. HMSO, London.

Scott, T. M, King, C. J, 1974. *The Large pine weevil and Black pine beetles*, Forestry Commission Leaflet, No. 58. HMSO, London.

Sharp, L, 1975. Timber, science, and economic reform in the seventeenth century. *Forestry*, 48: 51 –86.

Shoulders, E., Parham, G, 1983. Slash pine. In *Silvicultural systems for the major forest types of the United States*. Agriculture Handbook, No. 445 (ed. R. M. Burns): 162 –166. US Department of Agriculture, Forest Service, Washington.

Silversides, C. R, 1981. Innovative transportation in the 2000's. In *Forest to mill: challenges of the future*, Weyerhaeuser Science Symposium, No. 3. Weyerhaeuser, Tacoma.

Smith, D. M, 1986. *The practice of silviculture*. 8th edn. Wiley, New York.

Society of American Foresters, 1984. prescribed burning. *Journal of Forestry*, 82: 82 –91.

Solbrana, K, 1982. *Preliminary results from funnel sowing of conifers*, Rapport, No. 4/82. Norsk Institutt for Skogs for skning, As.

Somerville, A, 1980. Wind stability: forest layout and silviculture. *New Zealand Journal of Forestry Science*, 10: 476 –501.

Spears, J. S, 1983. Replenishing the world's forests: tropical reforestation; an achievable goal? *Commonwealth Forestry Review*, 62: 201 –217.

Spurr, S. H, Barnes, B. V, 1980. *Forest ecology*. 3rd edn: 421 –457. Wiley, Chichester.

Squire, R. O, 1983. Review of second rotation silviculture of Pinus radiata plantations in southern Australia: establishment practices and expectations. *Australian Forestry*, 46: 83 – 90.

Squire, R. O, Flinn, D. W, 1981. *Site disturbance and nutrient economy of plantations with special reference to Radiata pine on sands*, Processings Australian Forest Nutrition Workshop: 291 – 302. CSIRO, Division of Forest Research, Canberra.

Steele, R. C, Peterken G F, 1982. Management objectives for broadleaved woodland conservation. In *Broadleaves in Britain* (eds. D. C. Malcolm, J. Evans, and P. N. Edwards): 91 – 103. Institute of Chartered Foresters, Edinburgh.

Steven, H. M, Carlisle, A. C, 1959. *The native pinewoods of Scotland.* Oliver and Boyd, Edinburgh.

Steward, P. J, 1980. Coppice with standards: a system for the future. *Commonwealth Forestry Review*, 59: 149 – 154.

Stone, E. L, 1975. Effects of species on nutrient cycles and soil change. *Philosophical Transactions of the Royal Society of London*, B271: 149 – 162.

Stott, K. G, 1956. Cultivation and uses of Basket willows. *Quarterly Journal of Forestry*, 50: 103 – 12.

Susmel, L, 1986. Prodromi di una nuova selvicoltura. *Annali, Accademia Italiana di Scienze Forestali*, 35: 33 – 51.

Sutton, R. F, 1969. *Form and development of conifer root systems*, Commonwealth Forestry Bureau, Technical Communication No. 7. Commonwealth Agricultural Bureaux, Farnham Royal.

Sweet, G. B, 1975. Flowering and seed production. In *Seed orchard* (ed. R. Faulkner): 72 – 82. Forestry Commission Bulletin, No. 54. HMSO, London.

Tackle, D, 1954. *Lodgepole pine management in the intermountain region: a problem analysis*, Intermountain Forest and Range Experiment Station, Publication, No. 2. US Department of Agriculture, Forest Service, Ogden, Utah.

Tassy, L, 1872. *Études sur l'amenagement des forêts.* 2nd edn: 165 – 172. Rothschild, Paris.

Taylor, C. M. A, 1985. The return of nursing mixtures. *Forestry and British Timber*, 14: 18 – 19.

Timber Growers United Kingdom, 1985. *The forestry and woodland code.* TGUK Ltd, London.

Thomasius, H., Butter, D., Marsch, M, 1986. *Massnahmen zur stabilisierung von fichtenforsten gegenuber schnee – und sturmschaden.* Proceedings, 18th World Congress of the International Union of Forestry Research Organisations: 1 – 53. Ljubjana.

Thompson, D. A, 1984. *Ploughing of forest soils*, Forestry Commission Leaflet, No. 71. HMSO, London.

Tompa, K, 1963. *Experiments for determining suitable spacing for osiers*, Erdeszeti es Faipari Egytem, No. 1 – 2: 147 – 157, Sopron.

Troup, R. S, 1928. *Silvicultural systems*. Oxford University Press.

_____1952. *Silvicultural systems*. 2nd edn (ed. E W Jones). Oxford University Press.

Tubbs, C. H. , Jacobs, R. D, Cutler, D, 1983. Northern hardwoods. In *Silvicultural systems for the major forest types of the United States*, Agriculture Handbook, No. 445 (ed. R. M. Burns): 121 – 127. US Department of Agriculture, Forest Service, Washington.

Turner, G, 1959. Note relative a la transformation des pessieres en station. *Bulletin de la Societe Royale Forestiere de Belgique*: 414 – 420.

Watt, A. S, 1919. On the causes of failure of natural regeneration in British oakwoods. *Journal of Ecology*, 7: 173 – 203.

Wagner, C, 1912. *Die blendersaaumschlag und sein system*. Laupp, Tubingen.

_____1923. Diegrundlagen der raumlichen ordnung in wald (4th ed). Laupp, Tubingen.

Watt, A. S, 1923. On the ecology of British beechwoods with special reference to their regeneration, Part I. The causes of the failure of natural regeneration of beech. *Journal of Ecology*, 11: 1 – 48.

Weidemann, E, 1923. *Zuwachsruckgang und wuchsstockungen bei der fichte im den mittleren und den unteren hohenlagen der Sachsischen stadtsforsten*. Laux, Tharandt.

_____ 1924. *Fichtenwachtum und humuszustand*. Arbeiten aus der Biologischen Reichanstalt fur Land – und Forstwirtschaft, No. 13: 1 – 177.

Welch, D, Chambers, M. G, Scott, D, Staines, B. W, 1988. Roe – deer browsing on spring – flush growth of Sitka spruce. *Scottish Forestry*, 42: 33 – 43.

Wesseley, J, 1853. Die *Österreichischen alpenlander und ihre forsten*, Vol. 1: 300. Vienna.

Whitehead, D, 1982. *Ecological aspects of natural and plantation forests*. Forestry Abstracts, 43: 615 – 24.

Whitmore, T. C, 1984. *Tropical rain forests of the Far East*. 2nd edn. Oxford University Press.

Williamson, R. L, and Twombly A. D, 1983. Pacific Douglas fir. In *Silvicultural systems for the major forest types of the United States*, Agriculture Handbook, No. 445 (ed. R. M. Burns): 9 – 13. US Department of Agriculture, Forest Service, Washington.

Winterflood, E. G, 1976. The forests of East Anglia. *Forestry*, 49: 23 – 28.

Wood, R. F, Miller A. D. S, Nimmo M, 1967. *Experiments on the rehabilitation of uneconomic broadleaved woodlands*, Forestry Commission Research and Development Paper, No. 51. HMSO, London.

Wyatt – Smith, J, 1987. Problems and prospects for natural management of tropical moist forests. In *Natural management of tropical moist forests* (eds. F. Mergen, and J. R. Vincent: 6 – 22. Yale University, New Haven.

Wyatt – Smith J. , Panton, W. P, 1963. *Manual of Malayan silviculture for inland forests.* Malayan Forest Records, No. 23, III – 4: 1 – 13.

Zavitkowski, J, 1979. Energy production in irrigated, intensively cultured plantations of Populus 'Tristis' and Jack pine. *Forest Science*, 25: 383 – 92.

Zobel, B. J, Talbert, J, 1984. *Applied forest tree improvement.* Wiley, Chichester.

Zundel, R, 1960. *Yield studies in two – aged stands of Scots pine over Silver fir in north Wurttemberg*, Schriftenreihe der Land Landesforstverwaltung Baden – Wurttemberg, No. 6. Stuttgart.

附 录

附录1 植物名称

拉丁名	英文名	中文名
Abies, Pinaceae		冷杉属，松科
A. alba Mill	European silver fir	欧洲冷杉
A. grandis (Dougl.) Lindl.	Grand fir	大冷杉
A. concolor var. lowiana (Gord.) lemm.	California white fir	加州白冷杉
Acacia, leguminosae/ Mimosoideae		豆科、含羞草科，金合欢属
A. modesta Wall		金合欢
A. saligna (Labill.) H. Wendl.		金环相思
A. senegal (L) Willd.	Gum arabic	阿拉伯胶、刺合欢
Acer Aceraceae		槭属，槭树科
A. campester L.	Field maple	栓皮槭
A. macrophyllum Pursh	Bigleaf maple	大叶槭
A. pseudoplatanus L.	Sycamore	欧亚槭
Ailanthus altissima (Mill.) Swingle, Simaroubaceae	Tree of heaven	臭椿
Aira flexuosa L., Gramineae	Wavy hair grass	发草
Albizia lebbek (L.) benth., Leguminosae/ Mimosoideae	Kokko	大合欢，豆科/含羞草科
Alnus, betulaceae		桤木属，桦木科
A. incana (L.) Moench	Gray alder	灰桤木
A. rubra Bong.	Red alder	红桤木
Alstonia congensis Engl., Apocynaceae	Alstonia	鸡骨常山，夹竹桃科
Anemone nemorosa L., Ranunculaceae	Wood anemone	栎林银莲花
Aningeria robusta Aubrew and Pellegr., Sapotaceae	Aningeria	粗状阿林山榄，山榄科
Arceuthobium species, Loranthaceae	Dwarf mistletoe	矮槲寄生，桑寄生科

（续）

拉丁名	英文名	中文名
Azadirachta indica A. Juss., Meliaceae	Neem	印楝，楝科
Betula, Betulaceae		桦木属，桦木科
B. papyrifera Marsh.	Paper birch	纸皮桦
B. pendula Roth.	Silver birch	银桦
B. pubescens Ehrh.	Downy birch	欧洲桦（柔毛桦）
Brassica juncea (L.) Czern., Cruciferae	Mustard	芥菜
Calliandra calothyrsus Meissn., Leguminosae/Mimosoideae	Calliandra	危地马拉朱缨花
Calluna vulgaris (L.) Hull, Ericaceae	heather	帚石楠
Carpinus betulus L., Betulaceae	hornbeam	鹅耳枥
Carya species, Juglandceace	Hickory	山核桃
Cassia siamea Lam., Leguminosae/caesalpinoideae	Yellow cassia	铁刀木
Castanea sativa Mill., Fagaceae	Sweet chestnut	（西洋）甜栗
Cedrela odorata L., Meliaceae		印度柏木，楝科
Celtis soyauxii Engl., Ulmaceae		朴树
Chamaecyparis, Cupressaceae		柏科
C. nootkatensis (D. Don) Spach	Alaska yellow cedar	黄扁柏
C. obtusa (Sieb. and cc.) Endl.	Hinoki	扁柏
Chlorophora excelsa (Welw.) Benth. And Hook. f.	Iroko	大绿柄桑
Cirsium arvense (L.) Scop., Compositae	Creeping thistle	田蓟
Clerodendron species, Verbenaceae		大青属，马鞭草科
Convolvulus arvensis L., Convolvulaceae	Lesser bindweed	小旋花，旋花科
Corylus avellana L., Betulaceae	Hazel	榛子
Cryptomeria japonica (L. f.) Don Taxodiaceae	Japanese red cedar	日本柳杉
Cunninghamia lanceolata (Lamb.) Hook. f., Taxodiaceae	Chinese fir	杉木
Cynometra alexandri C. H. Wright, Leguminosae/Caesalpnoideae	Muhimbi	喃果苏木，乌干达铁木
Dalbergia sissoo Roxb., Leguminosae/Papilionaceae	Sisso	印度黄檀

(续)

拉丁名	英文名	中文名
Deschampsia caespitosa (L.) Beauv., Gramineae	Tufted hair grass	丛生发草
Digitalis purpurea L., Scrophulariaceae	Foxglove	毛地黄，玄参科
Diosscorea species, Dioscoreaceae	Yams	山药，薯蓣科
Diospyros mespiliformis Hoecht. Ex A. DC., Ebenaceae	Ebony	黑檀，柿树科
Dipterocarpus species, Dipterocarpaceae	Dipterocarps	龙脑香，龙脑香科
Dyera costulata (Miq.) Hook. f., Apocynaceae	Jelutong	南洋桐，夹竹桃科
Endospermum malaccense M. A., Euphorbiaceae		印马黄桐
Entandrophragma, Meliaceae		非洲楝属，楝科
E. angolense (Welw.) C. DC.	Gedu nohor	安哥拉非洲楝
E. cylindricum (Sprague) Sprague	Sapele	筒状非洲楝
E. utile (Dawe and Sprague) Sprague	Utile	良木非洲楝
Erythrophleum suavolens (Gull and Parr.) Brenan, Leguminosae/Caesalpinoideae	Missanda	几内亚格木
Eucalyptus, Myrtaceae		桉属，桃金娘科
E. camaldulensis Dwhnh.	River red gum	赤桉
E. cloeziana F. Muell	Gympie messmate	大花序桉
E. delegatensis R. T. Bak	Tasmanian oak	大桉
E. globulus Labill.	Blue gum	蓝桉
E. gomphocephala A. DC.	Tuart	棒头桉
E. grandis W. Hill ex Maiden	Flooded gum	巨桉
E. microtheca F. Muell	Coolibah	小套桉
E. paniculata Sm.	Grey ironbark	圆锥花桉
E. regnans F. Meell	Mountain ash	王桉
E. saligna J. E. Smith	Sydney blue gum	柳叶桉
E. tereticornis J. E. Smith	Forest red gum	细叶桉
Eugenia jambos L., synonym *Jambosa jambos* (L.) Millsp., Myrtaceae		蒲桃，桃金娘科
Fagus sylvatica L., Fagaceae	Beech	山毛榉，壳斗科
Ficus species, Moraceae		榕树，桑科

(续)

拉丁名	英文名	中文名
Franxinus excelsior L., Oleaceae	Ash	白蜡，木犀科
Gambeya delevoyi, synonym Chrisophyllum delevoyi De Wild Sapotaceae		甘比山榄，山榄科
Gmelina arborea R E. oxb., Verbenaceae	Yemane	石梓，马鞭草科
Gonostylus bancaus (Miq.) Kurz, Thymelacaceae	Ramin	白木，东南亚棱柱木
Guarea cedrata (A. Chev.) Pellegr., Meliaceae	Guarea	白驼峰楝
Hevea brasiliensis (Willd. Ex A. Juss.) M. A., Euphorbiaceae	Rubber	栎胶
Juglans species, Juglandaceae	Walnut	胡桃，胡桃科
Juncus effusus L. Juncaceae	Soft rush	灯心草，灯心草科
Khaya, Meliaceae		非洲楝属，楝科
K. anthotheca (Welw.) C. DC.	African mahogany	白卡雅楝，非洲桃花心木
K. ivorensis A. Chev.	African mahogany	红卡雅楝，非洲桃花心木
Lagerstroemia specioca (L.) Pers., Lythraceae	Pyinma	后花紫薇，丁屈菜科
Lamium galeobdolon (L.) L., Labiatae	Yellow anchangel	银斑藤
Larix, Pinaceae		落叶松属，松科
L. decidua Mill.	European larch	欧洲落叶松
L. leptolepis (Sieb. And Zucc) Endl.	Japanese larch	日本落叶松
L. occidentalis Nutt.	Western larch	西部落叶松
Leucaena leucocephala (Lam.) de Wit, Leguminosae/Mimosoideae	Leucaena	银合欢
Libocedrus decurrens Torrey, Cupressaceae	Incense cedar	北美翠柏
Liquidambar styraciflua L., Hamamelidaceae	Sweet gum	枫香
Liriodendron tulipifera L., Magnoliaceae Lovoa, Meliaceae	Yellow poplar	北美鹅掌楸，木兰科
L. brownii Sprague	African walnut	虎斑楝，非洲核桃
L. trichilioides Harms.	African walnut	非洲核桃
Luzula sylvatica (Huds.) Gaudin, Jucaceae	Great woodrush	林地蒿
Macaranga species, Euphorbiaceae		血桐

（续）

拉丁名	英文名	中文名
Maesopsis eminii Engl., Rhamnaceae	Musizi	伞树，鼠李科
Manihot essculenta Crantz., Euphorbiaceae	Cassava	木薯
Mansonia altissima A. Chev., Sterculiaceae	Mansonia	曼森梧桐
Mildbraediodendron excelsum Harms., Papilionaceae		麦得木
Molinia caerulea (L.) Moench, Gramineae	Purple moor grass	酸沼草
Morus nigra L., Moraceae	Black mulberry	黑桑
Musanga cecropioides B. Br., Morraceae		原伞木
Nesogordonia papaverifera (A. Chev.) Capuron, Sterculiaceae	Danta	罂粟尼索桐
Nothofagus, Fagaceae		假山毛榉属，壳斗科
N. dombeyi Bl.		多氏假山毛榉
N. procera (Poepp. And Endl.) Oerst.		智利假山毛榉
Olea cuspidata Well. Cat., Oleaceae		尖叶木犀榄
Oxalis acetosella L., Oxalidiaceae	Wood sorrel	尖叶秋海棠，酢浆草
Pericopsis elata van Meeuwen, Sophoreae	Afrormosia	非洲柚木
Pentaspodon motleyi Hook. f. Anacardiaceae		五裂漆
Picea, Pinaceae		云杉属，松科
P. abies (L.) Karst	Norway spruce	挪威云杉
P. glauca (Moench) Voss	White spruce	白云杉
P. mariana (Mill.) B. S. P	Black spruce	黑云杉
P. sitchensis (Bong.) Carr	Sitka spruce	西加云杉
Pinus, Pinaceae		松科，松属
P. banksiana Lamb.	Jack pine	北美短叶松，杰克松
P. canariensis C. Smith	Canary island pine	加那利松
P. contorta Dougl. var. contorta	Coastal lodgepole pine	美国黑松
P. contorta Dougl. var. latifolia Wats.	Inland lodgepole pine	美国黑松
P. echinata Mill.	Shortleaf pine	短叶松
P. elliottii Engl. var elliottii	Slash pine	湿地松
P. halepensis Mill.	Aleppo pine	地中海白松

(续)

拉丁名	英文名	中文名
P. lambertiana Dougl.	Sugar pine	糖松，兰伯氏松
P. nigra Arnold	Black pine	南欧黑松
P. nigra var. maritima (Ait.) Melville	Corsican pine	科西嘉松
P. nigra Arnold var nigra	Austrian pine	欧洲黑松
P. oovarpa Scheide	Oocarpa pine	卵果松
P. palustris Mill.	Longleaf pine	长叶松
P. pinaster Ait	Maritime pine	海岸松
P. ponderosa Dougl.	Ponderosa pine	北美黄松
P. radiata D. Don	Radiata pine	辐射松
P. resinosa Ait	Red pine	赤松
P. rigida Mill.	Pitch pine	北美脂松
P. roxburghii Sargent	Chir pine	喜马拉雅长叶松
P. strobus L.	Eastern white pine	美国白松
P. sylvestris L.	Scots pine	欧洲赤松
P. taeda L.	Loblloly pine	火炬松
Platanus, Platanaceae		悬铃木属，悬铃木科
P. occidentalis L.	American plane	悬铃木，美国梧桐
P. × hispanica Muenchh.	London plane	悬铃木，英国梧桐
Populus, Salicaceae		杨属，杨柳科
P. alba L.	White poplar	白杨
P. canescens (Ait.) Sm	Grey poplar	灰杨
P. grandidentata Michx.	Bigtooth aspen	大齿杨
P. tremula L.	Aspen	山杨
P. tremuloides Michx.	Quaking aspen	响杨
P. trichocarpa Torr. and Gray	Western balsam poplar	毛果杨
Prosopis juliflora (Swartz) DC., Leguminosae/Mimosoideae	Mesquite	牧豆树
Prunus avium L., Rosaceae	Wild cherry	野黑樱桃
Pseudotsuga menziesii (Mirb.) Franco, Pinaceae	Douglas fir	花旗松
Pteris aquilinum (L.) Kuhn, Polypodiaceae	Bracken	欧洲蕨，水龙骨科

(续)

拉丁名	英文名	中文名
Quercus, Fagaceae		栎属，壳斗科
Q. ilex L.	Holm oak	圣栎
Q. kelloggii Newb.	California black oak	加州黑栎
Q. petraea (Mattuschka) Liebl.	Sessile oak	无梗花栎
Q. robur L.	Pedunculate oak	欧洲栎
Ranunculus ficaria L., Ericaceae	Lessor celandine	榕叶毛茛
Rhododendron ponticum L., Ericaceae	Rhododendron	常绿杜鹃
Ricinodendron africanum Muell., Arg., Euphorbiaceae		乔茑麻
Robinia pesuduacacia L., Leguminosae/ Papilionaceae	Locust tree	刺槐
Rubus, Rosaceae		悬钩子属，蔷薇科
R. fruticosus agg.	Blackberry – bramble	欧洲黑莓
R. idaeus L.	Raspberry	树莓
Rumex species, Polygonaceae	Dock	酸模，蓼科
Salix, Salicaceae		柳属，杨柳科
S. alba L.	White willow	白柳
S. alba var. vitellina		黄茎白柳
S. "*Americana*"	American osier	美洲柳
S. caprea L.	Great sallow	黄花柳
S. gracilis Anderss.		红皮柳
S. purpurea L.	Purple willow	杞柳
S. rigida Muhl.		乌柳
S. triandra L.	Almond willow	三蕊柳
S. viminalis L.	Common osier	蒿柳
Sarothamnus scoparius (L.) Wimm. Ex Koch, Leguminosae/ Papilionaceae	Broom	金雀花
Scottellia species, Flacourtiaceae		斯科大风子，大风子科
Sequoia sempervirens (D. Don) Endl., Taxodiaceae	Coast redwood	北美红杉
Shorea, Dipterocarpaceae		娑罗双属，龙脑香科
S. leprosula Miq.		皮屑娑罗双，浅红梅兰地
S. parvifolia Dyer		小叶娑罗双

(续)

拉丁名	英文名	中文名
S. robusta Gaertn. f.	Sal	娑罗双
Sorbus aucuparia L., rosaceae	Central American mahogany	花楸，大叶桃花心木
Swietinea macrophylla King, Meliaceae	Rowan	花楸
Tamarix species, Tamaricaceae	Tamarix	柽柳
Tarrietia utilis (Sprague) Sprague, Sterculiaceae	Niangon	非洲银叶树
Tectona grandis L. f., Verbenaceae	Teak	柚木
Tephrosia candida (Roxb.) DC., Leguminosae/ Papilionaceae		白灰毛豆
Terminalia, Combretaceae		榄仁树属，使君子科
T. ivorensis A. Chev.	Idigbo	科特迪瓦榄仁木
T. superba E T. ngl. and Diels	Afara, limba	西非榄仁
Tetraclinis articulata (Vahl) Mast., Cupressaceae		山达脂柏，柏科
Teucrium scorodonia L., Labiatae	Wood sage	林石蚕
Thuja plicata D. Don, Cupressaceae	Western red cedar	铅笔柏
Tilia cordata Mill., Tiliaceae	Small-leaved lime	小叶椴
Trema spcecies, Ulmaceae		山黄麻，榆科
Trifolium species, Leguminosae/ Papilionaceae	Clovers	苜蓿
Triplochiton scleroxylon K Schum, Sterculiaceae	Obeche	硬白桐
Tsuga heterophylla (Raf.) Sarg., Pinaceae	Western hemlock	加州铁杉
Ulmus procera Salisb., Ulmaceae	English elm	英国榆
Urtica dioica L., Urticaceae	Stinging nettle	异株荨麻
Zea mays L., Gramineae	Maize	玉米
Zizyphus mauritanica Lam., Rhamnaceae	Indian jujube	印度枣

附录 2 为主伐木提供生长空间实施清林的规模指标

群团直径（米，码）		面积（公顷，英亩）		株数（2米×2米）	主伐时的株数		
					花旗松	白蜡欧亚槭	栎树
11~13	12~14	0.01	0.02	25~35	3	1	1
15~17	16~18	0.02	0.05	45~55	5	2	1
19~21	21~22	0.03	0.07	70~85	8	4	2
22~24	23~25	0.04	0.10	95~115	11	5	2
25~26	27~28	0.05	0.12	120~130	14	6	3
27~28	29~30	0.06	0.15	145~155	16	7	3
29~30	32~33	0.07	0.17	165~175	18	8	4
31~32	34~35	0.08	0.20	180~200	21	9	4
33~34	36~37	0.09	0.22	215~230	24	10	5
35~36	38~39	0.10	0.25	240~255	27	12	5
37~38	40~41	0.11	0.27	270~285	30	13	6
39~40	42~44	0.12	0.30	300~315	33	15	6
41	45	0.13	0.32	330	36	16	7
42~43	46~47	0.14	0.36	345~365	38	17	7
44	48	0.15	0.37	380	42	19	8
45~46	49~50	0.16	0.39	400	44	20	9
47	51	0.17	0.42	435	48	21	9
48~49	52~53	0.18	0.44	450~470	50	22	10
50~51	54~56	0.20	0.50	490~510	54	24	15
62	68	0.30	0.75	755	83	37	20
72	79	0.40	1.00	1020	113	50	25
80	89	0.50	1.23	1255	139	62	30
88	96	0.60	1.48	1520	169	75	32
90	100	0.63	1.56	1590	177	78	

索 引

Abies species（Silver firs）冷杉（属）143，206
 A. alba（European silver fir）欧洲冷杉
  as reserve 保留木 165
  as understorey 下层木 161
  damage by deer 鹿的破坏 103，149，157
  in mixtures 混交林 12，105，108，122，131，149
  natural regeneration 天然更新 149
  recovery from suppression 从抑制中恢复 109
  regeneration period 更新周期 94，95
  resistance to Heterobasidion 对于异担子菌的抗性 150
  root development 根系发育 131，149
  silvicultural systems 营林作业法 103，124，153
  yield 收获量 162
 A. grandis（Grand fir）大冷杉 157
  natural regeneration 天然更新 72
  resistance to Heterobasidion 对于异担子菌的抗性 35
  under shelterwood 处于呵护木下 65，163
 A. Concolor var. Lowiana（California white fir）加州白冷杉 152
Aboyne, Scotland 阿波郡，苏格兰 83
Acacia species（wattles）金合欢
 A. modesta 金合欢 187
 A. saligna 金环相思 167
 A. senegal（Gum arabic）阿拉伯胶树 167
accessory systems 双层高林作业法 5，160
 high forest with reserves 保残高林作业 163
 two-storied high forest 冠下造林 160
Acer species（maples）槭属 10，102，176
 A. campestre（Field maple）栓皮槭 189
 A. macrophyllum（Bigleaf maple）大叶槭 77
 A. Pseudoplatanus（sycamore）欧亚槭（假悬铃木枫）
  coppicing power 萌生力 167
  in mixture 混交林 148，149
  silvicultural systems 营林作业法 157，158，163，189
acid rain 酸雨 41
 see also air pollution 亦见 air pollution
Aclareos sucesivos por fajas 带状伞伐（西）120
Aclareos sucesivos por fajas alternos 交互带状伐（西）74
adaptation, as genetic trait 适应（作为遗传特性）17，80
Adour valley, France 阿杜尔河流域，法国 100
advance growth 前生树，前生植被 89，109，111，126
 in conversion 改造，转化 209
 in tropical forest 热带林 84，133，138
adventitious buds and shoots 偶生（不定）枝芽 166，192
Ae, forest of, Scotland 艾依森林，苏格兰 113
 aerial seeding 飞机播种 62，67
 see also direct seeding 亦见 direct seeding
aesthetic considerations 美学方面的考虑 12，14，64，76，79，127，147，159，162，192，194，198
 see also design 亦见 design
affectation 面积轮伐区，定期作业分区（法）92
affectations 面积轮伐区（法）
 permanentes 永久性 95
 revocables 临时性 95
Africa 非洲 48
 fuelwood consumption in 薪柴消费 45，176，184
 silvicultural systems in 营林作业法 40，45，69，139，168，169，202
African elephant（*Loxodonta africanum*）非洲象 136
African mahoganies（*Khaya species*）卡雅楝，非洲桃花心木 51
 K. anthotheca 白卡雅楝 135，140

K. ivorensis 红卡雅楝 203
African savannas 非洲稀树草原 32,169,180
agro - forestry systems 农林复合作业法，混农林业 19,54,176,211
 agro - silvicultural 农林 211
 agro - silvo - pastoral 农林牧 211
 clear cutting with field crops 与农作物结合的皆伐 68 - 70
 coppice with field crops 与农作物结合的矮林 176
 forestry in support of agriculture 与农业结合的林业 211
 four - around planting 四旁种植 212
hackwald 矮林农作 176
 home gardens 庭院 211
 pollarding 头木作业，截头作业 170,181,212
 short rotation coppice 短轮伐期矮林 174 - 176
 silvo - pastoral 林牧 212
 taungya 山地垦植，混农作业，林耕法 68 - 70
Ailanthus altissima(Tree of Heaven) 臭椿 167
Air pollution 空气污染 26,41
Aira flexuosa (Wavy hair grass) 发草 99
Alaska yellow cedar (*Chamaecyparis nootkathensis*) 黄桧，黄扁柏 77
alders (*Alnus* species) 桤木
 coppicing power 萌生力 167
 seed dispersal 种子散布 71
 silvicultural systems 营林作业法 72,167,168,174
Aleppo pine (*Pinus halepensis*) 地中海白松 193
Allegheny mountains, USA 阿勒格尼山脉，美国 105
almond willow (*Salix triandra*) 三蕊柳 170,172
Alnus species (alders) 桤木 71,72,166,168,174
A. incana (Grey alder) 灰桤木 168
A. rubra (Red alder) 红桤木
 coppicing power 萌生力 166
 in mixture 混交 77
 natural regeneration 天然更新 71,72
Alps, Switzerland 阿尔卑斯山，瑞士 118,148

Alstonia congensis (alstonia) 鸡骨常山 203
alternate strip system 交互带状作业 4,74,120
American osier (*Salix* × 'americana') 美国竹柳 170,172
American plane (*Platanus accidentalis*) 美国梧桐 167
Ancien standard 一级标准木(法)190,207
Anemone nemorosa (wood anemone) 栎林银莲花 82
Aningeria robusta (aningeria) 粗状阿林山榄 140
Aphis farinosa, on willow 柳蚜 173
Appalachian mountains, USA 阿巴拉契亚山，美国 105
Arboles reservados 保残高林作业(西)163
Arceuthobium species (Dwarf mistletoe) 矮槲寄生 152
Ardennes, region of Belgium 阿登高地，比利时 153
Argentina 阿根廷 174
Armillaria mellea (Honey fungus) 蜜环菌 29,35
artificial regeneration 人工更新 57,68,97,110,205
 direct seeding 直播种子 62,66,69,80,102,107
 special techniques 特殊技术 65
 with field crops 与农作物结合 68 - 70
ash (*Fraxinus excelsior*) 白蜡 157,174
 coppicing power 萌生力 167
 in mixtures 混交 39,110
 principal species 目的树种 51
 silvicultural systems 营林作业法 163,176,189
Asia 亚洲
 fuelwood consumption in 薪柴消费 176,184
 home gardensin 庭院 211
 tree worship in 树木崇拜 24
 silvicultural systems 营林作业法 45,69
assortments 分类，材种 183,195,199
aspen (*Populus tremula*) 山杨
 as underwood 作为下木 189
 as weed species 作为杂木 85
 suckering power(根)萌条力 167

索 引

Australia 澳大利亚
　　decline in yield 收获量下降 15 – 16
　　direct seeding 种子直播 62，67
　　fire hazard 火险 32
Austria 奥地利
　　damage by wind 风害 31
　　deer management 鹿的管理 39，213
　　irregular shelterwood systems 不规则伞伐法 118
　　regeneration of beech 山毛榉的更新 65
Austrian pine (*pinus nigra var. nigra*) 欧洲黑松 72，77
avalanche control 防止雪崩 20，147
Avena species (oats) 燕麦 176
Azadirachta indica (neem) 印楝 167，169

Baden – Württemberg, state of West Germany 巴登 – 符腾堡州，西德
　　silviculral systems 营林作业法 38，196
　　Wagner's blendersaumschlag Wagner 伞伐作业法 83，126
　　wedge systems in 楔形作业法 127 – 130
badger (*Meles meles*) 狗獾 23
Baja California, Mexico 南下加利福尼亚，墨西哥 71
Balivage intensif 强度保留 209
Baliveau, standard 一代上木(法) 190
Balkan peninsular 巴尔干半岛 187
Bangladesh 孟加拉国 69
basket willow coppice 筐篮柳矮林 168，170
Bavaria, state of West Germany 巴伐利亚州，西德 101，108，127
　　felling keys in 采伐密钥 122
　　mixtures in 混交林 11 – 12
Bechtalerwald, West Germany 比彻塔勒，西德 196
beech (*Fagus sylvatica*) 山毛榉 65，99，105
　　as reserves 保留木 164
　　as standards 作为保留木 189，208
　　coppicing power 萌生力 167
　　climatic damage 气候造成破坏 98
　　damage by air pollution 空气污染造成破坏 42
　　damage by disease 病害造成破坏 34
　　damage by felling 采伐造成破坏 40，164
　　in mixtures 混交林 10 – 11，40，101，110，122，131，148，154，161
　　natural regeneration 天然更新 82，149
　　regeneration period 更新期 94，99
　　silvicultural systems 营林作业法 85，89，122，149，153，156，163，186
　　weeding and cleaning 除杂清理 85
Belgium 比利时
　　artificial regeneration 人工更新 65
　　conversion 改造，转换 153，156
　　natural regeneration 天然更新 82
　　two – storied high forest 冠下造林 163
Bellême, forest of, France 贝莱姆森林，法国 96，105
Besamungshieb 更新伐(德) 88
Besamungsschlag 下种伐(德) 88
Betula species, birches 桦树 174，190
B. *Papyrifera* (paper birch) 纸皮桦 71
B. *pendula* (silver birch) 银桦 157，176
B. *Pubescens* (downy birch) 欧洲桦(柔毛桦) 157
Bigleaf maple (*Acer macrophyllum*) 大叶槭 77
Bigtooth aspen (*populus grandidentata*) 大齿杨 167
Biomass 生物质
　　for energy 能源 174 – 176
　　production of 产量 7，11，47，147
birches (*Betula species*) 桦树
　　as shelterwood 作为庇(保)护木 65，205
　　as weed species 作为杂木 85
　　coppicinng power 萌生力 167
　　in mixtures 混交林 153
　　silvicultural systems 营林作业法 174，190
birds 鸟
　　game 猎物 158
　　of prey 被捕食 23
　　seed dispersal by 种子传播 71，163
　　seed eating 掠食种子 23，66，68，83
　　song 鸣叫 23
Bisancien, standard 成熟木，保留木分级(法) 190
Black canker (*physalospora myabeana*) 黑溃疡，黑水病 172
Black forest, West Germany 黑森林，西德 119，122

measures against wind damage 防风灾措施 92
wedge system 楔形作业法 130，131
Black mulberry (*morus nigra*) 黑桑 71，163
Black pine(*Pinus nigra*) 欧洲黑松 37
Black pine beetle (*Hylastes ater*) 黑松甲虫 37，59
Black spruce beetle (*Hylastes species*) 黑云杉甲虫，根小蠹 37
Black spruce (*Picea mariana*) 黑云杉 73
Blackberry – bramble (*Rubus fruticosus*) 欧洲黑莓 82，99
Blendersaumschlag 伞伐作业 83，123
Bohemia, Czechoslovakia 波希米亚，捷克斯洛伐克 41，65
Bohmerwald, Czechoslovakia 波希米亚森林，捷克斯洛伐克 110
Bord, forest of, France 波特森林，法国 74，103
Bowhill, estate of, Scotland 鲍希尔领地，苏格兰 157
bracken (*Pteris aquilinum*) 欧洲蕨 64，82，102
brashing 低修枝 34，158
    see also tending 亦见 Tending
Brassica juncea (mustard) 芥菜 67
Brazil, coppice in 巴西，矮林 168
British Columbia, province of Canada 不列颠哥伦比亚省，加拿大 74，77
British Isles 不列颠群岛 183
    afforestation 造林 46
    coppice in 矮林 169
    damage by air pollution 空气污染造成破坏 42
    damage by disease 病害造成破坏 34，65
    damage by insects 虫害造成破坏 36
    damage by wind 风害造成破坏 27，58
    design of forests 森林设计 149
    harvesting systems 采伐作业 41
    natural regeneration 天然更新 100，113
    silvicultural systems 营林作业法 119，165
    timber production 木材生产 46
    weed control 杂草(木)控制 64
broom (*Sarothamnus scoparius*) 金雀花 102，177
Brown willow beetle (*Gallerucella lincola*) 柳褐守瓜 172
Brussels 布鲁塞尔 65，82
Budongo, forest of, Uganda 布东戈森林，乌干达 134
buffer zone 缓冲区 21，24
Bugoma, forest of, Uganda 卜格马森林，乌干达 134
Bunyoro, kingdom of, Uganda 布尼奥罗王国，乌干达 134
Bupalus piniaria (Pine looper moth) 松尺蠖蛾 37
Burma 缅甸
    taungya in 混农作业 69 – 70
    Tectona grandis in 柚木 69，71
Button top midge (*Rhabdophaga heterobia*) 蠓 173

Caesalpinoideae 苏木亚科(豆科)167
California state of, USA 加利福尼亚州，美国 32，71
California black oak (*Quercus kelloggii*) 加州黑栎 152
California white fir (*Abies consolor var. lowiana*) 加州白冷杉 152
Calliandra calothyrsus (calliandra) 危地马拉朱缨花 167
Calluna vulgaris (heather) 帚石楠 64，102
Calumba palumbus (Wood pigeon) 斑尾林鸽 82
Canada 加拿大 211
    damage by air pollution 空气污染造成的破坏 42
    damage by disease 病害造成的破坏 34
    silvicultural systems 营林作业法 73，74，77
candidate tree 候选木 116
Canary Island pine (*Pinus canariensis*) 加那利松 166
canopy, influence of 林冠的影响力 6 – 7，13 – 14，34，89
Capercaillie (*Tetrao urogallus*) 北欧雷鸟 83
Capredus capreolus (Roe deer) 狍
    control of damage 防止破坏 62，154
    damage to regeneration 对更新造成的破坏 39，157
Caribbean 加勒比 27
Carpathian mountains, Czechoslovakia to Rumania 喀尔巴阡山，捷克至罗马尼亚 148

索 引

Carpinus betulus（hornbeam）鹅耳枥
  coppicing power 萌生力 167
  in mixtures 混交林 101，131
  silvicultural systems 营林作业法 100，176，189
Carya species（hickories）山核桃 51
Cascade mountains, USA 喀斯喀特山，美国 71，107
cassava（*Manihot esculenta*）木薯 70
Cassia siamea（Yellow cassia）铁刀木 167，168
Castanea sativa（Sweet chestnut）（西洋）甜栗 167
  coppicing power 萌生力 169
  plashing 压条繁殖 183
  silvicultural systems 营林作业法 168
  yield 产量 168
Cavariella pastinaceae on willow 柳双尾蚜 173
Cedrela odorata（Central American cedar）西印度柏木 137，203
Celtis soyauxii 朴树 203
Central America 中美洲 45，69，176
Centre Technique des Forcts Tropiques 热带森林技术中心 139
Cephalcia lariciphila（Larch sawfly）腮扁叶蜂 37
Ceratocystis fagacearum（Oak wilt）栎枯萎病菌 34
Cervus elaphus（Red deer）马鹿 24
  control of damage 对造成破坏的控制 24，39，154
  damage to regeneration 对天然更新的破坏 39，84
Chamaecyparis species（cypresses）柏类
  C. nootkatensis（Alaska yellow cedar）黄扁柏 77
  C. obtusa（hinoki）扁柏 10
chamois（*Rupricapra rupricapra*）臆羚 39
Changa Manga, forest of, Pakistan 昌加曼噶，巴基斯坦 163
charcoal 木炭 137，168
check method 检查法 146
Chena, shifting cultivation 游垦 69
Chimpanzee（*Pan troglodytes verys*）黑猩猩 136
China 中国

coppice system 矮林作业法 182
  damage by wind 风造成破坏 27
  four-around planting 四旁种植 212
  pollarding 头木作业 182
Chinese fir（*Cunninghamia Lanceolata*）杉木 166，183
Chir pine（*Pinus roxburghii*）喜马拉雅长叶松 106
Chittagong tracts, Bangladesh 吉大港丘陵区，孟加拉国 69
Chlorophora excelsa（iroko）大绿柄桑 51，135，203
Circium arvense（creeping thistle）田蓟 172
claimant tree 效益木 116
clean air acts 清洁空气法案 15，42
cleaning 清理 115-116，143，145，157-158，178，193
  see also tending 亦见 tending
clear cutting system 皆伐作业法 5，8，17，25，36，39，53，57-77，212
  history of 历史 58，76-77
  mixtures in 混交林 77
  patch felling 块状采伐 72
  strip-like clear cuttings 拟条带状皆伐 72
  with artificial regeneration 人工更新 62-66
  with field crops 农作物 68-70
  with natural regeneration 天然更新 70-73
Clerodendron species 大青属（马鞭草科）138
climbers 攀缘植物 132，134，203
  control by cutting 通过砍伐防控 136，203
  treatment with herbicide 用除草剂防控 136，203
clones, use of 无性系的使用 17
Coast redwood（*Sequoia sempervirens*）北美红杉 155，166
Coastal lodgepole pine（*Pinus contorta* var. *contorta*）美国黑松 31，37，77
Colobus monkeys（*Colobus* species）疣猴 136
compartment 林班 25，44，47，89，108，121，136，147
competition, influence of 竞争带来的影响
  from ground vegetation 来自地面植被 66，80，82，99
  from overstorey trees 来自上层林木 161，164，191，206

from reserves 来自保留木 164
from seed bearers 来自母树 83，99，106 – 107
Conifer heart rot (*Heterobasidion annosum*) 心腐病(异担孔菌) 34，35，65，149，150
and wind damage 风害 29
and wood properties 材性 35
in group selection system 群团状择伐法 152
in selection system 择伐作业法 150
conservation 保育 18 – 19，22 – 24，81
plan 计划 24
value 价值 23 – 24，136，156，159，182
controlled burning 控制烧除
in artificial regeneration 人工更新 15 – 16，63，67 – 68
in natural regeneration 天然更新 82，106 – 107，138
in silvicultural systems 作业法 14，16，32 – 33，176
conuco, shifting cultivation 游垦 69
conversion 改造 136，197
by enrichment 补植 201 – 204
by improvement fellings 改进伐 199
by replacement 替换 205
period 周期 154，156
conversion, descriptions of, 对改造作业法的描述 153
broad – leaved to coniferous 从阔叶林向针叶林 198 – 199
clear cutting to group selection 从皆伐向群团择伐 153 – 157，197
coniferous to broad – leaved 从针叶向阔叶 153 – 157
coppice with standards to high forest 从中林向高林 196，197，206 – 210
degraded to productive forest 从退化林向高产林 197，199 – 201，205，206 – 210
mixed to pure forest 从混交林向纯林 69
pure to mixed forest 从纯林向混交林 153 – 157
regular to irregular forest 从规则林向不规则林 153 – 157
unmanaged to group selection forest 从未经营林向群团状择伐林 157 – 158
conversion 改造(法) 197
balivage intensif 通过强度保留 209 – 210
classique 经典的 206 – 208
en futaie pleine 中林改造为同龄阔叶高林 206
conversion 改造(西) 197
Convolvulus arvensis (lesser bindweed) 小旋花 172
coppice selection system 矮林择伐作业法 186 – 187
coppice systems 矮林作业法 166，185，188，208，209
basket willow coppice 筐篮柳矮林 168，170 – 174
Eucalyptus coppice 桉树矮林 177 – 181
pollarding 头木作业 181
short rotation coppice 短轮伐期矮林 174 – 176
simple coppice 简单矮林 166 – 170
coppice with field crops 矮林与农作物的结合 176
coppice with standards system 中林作业法 188 – 196
coppicing power 萌生力 166
Corsican pine (*Pinus nigra* var. *maritima*) 科西嘉松 35，66
Corta 采伐(西)
a hecho 皆伐 57
de abrigo 伞伐 78
de abrigo en cuna 楔形伞伐 127
de sementara 下种伐 88
final 终伐 91
por entresaca 择伐 142
Cortas 采伐(西)
de mejoria 改进伐 199
de regeneración 更新伐 88
en monte bajo con resolvos 中林作业法 188
intermedios 后伐 90
mejoracion 改进伐 199
por bosquetes uniformamente repartidos 群团伞伐作业法 108
por fajas (拟) 带状皆伐 72，120
por fajas progresivos 渐近伐 73
por fajas y bosquetes 带 – 群状伞伐 126
Corylus avellana (hazel) 榛子
coppicing power 萌生力 167，189
silvicultural systems 营林作业法 176，189
costs and benefits 成本和效益 147

索 引

coupes 施业区
    annual 年度的 96, 145, 169, 186 – 187, 188, 209
    arrangement of 布局 57 – 62
    design of 设计 25, 61
    form of 形状 30, 57 – 62, 72
    periodic 周期性 58
    size of 规格 57 – 62, 70, 137
coupe 施业区(法)
    à blanc 皆伐 57
    d'abri 伞伐 78
    definitive 终伐 91
    d'ensemencement 更新伐 88
    preparatoire 施业准备 88
    rase 皆伐 57
coupes 施业区(法)
    d'amelioration 改进伐 199
    de conversion 改造伐 206
    derégénération 更新伐 88
    par bandes(拟)带状皆伐 72, 120
    par bandes alternes 交互带状皆伐 74
    préparatoires 预备伐, 轻度间伐 207
    progressives en bandes 渐近伐 73
    progressives sous les forêts tropiques 热带伞伐法 132
    secondaires 后伐 90
Couvet, forest of, Switzerland 库韦森林, 瑞士 150
creeping thistle(*Circium arvense*) 田蓟 172
critical height 临界高度 30
Cronartium ribicola on pines 松疱锈病 34
crop, forest 林作物, 林木, 林分 3, 5
    composition 组成 8 – 10, 12 – 13
    structure 结构 13 – 14, 111, 133, 138
crown 树冠
    fire 火 32
    projection area 投影面积 40, 155, 158
Cryptomeria japonica (Japanese red cedar) 日本柳杉 52
Cryptorynchus lapathi (Osier weevil) 杨干象 172
Cuartel especial 面积轮伐区(西)92
cultivars 栽培种 12 – 13, 18, 174, 175, 188, 204
culture silvicoleet agricole combinee 借助农作物实施人工更新(法)68
cultures intercalates 借助农作物实施人工更新(法)68
Cunninghamia lanceolata (Chinese fir) 杉木 166, 183
cutting section 采伐区(段) 59 – 60, 61, 73, 121, 123 – 124, 127
Cynometra alexandri (muhimbi) 乌干达喃果苏木 135, 136
Czechoslovakia 捷克斯洛伐克 41, 65, 110, 111

Dalbergia sissoo (sissoo) 印度黄檀 163
Dama dama (Fallow deer) 黇鹿 24
damage to forests 对森林造成破坏
    by air pollution 空气污染 26, 42
    by animals 动物 26, 38 – 39, 59, 62, 81, 83, 149, 155, 194, 202, 205, 213
    by disease 病 26, 29, 33 – 36, 40, 65, 149, 152
    by extremes of climate 极端气候 26, 65, 83, 111 – 112, 156, 187
    by fire 火 26, 32 – 33, 69, 147 – 148, 164
    by insects 虫 26, 36 – 38, 59
    by mechanical means 机械措施 92, 98, 112, 158
    by snow 雪 13, 26, 31, 76, 79, 112, 147
    by wind 风 13, 26, 76, 79, 92, 98, 111, 112, 147, 149, 159, 161, 164
    see also desiccation, frost, sunscorch, wind 亦见 desiccation, frost, sunscorch, wind
Danube, river, 多瑙河 173
Dartington, estate of, England 达廷顿, 英格兰 161
decay fungi 腐朽菌 40, 183
    Fomes ignarius 白朽病菌 40
    Heterobasidion annosum 异担孔菌 29, 34 – 35, 65, 149 – 150
    Polyporus dryadeus 厚盖纤孔菌 29
    Stereum sanguinolentum 血痕韧革菌 40
deer 鹿 24, 39, 149
    chamois (*Rupricapra rupricapra*) 臆羚 39
    damage to coppice 对矮林的破坏 182, 194
    Fallow (*Dama dama*) 黇鹿 24
    Roe (*Capreolus capreolus*) 狍 39, 62, 83,

154，157
　　Red（*Cervus elaphus*）马鹿 24，39，83，154
degraded forests 退化林
　　causes of 导因 197
　　characteristics of 特征 198
　　restoration of 恢复 158，197，198 - 199
degraded sites 退化立地
　　causes of 导因 7 - 8
　　characteristics of 特征 7
　　restoration of 恢复 62 - 66，198
Dendroctonus micans（Great spruce bark beetle）云杉大小蠹 37
Denmark 丹麦 4，11，27，99，105，164，212
Deschampsia caespitosa（Tufted hair grass）丛生发草 82
design 设计 24 - 25，61
　　of forests 森林 30，44 - 45，51，76
　　of road networks 道路网 49 - 50，52
　　see also aesthetic considerations 亦见 aesthetic considerations
dessication and drought 失水和干旱 11，83，97，102，107，112，114
diagnostic sampling of regeneration 更新的抽样诊断 134，136
Didymascella thujina on Western red cedar 铅笔柏叶枯病 34
Digitalis purpurea（fox glove）毛地黄 82
Dioscorea species（yams）山药 70
Diospyros mespiliformis（ebony）黑檀 168
Dipterocarpaceae 龙脑香 133
direct seeding 直接播种 62，66 - 68，69，80，102，106 - 107
directional felling 定向采伐 41
Dock（*Rumex* species）酸模 172
Dominant tree 优势木 14，116，147
dormant buds 休眠芽 166，177
Douglas fir（*Pseudotsuga menziesii*）花旗松
　　aerial seeding 飞机播种 67
　　as reserves 作为保留木 163
　　damage by disease 遭受病害 34
　　damage by frost 遭受霜害 65，206
　　direct seeding 直接播种 66
　　in mixtures 混交林 77，152，154，157

light requirements 对光的需求 161
natural regeneration 天然更新 72，153 - 154
provenances 种源 18
seed production 种子生产 66
silvicultural systems 营林作业法 77，153，163
use of shelterwood 用作庇护木 65
draining 排水 31，63 - 64，171
Dresden, East Germany 德累斯顿，东德 60
Dumfries, Scotland 敦夫里斯郡，苏格兰 113
Dwarf mistletoe（*Arceuthobium* species）矮斛寄生 152
Dyera costulata（jelutong）南洋桐 134
dysgenic selection 劣生选择 17

Earis chlorana, on willow 粉边青豆蛾，柳树 172
East Germany 东德 59，60，165，183
Eastern white pine（*Pinus strobus*）美国白松 105
Ebony（*Diospyros mespiliformis*）黑檀 168
ecosystem, forest 森林生态系统 6 - 7，11，21 - 22，141
edges, forest 林缘 22 - 23，30，39，52
education of forest stands 林分的调整准备 87，115，138，162 - 163
Eildon, estate of, Scotland 伊耳敦，苏格兰 157
Eire 爱尔兰 12
Elatobium abietinum（Green spruce aphid）云杉高蚜 113
elevation, effects of 海拔效应 27
elite tree 精英木 116
elms（*Ulmus* species）榆树 189
English elm（*Ulmus procera*）英国榆 167
emergents 顶生木 133，138 - 139
Endhieb 主伐，终伐（德）91
Endospermum malaccense 印马黄桐 134
energy, biomass for 生物质能源 174 - 176
England 英格兰
　　conversion in 改造 154 - 157，199
　　damage by wind 风害 64
　　degraded forests in 退化林 157，195，206
　　design of forests 森林设计 61
　　mixtures in 混交林 12
　　natural regeneration 天然更新 99，100，113
　　seed production 种子生产 98 - 99

silvicultural systems 营林作业法 162 – 163, 169, 195, 212
enrichessement 补植(法) 201
enrichment 补植 135, 200 – 201, 202 – 205, 209
　　conditions for 条件 202
　　of temperate forests 温带森林 203
　　of tropical forests 热带森林 202 – 203
enriquecimiento 补植(西) 202
Entandophragma species 非洲楝属 51
E. angolense (gedu nohar) 安哥拉非洲楝 135
E. cylindricum (sapele) 筒状非洲楝 135, 203
E. utile (utile) 良木非洲楝 135, 203
environmental impact 环境影响 25
epicormic 徒长
　　knobs 丛 178
　　shoots 萌条 193, 213
Erfurt, East Germany 爱尔福特, 东德 183
erosion 侵蚀 7, 13, 21, 41, 79, 147, 182
Erythrophleum suavolens (missanda) 几内亚格木 135
establishment stage 建群阶段 33, 36
　　animals of 动物 38
　　insect pests of 虫害 36 – 37
　　mechanical damage 机械损害 39
　　pathogens of 病原体 34
Ethiopia 埃塞尔比亚 181
Eucalyptus species (eucalypts) 桉(属) 168, 181
E. camaldulensis (River red gum) 赤桉 167, 177 – 178
E. cloeziana (Gympie messmate) 大花序桉 178
E. delegatensis (Tasmanian oak) 大桉 67
E. globulus (Blue gum) 蓝桉 178, 181
E. gomphocephala (tuart) 棒头桉 161, 177
E. grandis (Flooded gum) 巨桉 177 – 178, 180
E. maculata (Spotted gum) 斑皮桉 178
E. microtheca (coolibah) 小套桉 167, 168, 180
E. paniculata (Grey ironbark) 圆锥花桉 178
E. regnans (Mountain ash) 王桉 67, 177
E. saligna (Sydney blue gum) 柳叶桉 178
E. tereticornis (Forest red gum) 细叶桉 178
Eucalyptus 桉树

aerial seeding 飞机播种 62, 67
coppice 矮林 170, 177 – 181
coppice with field crops 与农作物结合的矮林 176
coppicing power 萌生力 167
direct seeding 直接播种 66
Eugenia jambos (*Jambosa jambos*) 蒲桃 167
Europe 欧洲 38, 62, 164 – 165
　　air pollution 空气污染 42 – 43
　　clean air acts 清洁空气法案 15
　　damage by disease 病害造成的破坏 34
　　damage by insects 虫害造成的破坏 36 – 37
　　damage by wind 风害造成的破坏 27 – 28, 132
　　history of forestry in 林业的历史 8 – 12, 183
　　history of silvicultural systems 营林作业法的历史 68, 72, 183 – 184
　　regeneration periods 更新周期 93 – 96
　　scarification in 松土 102
　　silvicultural systems in 营林作业法 59, 122, 164, 170 – 174, 181, 187, 189, 199
European larch (*Larix decidua*) 欧洲落叶松 40
　　advance growth 前生树木 109
　　as reserves 作为保留木 163 – 164
　　as standards 作为标准木 190
　　damage by snow 雪害 31
　　in mixtures 混交林 110, 128
　　silvicultural systems 营林作业法 110, 128, 157
European silver fir (*Abies alba*) 欧洲冷杉
　　as reserves 作为保留木 165
　　as understorey 作为下木 161
　　damage by deer 鹿造成的破坏 149, 157
　　in mixtures 混交林 12, 105, 108, 122, 131, 149
　　natural regeneration 天然更新 149
　　recovery from suppression 从抑制中恢复 109
　　regeneration period 更新周期 94, 95
　　resistance to *Heterobasidion* 对异担子菌的抗性 35
　　silvicultural systems 营林作业法 103, 124, 153
　　yield 收获量 162
even – aged crops 同龄林 5, 98, 148, 160
exploitable diameter 可利用径级 135, 137,

186 – 187, 207
exploitation fellings 掠夺式采伐 17, 140, 141, 197
exploitation par blocs 块状皆伐(法) 72
exponential model 指数模型 145
　　see also mathematical models 亦见 mathematical models
exposure to wind 迎风面 27 – 28, 60, 122
　　see also wind 亦见 wind
extraction paths or racks 集材道 41, 49, 92, 128, 159
　　see also harvesting systems 亦见 harvesting systems
Fagus sylvatica (beech) 山毛榉 85, 89, 110, 149, 153, 156 – 157, 161 – 163, 186 – 187
　　see also beech 亦见 beech
Fallow deer (*Dama dama*) 黇鹿 24
felling 采伐 41
　　cycle 周期 145, 154 – 155, 158 – 159, 186
　　damage 破坏 40 – 41, 164
　　key 密钥 31, 123 – 124, 129
　　series 系列 95
Femelschlag 不规则伞伐作业(德) 115
Ficus species, strangling figs 榕 139
field crops in silvicultural systems 营林作业法中的农作物 68 – 70, 176 – 177, 211
Field maple (*Acer campestre*) 栓皮槭 189
Fiji 斐济 203
final felling 终伐(主伐) 86 – 88, 91, 108, 121 – 122, 208
Finland 芬兰 47, 105
fire 火 32 – 33, 49, 148, 202
　　breaks 隔离带 30, 32 – 33
　　controlled use of 控制使用 14 – 16, 22, 32, 33, 63, 82, 106, 137, 176
　　danger 危险 32, 44
　　effects of 后果 14 – 16
　　hazard 灾害 32, 72
　　in savanna regions 在稀树草原地区 32
　　in silviculture 运用于营林 14 – 16, 94
　　risk 风险 15, 32, 94
　　wild fire 野火 14 – 15, 66, 71
flowering and seed production 开花和种子生产 81

Fomes ignarius 白朽病菌 40
Food and Agriculture Organization 粮农组织 179
forest associations 森林群丛 139, 148, 150
　　Lowland evergreen rain forest 低地常绿雨林 133
　　Northern hardwoods 北方硬木林 105, 150
　　North western Ponderosa pine 西北黄松 152
　　Norway spruce, European silver fir, beech 挪威云杉, 欧洲冷杉, 山毛榉 122, 143, 148
　　Pacific Douglas fir 花旗松 67, 72, 77
　　Pacific Ponderosa pine 美国黄松 107
　　Ponderosa pine, Rocky mountain Douglas fir 黄松, 落基山花旗松 152
　　Sierra Nevada mixed conifers 内华达山针叶混交林 152
　　Slash pine 湿地松 105 – 106
　　Southwestern Ponderosa pine 西南黄松 105, 152
　　White spruce, Alpine fir 白云杉, 高山冷杉 74
　　Yellow poplar 北美鹅掌楸 81, 83
forest crop 林作(物), 林分 9 – 10
　　composition of 组成 8, 12 – 13, 44
　　education of 调整准备 87, 115, 138
　　establishment stage 建群阶段 23, 34, 36 – 37, 40
　　mature stage 成熟阶段 23 – 24, 35, 38
　　pole stage 杆材阶段 23, 37, 108, 116
　　structure of 结构 8 – 12, 13 – 14, 44
　　thicket stage 幼龄阶段 23, 32 – 35, 37 – 40, 64 – 65, 115, 164
forest ecology 森林生态 6 – 14
forest influences 森林产生的影响
　　on microclimate 对于小气候 6 – 7, 34, 72, 80 – 81, 83, 123 – 124
　　on retention of nutrients 对于保持养分 21 – 22
　　on stream flow 对于溪流 6, 20 – 22
　　on water quality 水质 7, 21 – 22
forest lorey *Psittidae* 林鹦 136
forest management 森林经营 3, 43 – 45
Forest of Dean, England 迪恩森林, 英格兰 183
forests, functions of 森林的功能 3, 19, 43,

索 引

54，69，176－177
forestry 林业
  broad scope of 广义上 53－54
  in support of agriculture 对农业的支持 211－212
  on water catchments 流域 20－22
Forêt de Soignes, Belgium 索尼娅森林，比利时 65，82
fox (*Vulpes vulpes*) 狐狸 23
fox glove (*Digitalis purpurea*) 毛地黄 82
France 法国
  conversion 改造 206－209
  felling cycle 采伐周期 145
  history of silvicultural systems 营林作业法的历史 40，95－96，104，186，194－195
  periodic blocks 面积轮伐区 95，96
  regeneration fellings 更新采伐 99
  regeneration period 更新期 100
  seed production 种子生产 99，100
  silvicultural systems 营林作业法 70，165，184，186－187，193
Fraxinus excelsior (ash) 欧洲白蜡 51，110，157，158，167，169，176，189
  see also ash 亦见 ash
frost, damage by 霜造成的破坏 59，65，83，91，100，138，156，168，178，182，192
fuelwood 薪柴
  consumption 消费 176，183－184
  production 生产 45，47，137，194，196
Fusicladum saliciperdum (Willow scab) 柳痂 197
Futaie à double etage 双层高林(法) 160

Gaildorf, forest of, West Germany 盖尔多尔夫森林，西德 83
Gall fly (*Phytolyma lata*) 瘿蜻 135
Galerucella lineola (Brown willow beetle) 柳褐守瓜 172
Gambeya delevoyi 甘比山榄 140
gaps (林)隙 108，126，133，142，149，201
  microclimate in 小气候 111－112
  orientation 方向 111
  size 尺度 111，153，155－157，204
Gastropoda：Pulmonata, slugs 蛞蝓 83
genetics in silviculture 营林中的遗传学 12，16，174
  dysgenic selection 劣生性选择，遗传退化选择 17
  genecology 基因生态学 18
  genetic gain 遗传增益 17－18，91
  heritability 可遗传性 17－18，91
Geplenter niederwald 矮林择伐 186
Germany 德国
  air pollution 空气污染 42
  damage by wind 风造成的破坏 27
  hackwald 矮林农作(德) 176－177
  history of silvicultural systems 营林作业法的历史 59，76－77，104，126，150－151，183，196
  silvicultural systems 营林作业法 118，161－162，167
  stand models 林分模型 45
Gezira, the, Sudan 杰济拉，苏丹 168，179
Gilpinea hercyniae (Spruce sawfly) 云杉叶蜂 37
girdling 环剥 132，140，200，201，204
  see also tending 亦见 tending
Glen Tanar, forest of, Scotland 格林纳塔森林，苏格兰 83
Glentress, forest of, Scotdand 格兰特丽森林，苏格兰 156
Gmelina arborea (yemane) 石梓 70
Gonostylus bancanus (ramin) (东南亚)棱柱木，白木 51
Grand Bois, forest of, Belgium 罗格斯堡森林，比利时 153－154
Grand fir (*Abies grandis*) 大冷杉 157
  natural regeneration 天然更新 72
  resistance to *Heterobasidion* 对异担子菌的抗性 35
  under shelterwood 在庇护木下 65，163
grasses (*Gramineae*) 草类(禾本科) 64，89，171
grazing animals in forests 林中放牧 8，106，138，197，212
  see also agro-forestry 亦见 agro-forestry
Great sallow (*Salix caprea*) 黄花柳 189
Great spruce bark beede (*Dendroctonus micans*) 云杉大小蠹 37
Great wood rush (*Luzula sylvatica*) 林地蒿 82
Green spruce aphid (*Elatobium abietinum*) 云杉

高蚜 37, 113
Grey alder (*Alnus incana*) 灰桤木 168
Grey poplar (*Populus canescens*) 灰杨 167
ground flora 地表植被
  competitive power 竞争力 66, 79, 81, 83, 99
  control of 防控 71, 85, 115 – 116, 171, 175, 203
  effects on regeneration 对更新的影响 71, 82 – 84, 99 – 100
  species composition 植物种构成 64, 82, 99, 172, 203
group selection system 群团状择伐作业法 152 – 159
group system 群团伞伐作业法 79, 103, 108 – 114, 118
growing stock 生长蓄积
  normal condition 法正情形 3, 45 – 47, 93, 145 – 146
  see also yield 亦见 yield
Gruppenschirmschlag 群团伞伐作业法(德)108
Guinea fowl (*Numida meleagris*) 珍珠鸡 136
Gum arabic (*Acacia senegal*) 阿拉伯胶, 银合欢 167
Gwdyr, forest of, Wales 沃代尔森林, 威尔士 9

habitat, management of 栖息地管理 19 – 20, 22, 23, 159, 165
Hackwald 矮林农作(德)176 – 177
hare (*Lepus* species) 野兔 157
harvesting 采伐
  and water quality 水质 21, 41
  and soil erosion 土壤侵蚀 8, 23, 41
  damage by 造成破坏 8, 21, 40, 79
  limits of transport 运输控制点 116
  machines 机械 40, 47 – 49, 72
  systems 作业 8, 43, 47 – 49
  using horses 马的使用 41, 154
Haute - Savoie, department of, France 上萨瓦省, 法国 187
hazel (*Corylus avellana*) 榛子
  coppicing power 萌生力 167
  in mixture 混交林 176
  silvicultural systems 营林作业法 189
heather (*Calluna vulgaris*) 帚石楠 64, 102, 177
herbicides, use of 除草剂的使用
  in tropical silvicultural 热带林经营 132 – 134, 136 – 137, 139, 201 – 202
  in weed control 杂草控制 15, 64, 84, 171, 175, 205
heritability 可遗传性 16 – 17, 91
  see also genetics in silviculture 亦见 genetics in silviculture
Heterobasidion annosum (Conifer heart rot) 异担孔菌(心腐病)34 – 35, 149 – 150
Hevea brasiliensis (rubber) 橡胶树 70
hickories (*Carya* species) 山核桃 51
Hiebsumlauf 采伐周期, 轮伐期(德)145
high forest with reserves 保残高林 160, 163 – 165
Himalaya mountains, India and Pakistan 喜马拉雅山, 印度和巴基斯坦 106
hinoki (*Chamaecyparis obtusa*) 日本 10
history of silviculture 营林的历史 8 – 11, 68 – 69
history of silvicultural systems 营林作业法的历史 113 – 114, 150 – 151
  basket willow coppice 筐篮柳矮林 170
  clear cutting system 皆伐作业 76, 77
  conversion classique 经典的改造方法 209 – 210
  coppice systems 矮林作业法 183 – 185
  coppice with standards 中林 195 – 196
  enrichment 补植 201 – 202
  high forest with reserves 保残高林 160
  irregular shelterwood 不规则庇护木 118 – 119
  selection system 择伐作业法 150
  shelterwood uniform system 全林伞伐作业法 94, 104 – 105
  strip systems 带状伞伐作业法 126 – 127
  tropical shelterwood 热带庇护木, 热带伞伐 132
  two - storied high forest 双层高林 161 – 162
  wedge system 楔形作业法 127 – 128
Holland 荷兰 211
Holm oak (*Quercus ilex*) 圣栎 167, 193
holts 小块林地 171 – 174
home gardens 庭院, 宅园 211

Honey fungus（*Armillaria mellea*）蜜环菌 29，35
hornbeam（*Carpinus betulus*）鹅耳枥
　　coppicing power 萌生力 167
　　in mixture 混交林 100，131
　　silvicultural systems 营林作业法 100，176，189
horses 马 41，154
Horstweiser plenterbetrieb 群团状择伐作业 152
Hubbard Brook，forest of，USA 哈伯德布鲁克森林，美国 13
Huchenfeld，forests of，West Germany 普法尔茨森林，西德 129－130
humus 腐殖质 6，80，88－89，102，143
Hungary 匈牙利 171，173
hydrological cycle 水循环 7，21
Hylastes species 根小蠹 36
　H. ater（Black pine beetle）黑松甲虫 16，37，59
Hylobius，species 松皮象 36－37
　H. abietis（Large pine weevil）大松皮象 37，59
Hypsipyla species 楝斑螟属 135
　H. robusta on mahogany 麻楝梢斑螟 203

Ichneumon parisitoid（*Olesicampa monticola*）云杉叶蜂 37
improvement fellings 改进伐 199－200
　　in temperate forests 温带林 199
　　in tropical forests 热带林 132，200－201
Incense cedar（*Libocedrus decurrens*）北美翠柏 152
increment 生长量 16，80，117，141，146，150，161
India 印度
　　damage by snow 雪造成破坏 31
　　fuelwood 薪柴 184
　　natural regeneration 天然更新 71，137－138
　　sal coppice 娑罗双 167
　　taungya in 混农作业 69－70
　　silvicultural systems 营林作业法 96，105，137，170，181，200
Indian ocean 印度洋 27
Indonesia 印度尼西亚 69
inland lodgepole pine（*Pinus contorta* var. *contorta*）美国黑松 71

inner strip 内（条）带 123
insect pests 害虫 36－38
intensive reservation，conversion by 通过强度保留实施改造 209－210
interception 截留 7，65
inter cropping 间作 70，176－177，213－214
　　see also agro－forestry 亦见 agro－forestry
Inter mountain region，USA 山间地区，美国 71
International Council for Research in Agro－Forestry 世界混农林业中心 177，211
International Energy Agency 国际能源机构 174
International Union of Forestry Research Organizations 国际林业组织研究联盟 18，179
inventory 清查 147，198－199，209
Inverness，Scotland，因弗尼斯，苏格兰 165
Irobo，Ivory Coast 象牙海岸 139
irregular crops or stands 不规则林分 5，10，13－14，19，24－25，142，153－157，198
irregular shelterwood system 不规则伞伐作业法 5，17，25，29，79，94，115－119，165
irrigation 灌溉 71，163
　　in the Gezira 杰济拉 168，179－180
　　of coppice 矮林 175－176
　　to increase flowering 促进开花 81
Israel 以色列 67，178
Italy 意大利 183－184
Ivory Coast 象牙海岸 139

Jack pine（*Pinus banksiana*）杰克松，斑克松
　　aerial seeding 飞机播种 62
　　damage by disease 病害造成的破坏 34
　　clear cutting system 皆伐作业法 77
Japan 日本 10，27，52
Japanese larch（*Larix leptolepis*）in mixture 日本落叶松混交林 12
　　silvicultural systems 营林作业法 154，156，161，163
Japanese red cedar（*Cryptomeria japonica*）日本柳杉 52
Jardinage 择伐（法）
　　par bouquets 群团状择伐 152
　　par pieds d'arbres 择伐作业 142
Jhelum Mianwali，forest division，Pakistan 杰赫勒姆－明戈拉林管区，巴基斯坦 187

索 引

Juglans species (walnut) 核桃 51
Juncus effusus (soft rush) 灯芯草 64-65, 82
Jura mountains, France 侏罗山, 法国 148, 150
 periodic blocks in 面积轮伐区 96
 silvicultural systems 营林作业法 104-105
Jutland, region of, Denmark 日德兰地区, 丹麦 4, 27
juvenile wood 未成熟材 14
 see also timber 亦见 timber

Kahlhieb 皆伐作业(德)57
Kahlschlag 皆伐作业(德)57
Kahlstreifenschlag 渐近伐(德)73
Karlsruhe, West Germany 卡尔斯鲁厄, 西德 38
Keilschirmschlag 楔形伞伐作业(德)127
Kentucky, state of, USA 肯塔基州, 美国 81
Kenya 肯尼亚 69, 170, 211
Khaya species (African mahoganies) 卡雅楝, 非洲楝(非洲桃花心木)51
 K. anthotheca 白卡雅楝 135, 140
 K. ivorensis 红卡雅楝 203
Kiangin, shifting cultivation 游垦 69
Kielder forest, England 基尔德森林, 英格兰 61-62
Kopfholzbetrieb 头木作业(德)181
Korea 韩国 193
Kulissenhiebe 交互带状皆伐(德)74
Kumri, shifting cultivation 游垦 69

La méthode des affectations permanentes 永久性作用的方法(法)95
 des affectations revocables 轮植作业 95
 du quartier du regeneration 区块更新法 96
La Tené, Ivory Coast 拉坦诺, 象牙海岸 139
Lagerstroemia speciosa (pyinmia) 大花紫薇 69
Lakes Albert, George, Victoria, Uganda 艾伯特湖, 乔治亚, 维多利亚, 乌干达 134
Lamium galeobdolon (Yellow archangel) 银斑藤 82
land, capability 土地生产能力 11, 44, 46, 198
Landes, department of, France 朗德省, 法国 70

Landscape 景观 20, 24
 forests in 森林 24-25
 silvicultural systems in 营林作业法 24-25
Langenbrand, forests of, West Germany 朗根布兰德森林, 西德 131
Langport, England 兰波特, 英格兰 173
Larch sawfly (*Cephalcia lariciphyla*) 腮扁叶蜂 37
larches (*Larix* species) 落叶松
 see Larix 见 *Larix*
Large pine weevil (*Hylobius abietis*) 松皮象 59
Larix species (larches) 落叶松
 L. decidua (European larch) 欧洲落叶松 39
  advance growth 前生树 109
  as reserves 保留木 163-164
  as standards 标准木 190
  damage by snow 雪害 31
  in mixtures 混交林 110, 128
  silvicultural systems 营林作业法 120, 128, 157
 L. leptolepis (Japanese larch) 日本落叶松
  in mixture 混交林 12
  silvicultural systems 营林作业法 154, 156, 161, 163
 L. occidentalis (Western larch) 西部落叶松 105
lateral shelter 侧方庇护 122-123
 see also microclimate 亦见 microclimate
layering 压条繁殖 169, 186
leading desirables 主要目标树 201
Lepus species (hares) 野兔 157
Lesser bindweed (*Convolvulus arvensis*) 小旋花 172
Lesser celandine (*Ranunculus ficaria*) 榕叶毛茛 82
Leuceana leucocephala (leuceana) 银合欢 167
Libocedrus decurrens (Incense cedar) 北美翠柏 152
Lichtungshiebe 后伐(德)90
Lichtwuchsbetrieb 径向受光生长(德)161
Light 光
 demanding 需求 66, 89-90, 93, 98, 122, 145, 152, 158, 201
 effects on increment 对生长量的影响 91, 116, 161
 effects on regeneration 对更新的影响 88,

133－134
    effects on weed growth 对杂草木生长的影响 200
    requirements 需求 93，97，133
    shade enduring 耐阴 90－92，98，122，126
light red meranti（*Shorea* species）浅红梅兰地（娑罗双属）134
lignotubers 木质茎块 177，181
lime（*Tilia species*）椴类 167，189
limits of transport 运输控制点 116－117
linear programming 线性规划 46
    see also mathematical models 亦见 mathematical models
Liquidambar styradflua（Sweet gum）枫香 174
Liriodendroti tulipifera（Yellow poplar）北美鹅掌楸
    coppice system 矮林作业法 167，174
    light requirements 对光的要求 83
    natural regeneration 天然更新 81－82
    seed production 种子生产 81
litter 枯落物
    decomposition 分解 6
    effects of fire on 火的影响 14－16
    in mixed stands 混交林 12－13
    removal of 移除 76，129，197
Loblolly pine（*Pinus taeda*）火炬松 105
Locust tree（*Robinia pseudoacacia*）刺槐 161
    coppice with standards 中林 193
    coppicing power 萌生力 166－167，174
    suckering（根）萌生能力 167
Lodgepole pine（*Pinus contorta*）美国黑松 37
    coastal provenances 沿海种源 31
London plane（*Platanus X hispanica*）悬铃木 182
Longleaf pine（*Pinus palustris*）长叶松 105
Lophodermium species 散斑壳属菌 34
Lorraine，region of，France 洛林地区，法国 100
Lavoa species（African walnut）虎斑楝（非洲核桃）51
L. brownii 虎斑楝，非洲楝 135
L. trichilioides 非洲核桃 203
lower storey 下层林 134，160－163，188
Loxodonta africanum（African elephant）非洲象 136

lua, shifting cultivation 游垦 69
Luzula sylvatica（Great wood rush）林地蒿 82
Lyons－la－foret，forest of，龙沙森林，法国 50，86

Macaranga species 血桐属 203
MacMillan Park，Vancouver Island，Canada 麦克米伦公园，温哥华岛，加拿大 77
Maesopsis eminii（musizi）伞树 135
    enrichment with 补植 137，203
Maharashtra，State of India 马哈拉施特拉邦，印度 170
maiden trees 萌桩木 178
main crop 主林木 85
maize（*Zea mays*）玉米 70
Malayan uniform system 马来西亚全林伞伐作业 133－134
Malaysia 马来西亚 69，133，203
management 经营 3
    main tasks 主要任务 43－44
mathematical models in 数学模型 46
    normal growing stock 法正生长量 3，45－47，93
    relation to silviculture 与营林的关系 43
    sustained yield 可持续收获量 3，45－47
Manihot esculenta（cassava）木薯 70
Mansonia altissima（mansonia）曼森梧桐 203
maples（*Acer* species）槭属 110，102，176
    Bigleaf maple（*A. macrophyllum*）大叶槭 77
    Field maple（*A. campestre*）栓皮槭 189
    Sycamore（*A. pseudoplatanus*）假悬铃木枫，欧亚槭 148－149，157－158，163，189
markets，influence on silviculture 市场对营林的影响 50－51，164，168，193，198
Maritime pine（*Pinus pinaster*）海岸松 70，77
Masindi，Uganda 乌干达 134
mathematical models 数学模型 73
    exponential model 指数模型 145
    linear programming 线性规划 46
    simulation 模拟 45，47
    stand model 林分模型 45，47
    yield model 收获模型 169
    see also forest management 亦见 forest management
mature stage of crops 林分成熟阶段

animals of 动物 39－40

insect pests of 虫害 35

mechanical damage 机械伤害 39－41

pathogens of 病原体 33

mature wood 成熟材 14，162

mechanical damage 机械伤害 40－41，75，158

see also damage to forests 亦见 damage to forests

Mediterranean basin 地中海盆地 32，167，193

Melampsora species（rusts）栅锈菌属 172

M. allii – *salicis* – *albae* 白柳栅锈菌 172

M. amygdalinaey on willow 柳栅锈菌 172

Meles meles（badger）狗獾 23

Miliaceae 楝科 135，167，203

Melrose, Scotland 梅尔罗斯，苏格兰 157

Meranti, light red (*Shorea* species) 浅红梅兰地（娑罗双属）134

Meria laricis on larch 落叶病（落叶松）34

mesquite (*Prosopis juliflora*) 牧豆树 167

méthode 作业法（法）

    de regeneration par coupes progressives 全林伞伐法 85

    des affectations permanentes 永久性作用的方法 95

    des affectations revocables 轮植作业 95

    du controle 检查法 146

    du quartier du regeneration 区块更新法 96

metodo 作业法（西）

    de aclareos sucesivos por fajas 带状伞伐作业 120

    de entresaca por bosquetes 群团状择伐 152

    se seleccion 择伐作业 142

Meurthe, river, France 默尔特河，法国 100

Mexico 墨西哥 27

mice and volves 老鼠，田鼠 67

microclimate, forest 森林小气候 6－7，34，72，80－81，83，123－126

Microsphaera alphitoides（Oak mildew）栎树霉菌 100

Mildbraediodendron excelsum 麦得木 135

Mimosoidae 含羞草亚科（豆科）167

minor forest product 林副产品 159

Mittelwald 中林作业（德）188

mixtures 混交林 89，156

    choice of species 树种选择 12，126，161－162

    examples of 案例 11－13

    in clear cutting system 皆伐作业法 77

    in natural regeneration 天然更新 12，80，160

    of cultivars 栽培种 12－13

    use of 使用 12－13，53

    regulation of 调整 94，98，110，116，127，143

Moderne, standard 二级标准木（法）190

Molinea coerulea（Purple moor grass）酸沼草 64

Monte

    alto de dos pisos 双层高林（西）160

    medio 中林作业（西）188

Mopri, Ivory Coast 莫普利，象牙海岸 139

Morus nigra（Black mulberry）黑桑 71，163

Morvan massif, France 莫尔旺山地，法国 186－187

Moselle, river, France 摩泽尔河，法国 100

Muguga, Kenya 穆咕嘎，肯尼亚 170

mulching 18－19 地表覆盖 15－16

Musanga cecropoides 伞原木 203

mustard (*Brassica juncea*) 芥菜 67

mycorrhizae 菌根 6

Myrtaceae 桃金娘科 167

Nancy, France 南锡市，法国 105

Natal, South Africa 纳塔尔，南非 180

natural approach to forestry "自然式林业" 方法 8，53，80，115，148，151

natural regeneration 天然更新 16，39，66，70－72

    combined with artificial regeneration 与人工更新结合 80，207

    diagnostic sampling of 抽样诊断 134，136

    genetic gain 遗传增益 17－18

    process of 过程 80－81，113－114

    requirements for 要求 80－84，149－150

Neckarland, West Germany 内卡兰德，西德 196

Nectria ditissima on beech 山毛榉鲜红丛赤壳菌 34

Nesogordonia papaverifera（danta）罂粟尼索桐 140

Neuessing, forests of, West Germany 诺宜斯森

索 引

林，西德 122－123
New South Wales, state of, Australia 新南威尔士州，澳大利亚 67
New Zealand 新西兰
  damage by wind 风造成的破坏 29
  directional felling 定向采伐 41
  harvesting systems 采伐作业 48－49
  simulation 模拟 45－46
  stand models 林分模型 45－46
  silvo－pastoral systems 林牧混作 212－213
  timber production in 木材产量 46
Niederwald 矮林作业(德) 166
Nigeria 尼日利亚 182
Nilgiri hills, India 尼基里山，印度 178
nitrogen 氮 11－12，81－83，106
  see also nutrients 亦见 nutrients
normal growing stock 法正生长量 3，45－47，93，145，158
Normandy, region of, France 诺曼底地区，法国 12，96，101
North Africa 北非 172
North America 北美 27，31，41，62，67，72，170，174，199
North Carolina, state of, USA 北卡莱罗纳州，美国 81
Northern Ireland 北爱尔兰 113
Norway 挪威 27
Norway spruce (*Picea abies*) 挪威云杉 18，111
  artificial regeneration 人工更新 76
  as reserves 保留木 164
  decline in yield 收获量下降 10－11
  damage by air pollution 空气污染造成破坏 42
  damage by animals 动物造成破坏 39，149
  damage by disease 病害造成破坏 94，150
  damage by frost 霜害造成破坏 65
  damage by wind, 风害造成破坏 58，102，149
  in conversion 改造，转化 153－157
  in mixtures 混交林 11－13，83，108－110，122，131，48－49，154，165
  natural regeneration 天然更新 82，149，153
  regulating mixtures 混交调整 103，110，131
  seed production 种子生产 102
  silvicultural systems 营林作业法 4，76，124，129，196
Nothofagus species (Southern beeches) 假山毛榉属 174
N. dombeyi 多氏假山毛榉 156
N. procera 智利假山毛榉 155
Numida meleagris (Guinea fowl) 珍珠鸡 136
nurses 保育(护)树，呵护木 57，65
nutrients 养分
  addition of 增加 64－65，81，171，175，179
  capital 存有量 7，182
  cycle of 循环 6－7，12－13
  major elements 大量元素 106－107，172
oaks (*Quercus* species) 栎类
  California black oak (Q. kelloggii) 加州黑栎 152
  Holm oak (Q. ilex) 圣栎 193
  Pedunculate oak 欧洲栎(Q. robur)
  Sessile oak (Q. petraea) 无梗花栎
  silviculture of oaks 栎树林学特征
  as reserves 保留木 162－163
  as standards 保留木 190，195，200
  coppicing power 萌生力 166－167，183
  crown projection area 树冠投影面积 158
  damage by disease 病害造成破坏 34－35，91－92，100
  damage during felling 采伐过程中的损害 40，76
  damage by insects 虫害造成破坏 100
  direct seeding 直接播种 62，66，76，102
  hackwald 混农作业 176－177
  in mixtures 混交林 12，100－102，110，131，161
  natural regeneration 天然更新 100－101
  principal species 目的树种 51
  regeneration period 更新期 93，100
  regulating mixtures 混交调整 101，103
  seed production 种子生产 100
  silvicultural systems 营林作业法 85，89，100，157－158，161，163，189
  tan bark coppice 剥皮林 168－169，176
Oak mildew (*Microsphaera alphitoides*) 栎树霉菌 100
Oak wilt (*Ceratocystis fagacearum*) 栎枯萎病菌 35

oats (Avena species) 燕麦 176
Oberrheinisches Tiefland 上莱茵低地 196
Odenwald, West Germany 奥登森林, 西德 177, 190
Ohio river, USA 俄亥俄河, 美国 81
Olea cuspidata 尖叶木犀榄 187
Olesicampa monticola (*Ichneumon parasitoid*) 姬蜂 37
Oocarpa pine (*Pinus oocarpa*) 卵果松 166
Oregon, state of, USA 俄勒冈州, 美国 67, 71
Oryctolagus cuniculus (rabbit) 兔 155 – 157
osier beds 170 – 174
  see also basket willow coppice 亦见 basket willow coppice
Osier weevil (*Cryptorhyncus lapathi*) 杨干象 172
outer strip 外(条)带 123
overwood 上(层)木 14, 188, 206
Oxalis acetosella (Wood sorrel) 酢浆草 99

Palms 棕榈 211
Pakistan 巴基斯坦 71, 163
Pan troglodytes vetys (chimpanzee) 黑猩猩 136
Paper birch (*Betula papyrifera*) 纸皮桦 71
Parana river, Argentina 巴拉那河, 阿根廷 174
Parcelero, shifting cultivation 游垦 69
Patch fellings 块状伐 72, 77
  sowing 播种 63, 67
Pedunculate oak (*Quercus robur*) 欧洲栎
  see oaks 见 oaks
Peniophora gigantea 大隔孢伏革菌 35
Pentaspodon motleyi 五裂漆 134
Pericopsis elata (afrormosia) 大美木豆(非洲柚木)51
period, length of 周期的长度 92 – 97, 111, 115, 124
periode 面积轮伐区, 经营周期(德)92
periode 面积轮伐区, 经营周期(法)92
  d'attente 预备期 207
Periodenflache 轮伐更新区(德)92
periodic block 面积轮伐区 92 – 97, 138, 207, 209
  fixed 固定 95 – 96, 111
  floating 浮动 95 – 96, 150
  numbering 编号 96 – 97

  scattered 分散 95 – 96
periodicity of seed production 种子生产的周期性 81 – 82
Periódo de reproduccion 经营周期 92
Pflegemassnehmen 改进伐(德)199
Phaeolus schweinitzii 栗褐暗孔菌 29
Philippines 菲律宾 27, 69
Physalospora myabeane (Black canker) 黑水病 172
Phytolyma lata, on mahogany 瘿螬(桃花心木) 135
Picea species (spruces)云杉类
P. abies (Norway spruce) 挪威云杉 4, 11 – 13, 18, 39, 65, 76, 82 – 83, 94, 102 – 103, 108 – 110, 111, 122, 124, 129, 131, 153 – 157, 165, 196
  see also Norway spruce 亦见 Norway spruce
P. glauca (White spruce) 白云杉 74
P. mariana (Black spruce) 黑云杉 73
P. sitchensis (Sitka spruce) 西加云杉 12, 28 – 29, 30, 35 – 38, 64, 113, 156
pigs (*Sus* species) 猪 90
Pine looper moth (*Bupalus piniarius*) 松尺蠖蛾 37
Pine shoot beetle (*Tomicus piniperda*) 松甲虫 38
Pine shoot moth (*Rhyaciona buoliana*) 松梢蛾 37
pines (*Pinus* species) 松类, 松属 31
P. banksiana (Jack pine) 北美短叶松, 杰克松 34, 62, 77
P. canariensis (Canary Island pine) 加那利松 166
P. contorta var. contorta (Coastal lodgepole pine) 美国黑松沿海变种 31, 37, 77
P. contorta var. latifolia (Inland lodgepole pine) 美国黑松内陆变种 71
P. echinata (Shortleaf pine) 短叶松 105
P. elliotti var. elliotti (Slash pine) 湿地松 105, 106
P. halepensis (Aleppo pine) 地中海白松 193
P. lambertiana (Sugar pine) 糖松, 兰伯氏松 152
P. nigra (Black pine) 欧洲黑松 37
P. nigra var. maritima (Corsican pine) 科西嘉松 35, 37, 66, 105

索　引　259

P. nigra var. nigra（Austrian pine）欧洲黑松 72，77
P. oocarpa（Oocarpa pine）卵果松 166
P. palustris（Longleaf pine）长叶松 105
P. pinaster（Maritime pine）海岸松 70，77
P. ponderosa（Ponderosa pine）北美黄松
　　damage by snow 雪造成的破坏 31
　　direct seeding 直接播种 107
　　forest associations 森林群丛 105，107，152
　　silvicultural systems 营林作业法 105，107
P. radiata（Radiata pine）辐射松
　　afforestation 造林 46
　　design of forests 森林设计 48
　　directional felling 定向采伐 41
　　second rotation crops 第二轮伐期林分 15 – 16
　　silvo – pastoral systems 林牧作业法 212 – 213
P. resinosa（Red pine）红松 34
P. rigida（Pitch pine）北美油松 193
P. roxburghii（Chir pine）西马拉雅长叶松 106 – 107
P. strobus（Eastern white pine）美国白松 105
P. sylvestris（Scots pine）欧洲赤松 77，89 – 90，128 – 129
P. taeda（Loblolly pine）火炬松 105
pioneer species 先锋树种 66，136，200
Pitch pine（Pinus rigida）北美油松 193
plan of operations 作业计划 44
planting stock 种植材料
　　sets 扦插条 171，212
　　striplings 修剪苗 135
　　stumped plants 伐根萌条 163，169，202
plashing 压条繁殖 169
Platanus species（planes）悬铃木（属）174
　P. x hispanica（London plane）英国梧桐 181
　P. occidentalis（American plane）美国梧桐 167
Plenterhieb 择伐作业（德）142
Plenterung 择伐作业（德）142
poison girdling 毒杀环剥 132 – 133，201，202
　　see also silvicultural operations 亦见 silvicultural operations
Poland 波兰 171
pole stage 杆材阶段
　　animals of 动物 23，39 – 40
　　insect pests of 害虫 37

mechanical damage 机械损伤 47
　　pathogens of 病原体 40 – 41
pollarding 头木作业 181，212
Polyporus dryadeus on oak roots 厚盖纤孔菌（栎根上）29
pollution 污染
　　of the air 空气 42
　　of water 水 40 – 41
Ponderosa pine（Pinus ponderosa）北美黄松
　　damage by snow 雪造成破坏 31
　　direct seeding 种子直播 107
　　forest associations 森林群丛 105，107，152
　　silvicultural systems 营林作业法 105，107
Populus species（poplars）杨（属）174，182，213 – 214
　P. alba（White poplar）白杨 167
　P. canescens（Grey poplar）灰杨 167
　P. grandidentata（Bigtooth aspen）大齿杨 167
　P. tremula（aspen）山杨
　　as underwood 下木 189
　　as weed species 杂木 85
　　suckering power(根)萌条能力 167
　P. tremuloides（Quaking aspen）响杨 167
　P. trichocarpa（Western balsam poplar）毛果杨 167
Port Albirni, Canada 艾伯尼港，加拿大 77
potatoes 土豆 176
preparatory 预备，准备
　　fellings 采伐 88 – 105
　　period 周期 207
principal species 目的树种 85，133，140，197，200，201，205，207
productive functions of forests 森林的生产功能 3
progressive clear – strip system 渐进带状皆伐作业 72 – 73，120
Prosopis juliflora（mesquite）牧豆树 167
protection forests 防护林 3，19
protective functions of forests 森林的防护功能 3 – 4，19
protective measures against damage 防止遭受破坏的措施 58 – 59，79，92，111
provenances 种源 13，16 – 18，66，159，179 – 180，188，204
pruning 修枝 33，154 – 155，193，209，213 – 214

Prunus avium (Wild cherry) 野黑樱桃
  pruning 修枝 209
  suckering power (根) 萌条能力 167
  silvicultural systems 营林作业法 158, 163, 189
Psittidae (Forest lorey) 林鹦 136
Pseudotsuga menziesii (Douglas fir) 花旗松 18, 66, 72, 77, 152, 154, 161, 163, 165, 206
  see also Douglas fir 亦见 Douglas fir
Pteris aquilinum (bracken) 欧洲蕨 64, 82, 102
Puerto Rico 波多黎各 69
Puniab, region of, Pakistan 旁遮普地区, 巴基斯坦 71, 163
Purple moor grass (*Molinia coerulea*) 酸沼草 64
Purple willow (*Salix purpurea*) 杞柳 170
Pyrenees 比利牛斯山 186 – 187

Quaking aspen (*Populus tremuloides*) 响杨 167
Quartier 作业区块(法)
  blanc 白区 96
  bleu 蓝区 96
  du regeneration 区块更新 96
  jaune 黄区 96
Quercus species (oaks) 栎类 51, 89, 162, 167, 183
  Q. ilex (Holm oak) 圣栎 167, 193
  Q. kelloggii (California black oak) 加州黑栎 152
  see also oaks (*Quercus* species) 亦见 oaks

rabbit (*Oryctolagus cuniculus*) 野兔 155
racks 作业道 85
  see also road networks 亦见 road networks
Radiata pine (*Pinus radiata*) 辐射松
  afforestation 造林 46
  design of forests 森林设计 48
  directional felling 定向采伐 41
  second rotation crops 第二轮伐期林分 15 – 16
  silvo – pastoral system 林牧混作 212 – 213
Rändelhieb 林隙(德)108
Rannoch, Black Wood of, Scotland 兰诺克, 布莱克伍德, 苏格兰 24
Ranunculus ficaria (Lesser celandine) 榕叶毛茛 82
Rastatt, West Germany 拉施塔特, 西德 190
Raspberry(*Rubus idaeus*) 树莓, 覆盆子 82
Räumungshieb 终伐 91
recreation in forests 森林游憩 25, 45, 53, 62, 159, 198
Red alder (*Alnus rubra*) 红桤
  in mixture 混交林 77
  natural regeneration 天然更新 71 – 72
Red breasted starling (*Sturnus roseus*) 粉红椋鸟 71, 163
Red deer (*Cervus elaphus*) 马鹿
  control of damage 防止破坏 24, 39 – 40, 154
  damage by 造成破坏 39, 84
Red pine (*Pinus resinosa*) 红松 34
Reelig glen, Scotland 瑞里格林, 苏格兰 165
regeneration 更新
  block 施业区 137
  fellings 采伐 78, 88 – 92, 115 – 116, 121, 132, 208
  period 周期 94 – 95, 97, 99, 100, 118, 124, 129
regeneration, artificial by direct seeding 通过人工直接播种更新 62, 66 – 68, 69, 81, 101, 106 – 107, 143
  by planting 栽植 62 – 65, 143
  special techniques 特殊技术 65
  with field crops 农作物 68 – 70
  with natural regeneration 天然更新 80
regeneration, natural 天然更新 80 – 84
  diagnostic sampling of 诊断抽样 134, 136
  from seed on the area 来源于现地的种子 70 – 71
  from incoming seed 外来种子 71 – 72
  with artificial regeneration 人工更新 81
régénération 更新(法)
  en lisiéres obtenu par bandes etroites 带状伞伐作业 120
  lente par groupes 不规则伞伐法 115
  par coupes progressives en coin 楔形伞伐作业 127
  par groupes 群团伞伐作业 108
regular crops or stands 规则林分 5, 9 – 11, 13, 19, 23

索 引

Rennick, Australia 瑞思尼克,澳大利亚 16
Réno-Valdieu, forest of, France 雷诺-吕特朗,法国 105
replacement 替换 199, 205-206
reptiles, conservation of 爬行动物的保育 22
reserves 保留木 163
reserves 保留木(法)163
Rhabdophaga heterobia (Button top midge) 蠓 173
Rhine plain, West Germany 莱茵河平原,西德 129, 131
Rhizina undulate, on spruce 云杉波状根盘菌 29
Rhizophagus grandis on *Dendroctonus micans* 云杉大小蠹天敌大喙蜡甲 38
Rhododendron ponticum (rhododendron) 常绿杜鹃 205
Rhyaconia buoliana (Pine shoot moth) 松梢蛾 37
Ricinodendron africanum 乔蓖麻 203
rights of user 使用者的权利 8, 53, 197-198
road network 道路网 21, 31-33, 44
  and conservation 保育 22
  construction 建设 49
  design of 设计 21, 49-50, 52
  in tropical forests 热带林区 136
  paths 作业道 85, 117
  racks 集材道 85
  rides 岔道 22-23, 30
Robinia pseudoacacia (Locust tree) 刺槐 161, 167
  coppice with standards 中林 193
  coppicing power 萌生力 167
  suckering 根萌条能力 166
Rochefort, Belgium 比利时 154
Rocky mountains, region of, USA 落基山脉地区,美国 71, 152
Roe deer (*Capreolus capreolus*) 狍
  control of damage 破坏的防控 62, 154
  damage to regeneration 对更新造成的破坏 39
  see also deer 亦见 deer
root systems 根系 6-7, 86, 149
  damage by disease 病害造成的破坏 35, 41
  damage by wind 风害造成的破坏 28
  of mixed crops 混交林 12

rotación periódica 面积轮伐区,采伐周期(西) 145
rotation 轮伐期 23, 45, 93
  of coppice 矮林 168-169, 178-179, 182
  of coppice selection forest 择伐矮林 186
  of coppice with standards 中林 188, 190, 193
  of reserves 保留木 163-164
rotation 轮伐期(法)145
Rowan 花楸 65, 148-149, 153
rubber (*Hevea brasiliensis*) 橡胶树 70
Rubus species 悬钩子属
  R. fruticosus (blackberry-bramble) 欧洲黑莓 82, 99
  R. idaeus (raspberry) 树莓 82
Rumania 罗马尼亚 173
Rumex species (dock) 酸模 172
Rupricapra rupricapra (chamois) 臆羚 39
rushes (*Juncus* species) 灯芯草 64-65, 82
rusts (*Melampsora species*) 锈菌类 172
Rwanda, Uganda 卢旺达,乌干达 134

safe working methods 安全生产方法 14, 41, 67, 68, 205
Sahel, region of, Africa 萨赫勒荒漠草原区,非洲 168
Sal (*Shorea robusta*) 娑罗双 51
  coppice system 矮林作业法 168
  natural regeneration 天然更新 137-138
  periodic blocks 轮伐更新区 196
  taungya 垦植作业 69
Salix species (willows) 柳属
  as upper storey 上层木 163
  as weed species 杂木 85
  basket willow coppice 筐篮柳矮林 170-174
  coppicing power 萌生力 166
  damage by disease 病害造成的破坏 171-172
  pollarding 头木作业 181
  short rotation coppice 短周期矮林 174
  S. alba (White willow) 白柳 171-172
  S. alba var. vitellina 黄茎白柳 171-172
  S. x '*Americana*' (American osier) 美国竹柳 170-171
  S. caprea (Great sallow) 黄花柳 189

S. gracilis 红皮柳 170
S. purpurea（Purple willow）杞柳 170
S. rigida 乌柳 170
S. triandra（Almond willow）三蕊柳 170, 172
salvage fellings 拯救伐 132
Samenschlag 下种伐（德）87-88
saplings 幼苗 57, 88-89, 133, 141, 143
Sarawak 沙捞越 200
Sarothamnus scoparius（broom）金雀花 102, 177
sartage 矮林与农作物混作 176
Sauen, district of, East Germany 绍恩区，东德 161
saum 条带（德）120
Saumfemelschlag 带-群状伞伐（德）126
Saumschlagbetrieb 带状作业（德）120
Saumschirmschlag 带状伞伐作业（德）120
savanna, African 非洲稀树草原 32, 169, 179
Saxony, East Germany 萨克森，东德 10-11, 59, 76
Scandinavia 斯堪的纳维亚
    damage by air pollution 空气污染造成的破坏 42
    damage by snow 雪造成的破坏 31
    direct seeding 直接播种 82
    harvesting 采伐收获 41
    scarification 松土 63, 82
    slash disposal 采伐剩余物的处理 63
    uniform system 全林伞伐作业法 105
scarification 松土 63, 67, 82, 102, 108, 138
Schirmschlag 伞伐（德）78
Schirmschlagbetrieb 全林伞伐法（德）85
Schirrhia acicola, on pines 松褐斑病菌 34
Schnapsenreid, West Germany 布兰迪雷德，西德 196
Scleroderris lagerbergii, on pines 松枯枝病 34
Scotland 苏格兰 24, 105, 165
    conversion 改造 156-157, 206
    damage by snow 雪造成的破坏 31
    group system 群团伞伐作业法 113
    group selection system 群团状择伐作业法 156-157
    natural regeneration 天然更新 83, 113
    seed production 种子生产 99
Scots pine (*Pinus sylvestris*) 欧洲赤松 47

as reserves 作为保留木 102, 131
conservation of 保育 24, 84
damage by air pollution 空气污染造成的破坏 42
damage by disease 病害造成的破坏 34
damage by grazing animals 放牧造成的破坏 84
damage by insects 虫害造成的破坏 36-37
direct seeding 直接播种 76
light requirements 对光的要求 90
in mixtures 混交林 12, 83, 102, 109, 110, 122, 130-131
natural regeneration 天然更新 82, 83, 102
recovery from suppression 从抑制中恢复 109
regeneration period 更新期 94, 96
scarification 松土 82, 102
seed production 种子生产 102
silvicultural systems 营林作业法 72, 77, 88, 129-130, 156-158
Scottellia species 斯科大风子 140
    secondary fellings 后伐 86-87, 89-91, 99, 108, 121, 208
    species 树种 133, 161, 196, 203
seed 种子
    bearers 母树 16, 30, 40, 78, 80, 86, 89, 91, 98, 105-107, 116, 163, 207, 209
    bed 种子床，苗床 66-67, 82
    crop 种子林 66, 88, 90
    dispersal 散布 66, 71, 72-73, 81, 100, 106-107
    orchard 种子园 17, 66
    predation 捕食 66-68, 99-100
    production 生产 66, 82, 89, 94, 99, 107, 137
    production area 生产面积 17, 66
    sowing 播种 62, 66
    storage 储藏 68, 88, 89
    supply 供应 66
seed tree method 母树作业法 85, 105-107
seeding felling 下种伐 85-88, 89, 97-98, 99-103, 108, 121, 209
selection 选择 16, 174
    dysgenic（遗传）劣生性的 17-18
    fellings 采伐 115, 142, 152

索 引

selection system 择伐作业法 8，53，115，142，188，191
Selkirk, Scotland 塞尔扣克，苏格兰 157
series, felling 系列，采伐 95，187
Sessile oak (*Quercus petraea*) 无梗花栎 101
 see also oaks (*Quercus* species) 亦见 oaks
sets 扦插条 171，212
 see also planting stock 亦见 planting stock
setting, of harvesting machines 布设，采伐机械 72
Sequoia sempervirens (Coast redwood) 北美红杉 166
severance cutting 隔离伐 59-60，124
Shahpur forest division, Pakistan 斯哈赫普尔林业处，巴基斯坦 187
shamba, shifting cultivation 游垦 69
shelterbelts 防护林带 30，59，212
shelterwood strip system 带状伞伐作业 92，120-126
shelterwood systems 伞伐作业 4-5，78-84
shelterwood uniform system 全林伞伐作业法 79，85-107，132，164，207
 with artificial regeneration 人工更新 97-98
 with natural regeneration 天然更新 88-92
shifting cultivation 游垦 68-69
 see also taungya 亦见 taungya
Shorea species 娑罗双属 51
S. leprosula 皮屑娑罗双（浅红梅兰地）134，203
S. parvifolia 小叶娑罗双 134，203
S. robusta (sal) 娑罗双
 coppice system 矮林作业 167-168
 natural regeneration 天然更新 137-138
 periodic blocks 面积轮伐区 196
 taungya 混农作业 69
short rotation coppice 短轮伐期矮林 170，174-176
Shortleaf pine (*Pinus echinata*) 短叶松 105
Siberia 西伯利亚 38
Sierra Nevada mountains, USA 内华达山，美国 71，107，152
silvae caeduae (coppice) 采伐林（矮林）183
silvicultural systems 营林作业法
 choice of 选择 43
 classification of 分类 4-5

conservation value 保育价值 136，156，159，182，193-194，198
 for recreation 游憩 61，159，198
 for site protection 立地保护 147，187，194，198
 for tropical forests 热带林 24，40，50，84，132，139-140，141，201，211
 historical development of 发展历史 76-77，104，118-119，120，125，131，133-136，150，161-162，173，183-184，195-196，201，209-210
 in mountainous regions 山区 19，45
 in the landscape 景观 20，24-25
 natural systems "自然式"的作业法 8，13，53，80，115，148，150
 objects of 对象 7
 on water catchments 流域 19-21
simple coppice 单一矮林 166-169，194，212
simulation 模拟 45，46-47
 see also mathematical models 亦见 mathematical models
Siskiyou mountains, USA 西斯基尤山，美国 71
site degradation 立地退化 7-8，13，90
 index 指数 44
 preparation 整地 16
 capability or productivity 生产(能)力 11，15-16，44-45，46，146，198-199
 protection 保护 187，193，198
Sitka spruce (*Picea sitchensis*) 西加云杉
 artificial regeneration 人工更新 64
 damage by disease 病害的破坏 35
 damage by insects 虫害的破坏 35，37-38
 damage by wind 风的破坏 30-31
 in mixture 混交林 12-13
 natural regeneration 天然更新 113
 silvicultural systems 营林作业法 113，156
 stem taper 树干削度 29
skidding 集材 41，67，140
 see also harvesting systems 亦见 harvesting systems
slash, treatment of 采伐剩余物的处理 63，72，75，176-177，180
Slash pine (*Pinus elliottii var. elliottii*) 湿地松 105
slugs (*Gastropoda: Pulmonata*) 蛞蝓 83

Small leaved lime (*Tilia cordata*) 小叶椴 158, 167

snow, damage by 雪造成的破坏 13, 31, 147, 156–157

Societe Technique des Forets Tropicales 林业造林开发公司 139

social functions of forests 森林的社会功能 3, 19, 53, 69–70, 159

SODEFOR 林业造林开发公司 139

soil 土壤
    acidification 酸化 41
    cultivation 开垦 21, 63, 143
    humus layer 腐殖质层 6, 80, 88–89, 102, 143
    litter layer 枯落物层 6–10, 12, 15–16, 197
    nutrient status 养分状况 7, 176, 183
    properties 性质 7, 27–29, 106–107
    texture 质地 106–107, 179
    type 类型 11, 28–29, 41, 63–64, 113–114, 131, 171, 179, 199

Soft rush (*Juncus effusus*) 灯芯草 64–65, 82

Solomon Islands 所罗门群岛 205

Sorbus aucuparia (rowan) 花楸, 大叶桃花心木 65, 148, 153

Søro Academy, forest of, Denmark 索尔校区森林, 丹麦 164

South Africa 南非 180

South America 南美洲 69
    Basket willow coppice 筐篮柳矮林 170–174
    fuelwood 薪柴 45, 176, 184

South Australia, state of, Australia 南澳州, 澳大利亚 15

South Mengo, Forest of, Uganda 南门戈森林, 乌干达 134, 136

Southern beeches (*Nothofagus* species) 假山毛榉属 174
    N. dombeyi 多氏山毛榉 156
    N. procera 智利假山毛榉 155

spacing 植距, 密度 175, 240

Spain 西班牙 181

Spessart highlands, West Germany 施拜萨特高地, 西德 12, 97, 101, 164

Spey valley, Scotland 斯佩河流域, 苏格兰 105

Spruce sawfly (*Gilpinea hercyniae*) 云杉叶蜂 37

spruces (*Picea* species) 云杉 31, 46–47
    Black spruce (*P. mariana*) 黑云杉 73
    Norway spruce (*P. abies*) 挪威云杉 4, 11–13, 18, 39, 65, 76, 82–83, 94, 102–103, 168–110, 111, 122, 124, 129, 131, 153–157, 165, 196
    Sitka spruce (*P. sitchensis*) 西加云杉 28–29, 38, 113
    White spruce (*P. glauca*) 白云杉 74

Sri Lanka 斯里兰卡 69

Stammberg, Neckarland, West Germany 施坦贝格, 内卡兰德, 西德 196

stand or crop 林分 5, 8–10, 12–14, 85, 97–98, 111, 133, 138
    establishment stage 建群阶段 33, 36, 39, 40, 65
    mature stage 成熟阶段 35, 37–38, 39–40
    pole stage 杆材阶段 34, 37, 40, 108, 116
    thicket stage 幼林阶段 34, 36–40, 116, 164

standards 标准木 163, 188–193, 208, 210
    see also reserves 亦见 reserves

Steiermark, province of, Austria 施泰尔马克州, 奥地利 39

stem 树干
    defects 缺陷 44
    exploitable diameter 可利用径级 135, 137, 186–187
    taper 削度 13, 29, 31, 75, 106, 164

Stereum sanguinolentum on spruce 云杉血痕韧革菌 40

stinging nettle (*Urtica dioica*) 异株荨麻 172

stool 根株
    beds 繁殖圃 17
    shoots 萌蘖 168, 176–177

stream flow 溪流 7, 20–21

Streif 带状(德) 120

Streifenschlag 拟带状皆伐(德) 72, 120

strip-like clear cutting 拟带状皆伐 72

strip and group system 带-群状伞伐作业 114, 120, 126–127

strip systems 带状伞伐作业 17, 25, 79, 98, 120–131

strips 带 204
    alignment 排列 31–32, 122

arrangement 安排 31
  inner 内带 123
  outer 外带 123
  step like 台阶状 124
  width 宽度 122，128
stump removal 伐根的移除 65
stumped plants 根桩苗 163，169
Sturnus roseus（Red breasted starling）粉红椋鸟 71，163
Sudan 苏丹 168，179
Sugar pine（*Pinus lambertiane*）糖松，兰伯氏松 152
Sus species（pigs）猪 90
Sunscorch 日灼 98，164
sustained yield 可持续收获量 3，118，143，191
  defined 定义 45 – 47
  in selection forest 择伐林 145 – 146
  in tropical forest 热带林 135，139
Sweden 瑞典
  scarification（机耕）松土 82
  seed production of beech 山毛榉种子生产 99
  sustained yield 可持续收获量 46
  shelterwood uniform system 全林伞伐法 105
Sweet chestnut（*Castanea sativa*）甜栗
  coppicing power 萌生力 166 – 167
  plashing 压条繁殖 169
  silvicultural systems 营林作业法 182 – 185，189
  yield 收获量 169
Sweet gum（*Liquidambar styrciflua*）枫香 174
Swietinea macrophyllum（American mahogany）大叶桃花心木 203
Switzerland 瑞士 145，211
  beech as reserves 山毛榉保留木 164
  Federal Forest Research Institute 联邦林业研究院 150
  history of silvicultural systems 营林作业法的历史 150 – 151，183
  irregular shelterwood system 不规则伞伐作业 118 – 119
  méthode du controle 检查法 146
Sycamore（*Acer pseudoplatanus*）欧亚槭 158
  coppicing power 萌生力 167
  in mixture 混交林 148 – 149

silvicultural systems 营林作业法 149，157，163，189

Taillis 矮林（法）
  furete 矮林择伐法 186
  simple 单 – 矮林 166
  sorte 混农矮林 176
  sous – futaie 中林作业法 188
  sur tetards 头木作业 181
Tamarix species（Tamarisks）柽柳 167
Tan bark coppice 剥皮林 168 – 169，176 – 177
Tanzania 坦桑尼亚 168
Tarrietia utilis（niangon）非洲银叶树 140，203
Tasmania, state of, Australia 塔斯马尼亚州，澳大利亚 67
tatter flags 碎布旗 27
  see also damage by wind 亦见 damage by wind
taungya 混农作业 68 – 70，205
  see also agro – forestry systems 亦见 agro – forestry systems
Tavistock, estate of, England 塔维斯托克，英格兰 155
Teak（*Tectona grandis*）柚木 51，69 – 70，71
  coppicing power 萌生力 167
  coppice system 矮林作业 170
  natural regeneration 天然更新 70
  principal timber 目标材 51
  taungya 混农作业 69
Teller, standard 一代上木（保留木分级）（法）190 – 191，208
Tellin, forest of, Belgium 泰兰森林，比利时 154
tending 抚育 3，115
  brashing 低修枝 158
  cleaning 清理 85，115 – 117，143，145，157 – 158，193，203，208 – 209
  climber cutting 砍除攀缘植物 132 – 134，135 – 136，203
  poison girdling 用毒药环剥 133，140，200，202 – 203
  pruning 修枝 34，35，155 – 156，193，209，213 – 214
  thinning 疏伐，间伐 30，33 – 34，35，85，88，116，132，143，145，154 – 155，160 – 161，170，178 – 180，208 – 209，213

weed control 杂草（杂木）的控制 64，69，85，115－116，174

tending paths or trails 抚育作业道 49，85，116

Tennessee, state of, USA 田纳西州，美国 81

Tephrosia Candida 白灰毛豆 69

terminal height 终极高度 29

 see also damage by wind 亦见 damage by wind

Terminalia species 榄仁树属 203

T. ivorensis（idigbo）科特迪瓦榄仁木 137，203

T. superba（afara, limba）西非榄仁 137，203

terrain 地形 25，44

 classification 分类 20，32，44，48，123，199

 models 模型 28，123

Tetraclinis articulata 山达脂柏 166

Tetrao urogallus（capercaillie）北欧雷鸟 83

Teucrium scorodonia（Wood sage）林石蚕 82

Thailand 泰国 69－70

Tharandt, school forest of, East Germany 兰德校区森林，东德 60，105

Thetford, forest of, England 塞特福德森林，英格兰 65

thicket stage 幼林阶段 34，117，164

 animals of 动物 38－39

 insect pests of 虫害 36－37

 nutrition of 营养 64－65

 pathogens of 病原体 34

thinning 疏伐，间伐 40－41，213

 and disease incidence 病害的发生 34

 and fire danger 火的风险 32

 and wind damage 风造成破坏 30

 for conversion 用于保育目的 154－155

 for selection 择伐 85－86，116，143，145

 in coppice 矮林 169－170，180－181，208－209

 in coppice with standards 中林 193

 in tropical moist forest 热带湿润林 132，138－139

 in two－storied high forest 林冠下造林 160－161

 of oak and beech 栎树和山毛榉 85，87－88

Thuja plicata（Western red cedar）铅笔柏 34，72，77，161，206

Thun, Switzerland 图恩，瑞士 150

Tilia species（limes）椴（属）158，167，169，189

T. cordata（Small leaved lime）小叶椴 158，167

timber 木材

 and silvicultural 营林 50－51

 assortments 材种 183，195，199

 degrade by disease 病蚀 35，39－40

 principal 目的树种，目标树 85，133，140，197，200－201，205，206

 quality 质量 13－14，17，50－51，115，146－147，155－156，160－161，182

 secondary 次要 50－52，133，140，197，203

 utilization 利用 162－163

Tire et aire 丈地法（法）104

Tomicus piniperda（Pine shoot beetle）松甲虫 38

topex values 托帕克斯值 28，122

 see also damage by wind 亦见 damage by wind

Toro, forest of Uganda 托罗森林，乌干达 134

Tortricidae on oak 栎卷蛾 100

trails or paths（小）林道 85，117，202

 see also harvesting systems 亦见 harvesting systems

training 培训 40，47，156，205

transformación 改造（西）197

transformation 改造（法）197

transition zones 过渡区 22

Tratamiento 矮林（西）

 de monte bajo 矮林作业 186

 de monte bajo entresecadeo 矮林择伐 186

 por trasmachos 头木作业 181

Tree of Heaven（*Ailanthus glandulosa*）臭椿 167

tree shelters 树木防护套筒 84，205

Trema species 山麻黄属 203

Triplochiton scleroxylon（obeche）硬白桐 51，140，203

 enrichment 补植 203

 principal species 目的树种 140

 in mixture 混交林 140

tropical moist forest 热带湿润林 24，40，50，84，132，138－139，200－203

tropical shelterwood system 热带伞伐作业法 79，132－141

Tropisches schirmschlag 热带伞伐法（德）132

索 引

Tsuga heterophylla（Western hemlock）加州铁杉
    damage by snow 雪造成的破坏 31，157
    in conversion 改造 155
    in mixtures 混交林 77
    silvicultural systems 营林作业法 157，161，163

Tufted hair grass（*Deschampsia caespitosa*）丛生发草 82
turbulence of wind 湍流风 6，20，29，30 – 31
two – storied high forest 冠下造林 5，160 – 165

Überführung 改造（德）197
Überhälter 保残高林（德）163
Ulmus species（elms）榆（属）189
U. procera（English elm）英国榆 167
Umsäumungshieb 扩展林隙的采伐（德）108
underplanting 冠下栽植 160 – 163
underwood 下木 188 – 189
uneven – aged 异龄林 5，115，127，142，189
Uganda 乌干达
    coppice in 矮林 176 – 177
    enrichment 补植 203
    tropical shelterwood system 热带伞伐作业 134 – 136
uniform crops or stands 全林林分，均一林分 5
uniform system 全林（伞伐）作业 79，85，120，132，163 – 164，207
    with artificial regeneration 人工更新 97
    with natural regeneration 天然更新 88 – 92
    yield control in 收获量调控 91 – 92
United States of America 美利坚合众国 15，81
    clean air acts 清洁空气法案 15
    damage by disease 病害造成破坏 34
    damage by snow 雪造成破坏 31
    forest associations 森林群丛 67，71，77，80 – 83，105，107，122，150，152
    silvicultural systems 营林作业法 105，107，150，152，170 – 173，184，200
upper storey 上木 163 – 164，188
Urtica dioica（Stinging nettle）异株荨麻 172
Uttar Pradesh, state of, India 北方邦，印度 137

Vancouver Island, Canada 加拿大温哥华岛 77
Verjungungshiebe 更新伐 88

Veteran, standard 成熟木（保留木分级）（法）190，192，209
Victoria, state of, Australia 维多利亚州，澳大利亚 15，67
Vieille écorce standard 级外木，保留木分级（法）190
Vielsalm, Belgium 维尔萨姆，比利时 153
Vietnam 越南 69
Villingen – Schwenningen, forest of, West Germany 菲林根 – 施文宁根森林，西德 129，131，164
voles and mice 田鼠和老鼠 67 – 68
Vosges mountains, France 孚日山，法国 96，104，148，150
Vulpes vulpes（fox）狐狸 23

Wales 威尔士 9，113，157，206
Waldfeldbau 借助农作物实施人工更新 68 – 69
Walnut（*Juglans species*）核桃 51
water 水
    catchments 流域 19 – 21
    quality 质量 6，21，41 – 42
    supplies 供应 21
Wavy hair grass（*Aira flexuosa*）发草 99
wedge system 楔形作业 79，120，127 – 131
weed control 杂草杂木控制 64，69，85，115 – 116，171，175，179
West Germany 西德 12，38，41，45，82，92，97，100，122，131，164 – 165，190
West Malaysia 西马来西亚 133
West Virginia, state of, USA 西弗吉尼亚州，美国 81
Western hemlock（*Tsuga heterophylla*）加州铁杉
    damage by snow 雪造成的破坏 31，157
    in conversion 改造 155
    in mixtures 混交林 77
    silvicultural system 营林作业法 157，161，163
Western larch（*Larix occidentalis*）西部落叶松 105
Western red cedar 铅笔柏
    damage by disease 病害造成的破坏 34
    in conversion 改造 155 – 156，206
    in mixtures 混交林 77
    silvicultural systems 营林作业法 72，157，

161

White poplar (*Populus alba*) 白杨 167

White spruce (*Picea glauca*) 白云杉 74

White willow (*Salix alba*) 白柳 170

Wild cherry (*Prunus avium*) 野黑樱桃

  pruning 修枝 209

  suckering power(根)生枝能力 167

  silvicultural systems 营林作业法 158, 163, 189

wild fire, control of 野火的控制 14, 32, 69, 72

  see also damage by fire 亦见 damage by fire

willows (*Salix* species) 柳 168, 181

  as upper storey 上层木 163

  as weed species 杂木 85

  basket willow coppice 筐篮柳矮林 170 – 174

  coppicing power 萌生力 166

  damage by insects 虫害造成的破坏 171 – 172

  damage by pathogens 病原体造成破坏 171 – 174

  pollarding 头木作业 181

  short rotation coppice 短轮伐期矮林 174

willow rods 柳棒条料 171

willow scab (*Fusicladum saliciperda*) 柳痂 172

wind, damage by 风造成的破坏 11 – 12, 28 – 30, 89 – 90, 162

  and decay fungi 腐朽菌 35

  assessing risk 风险评估 26 – 28

  catastrophic damage 毁灭性的灾害 126 – 127

  effects on tree crops 对林分的影响 26, 28 – 29, 149 – 150

  endemic 地方特有的 26 – 27, 29

  felling keys 采伐密钥 31, 123 – 124, 129

  increasing resistance to 提高抗性 12, 26 – 27, 29 – 31, 58 – 59, 92, 106, 123 – 129

  topex values 托帕克斯值 28, 36

  windthrow hazard class 风折风险的等级 28 – 29, 44, 60 – 61, 123

wolf tree 霸王树 89

Wood anemone 栎林银莲花 82

Wood pigeon (*Calumba palumbus*) 斑尾林鸽 82

Wood sage (*Teucrium scorodonia*) 林石蚕 82

Wood sorrel (*Oxalis acetosella*) 尖叶秋海棠, 酢浆草 99

working 施业

  circle 区 187

  plan 计划 44, 135

Yams (*Dioscorea* species) 山药 70

Yellow archange (*Lamium galeobdolon*) 银斑藤 82

Yellow cassia (*Cassia siamea*) 铁刀木 167

Yellow poplar (*Liriodendron tulipifera*) 北美鹅掌楸

  coppice system 矮林作业 167, 174

  light requirements 对光的要求 83

  natural regeneration 天然更新 81 – 82

  seed production 种子生产 81 – 82

yield 收获量 14, 149 – 150, 195

  annual 年 92

  by area 单位面积 96, 168, 187

  by volume 蓄积 91

  class 级别 131

  decline in 下降 10 – 12, 15 – 16, 178, 181

  model 模型 169

  of basket willow coppice 筐篮柳矮林 171

  of Eucalyptus coppice 桉树矮林 178, 180

  of selection forest 择伐林 149 – 150

  of short rotation coppice 短轮伐期矮林 174 – 176

  of two – storied high forest 冠下造林 160

  regulation of 调整 3, 47, 113, 118, 145 – 146

  sustained 可持续 3, 25, 45 – 47, 118, 135, 139, 143, 145 – 146, 191

Yugoslavia 南斯拉夫 173

Zambia 赞比亚 180

Zea mays (Maize) 玉米 70

Zizyphus mauritanica (Indian jujube) 印度枣 167

Zmeihiebiger hochwald 冠下造林(德) 160

译者后记

从事林业工作30多年，从林业大学的讲堂到中央政府、地方政府的林业行政管理，到国际非政府组织森林项目管理，再到目前的森林经营科研岗位，常思考一个问题：中国林业与国外先进林业国家的差距到底多大，填补中国林业与先进国家之间的营林知识差距从何做起？

逐渐了解到，中国的现代林学，包括作为核心学科的森林培育学和森林经理学，大致始于120年前清朝末年洋务运动派青年学子到西方"师夷长技"，凌道扬、陈嵘、梁希等老一辈林学家最早接受西方现代林科教育，引进树木分类、森林生态、水土保持等理念，为之后中华民国时期中央大学森林系等编制林学教材、开展现代林业实践奠定基础。中华人民共和国成立后的森林经营体制深受苏联模式的影响，直至20世纪80年代以来世行贷款造林、研发等方面的国际合作使中国林业逐渐与国际全面接轨。由此，当代中国持续引进森林可持续经营技术，大体与全国改革开放同步，大约40年。这为先进技术的引进提供了时序框架。

欧洲国家是现代林业科学的发源地，他们最早利用早期工业革命成果，通过资源经济、农业化学、遗传学、应用数学、机械制造等理念和方法开发工业原料林，满足天然林资源开始枯竭后对于木材需求的增长。1713年卡洛维茨（H. Carlowitz）提出的"环境平衡"（environmental equilibrium）、经济安全（economic security）和社会正义（social justice）"森林可持续经营原型，1826年洪德斯哈根（J. Hundeshagen）提出的"法正林"学说以及1898年盖耶尔（J. Gayer）提出的"近自然林业"，对现代林业产生了根本性的影响。目前主要的三个森林经营单位面积蓄积量超过每公顷300立方米的国家——德国、奥地利和瑞士，都位于欧洲。相比之下，中华人民共和国成立以来的中国林业，历经大规模工业采伐、持续造林增加森林资源，到当今"把森林经营作为现代林业建设核心和永久主题"三个阶段。人工造林4700多万公顷，居全球各国首位，但全国乔木林中质量好的只占约20%，60%以上的森林面积是树种结构单一的中幼龄林，单位面积生长量仅约每年每公顷6立方米，单位面积蓄积量不到每公顷60立方米。长期推行大面积纯林皆伐作业模式，导致人工林生态系统的健康水平、抗逆性和环境服务功能低下。根据国家有关规划，"十三五"期间，全国森林覆盖率将从21.66%提高到23.04%，森林蓄积量151亿立方米提高到165亿立方米，混交林的比例将从39%提高到45%。单从发现人工纯林皆伐的弱势并实施规模化混交改造这一点，中国森林经营与西方林业发达国家之间的差距，应在80年以上。这些为先进营林技术的引进提出了方向要求。

定然，实现林业发展水平与先进国家比肩，不必等待80年，一如改革开放中国国力突飞猛进，经济腾飞超出预期那样。我国幅员辽阔，劳动力丰富，立地条件相对优越，树种多样，政治体制给力，还是世界公认最早实施规模化造林、人工造林技术世界先进的国家之一（譬如，1500年前的《齐民要术》）。目前的努力方向是，针对中央提出的"稳步扩大森林面积，提升森林质量，增强森林生态功能"的要求，加强森林经营技术的引进吸收和国产化应用，建立适应发展和市场需求、有中国特色的经营技术管理体系，支撑国民对日益上升的对于森林生态服务和优质林产品的需求。森林经营以森林和林地为对象，包括了造林更新、抚育保护（森林中期管理）、森林收获等涉及森林质量效益的全部活动，是整个林业工作的龙头。当今世界森林经营的总体趋势，是建立结构更加复杂、适应性更强、功能效益多样的健康的森林生态系统，应对全球气候变化，满足人类可持续发展的需要。这意味着，持续一个多世纪以来的单一树种法正林轮伐经营的指导思想必须适应，生态学、系统科学、信息技术乃至社会学等对于林学的业务指导作用必须加强，我国林业从木材生产为主向生态服务为主的战略转变面临新挑战。从现状来看，混交育林、景观生态恢复、退化林改造、多利益相关方参与设计、碳汇林和游憩林经营、水生产等可持续经营新技术，在国内的标准化应用上基本空白。尽快缩小这些方面的中西差距，需要我国决策者、森林和林地所有者、企业家及其他利益相关方联合起来，持之以恒致力于森林质量提升和森林价值福利最大化，特别改观我国木材消费以进口为主、森林生态服务严重不足的落后局面。

出于上述考虑，我从2011年完成北京林业大学森林培育学博士论文开始，就着手引进体现中国森林经营需求和中西林业差距的林学专著。最后甄选四本，翻译形成《现代森林经营技术》丛书（以下称《丛书》)：

——《欧洲人工林培育》(Plantation Silviculture in Europe)原著于1997年出版，作者 P. Savill、J. Evans、D. Auclair 和 J. Falck，内容体现欧洲温带林业为主的现代人工林的理念、作业技术措施和多功能人工育林。

——《大规模森林恢复》(Large Scale Forest Restoration)，原著于2014年出版，作者 David Lamb，内容体现景观层面天然次生林、人工林经营，改善森林生态服务的时代背景、策略选择和良好实践。

——《营林作业法》(Silvicultural Systems)原著于1991年出版，作者 J. D. Matthews，内容介绍了20种经典的森林经营作业技术模式的应用及其理论依据。

——《多龄林经营》(Multiaged Silviculture：Managing for Complex Stand Structure)原著于2014年出版，作者 Kevin L. O'Hara，内容涉及建立含有不同龄级结构混交林的理据、同龄林转化为多龄级森林的方法，多龄级森林的生产力、面临的风险和发展前景。

《丛书》提供了人类培育森林的历史经验，提出了指导森林可持续经营的理论指导，介绍了不同类型森林的经营路径和方法，分析了全球森林营林发展的趋势和依据，勾画了现代森林经营的理论和实践框架，对于树立科学育林意识，借鉴全球经验做法、以发展视野审视分析森林经营遇到的问题并形成生产思路，推进森林高效可持续经营，具有参考借鉴价值。作为改革开放后国内首次出版的专题介绍国外森林经营技术的系列出版物，《丛书》适合林业管理人员、科研人员、教师、营林生产一线人员和其他对陆地生态系统感兴趣的人士阅读。

《丛书》是一个团队成果。六年来，北京林业大学硕士研究生张泽强、靳楚楚、刘艳芳、徐冉、申通、迟淑辉、殷进达、张辛欣、王学丽、鞠恒芳、靳筱筱、王芳、万静柯、杨李静、刘艳君、闫少宁、王晞月、薛颖、朱镜霓、任继珍等，结合他们的毕业论文或国际学术活动完成部分章节的翻译，期间我作为导师，与他(她)们结下忘年学友情谊，也是我致力培养科学翻译、主动传译、高效表达、适应用户的新型译员的一次尝试。此外，中国科学院唐守正院士为《丛书》提供了营林作业法的技术咨询；德国哥丁根大学林学系的 Torsten Vor 帮助解读了近自然作业技术背景；中国林科院资源信息所陆元昌研究员百忙中帮助选定原著并审阅了部分文稿，雷相东研究员帮助解析了部分数学模型。北京林业大学娄瑞娟副教授完成了译稿统稿和初审。国家林草局世行中心万杰教授级高工、"中国人工林可持续经营技术与管理研修班"的学员审阅部分内容。本人校定全稿后提交出版社，因此对译文质量负责。

　　世界自然基金会北京代表处"中国人工林可持续经营项目（编号10000759）"，中德合作"多功能森林经营创新技术研究（编号Lin2Value&CAFYBB2012013）"和国家林业和草原局"全国森林经营样板基地典型经营模式成效监测研究与示范（编号1692016）"、"国家储备林经营制度研究（编号130042）"等为《丛书》的翻译出版提供了资助，中国林业出版社科技分社何鹏副编审等帮助完成了版权交接、封面制作、编辑排版等任务。对以上单位和个人提供的支持表示由衷的感谢和敬意！

　　《丛书》翻译涉及多个学科、多种语言、多国林情，工作量巨大，涉及很多新理念新技术的理解和命名。为此，特别将原著的全部词汇表、索引一并翻译，对新术语、用语加注原文，以在体现忠实原文之翻译原则的同时，便于读者直接提出批评意见，使译者能在将来的工作中加以改进。

王　宏

2018年秋于中国林科院资源所